微分積分
リアル入門

イメージから理論へ

髙橋秀慈 著

裳華房

INTRODUCTION FOR REAL TO CALCULUS
FROM IMAGE TO THEORY

by

SHUJI TAKAHASHI

SHOKABO

TOKYO

JCOPY 〈(社)出版者著作権管理機構 委託出版物〉

はじめに

　中学，高校の数学の教科書は数学の教育書ですが，大学で学ぶ「微積分入門」という書物は従来，入門書といえど基本的に数学書になっています．数学書はすでに出来上がっている理論の体系を論述するもので，読者は数学における基本的な思考法をすでに身につけていることが仮定されているのが実状です．近年，大学初年度に行われる計算問題の解き方のテキストも出版されていますが，計算技術の習得後，従来の微積分を勉強することとなる際，「教育書としての微積分の入門書」の潜在的な需要は大きいといえるのではないでしょうか．

　本書で筆者が述べたいと思うことは，数学になる以前の事柄，数学になっていない段階から数学になっていく過程です．言い換えると，どうしてそのようなことを考える必要があるのかという動機から，数式や定理のもつ意味合いまでの解説をし，完成された理論の中で必ずしも必要とならないような事柄を説明することによって，理論が出来上がっていく過程や背景を追跡していきたいということです．このことによって数式や定理の意義，重要性を読者の方々に訴えたい．そのため，ε-δ 論法のような難解な数学表現を言葉で解説し，直観的イメージをいかにして読者に伝達していくか腐心しました．

　数学は数式によって概念や意味合いを表現するものなので，本来それ以上の説明は不要ですが，それは数学の立場であって，数学教育の立場では言葉も必要となり，説明の技術も重要な要素となります．しかしながら数学は数式からすべてを理解しなければならないし，数式ですべてを表現しなければならないものです．そこで数学を学ぶためには，まず数学の表現方法を学ぶ必要があります．本書では，言葉による説明と数式による表現を織り交ぜて説明しましたので，数学の読解力と表現力を身につけていってほしいと思います．なお本書は高校の微積分の十分な素養を仮定しており，しばしば改めて説明し直すとい

うことをしていません.

「どうして勉強しなければならないのか」というのは，子どもの頃からの疑問でしょうが，本書は「微積分を学ぶ意義」の一端を表現しえたでしょうか．本書が数学書「微積分入門」への懸け橋としての役割を担い，読者が解析学的思考法を身につけるための一助となれば幸いです．

謝　辞

この場を借りて，本書執筆に関して，お世話になった方々に御礼の言葉を申し上げます．

筆者の恩師である儀我美一先生に感謝申し上げます．学生時代，儀我先生は凡庸な筆者にも忍耐強くご指導くださり，常に希望をお示し下さいました．また貴重なご意見を戴き，誠に有難うございました．

筆者に初めて数学を考えるということをお教え下さった水間卓一先生に感謝申し上げます．水間先生と出会うことがなかったら，数学を志すことはありませんでした．

久保田幸次先生には学生時代，懇切丁寧に解析学の基礎をお教え戴きました．心より御礼申し上げます．

荒牧淳一先生には講義用演習問題をご紹介戴きました．心より御礼申し上げます．

後藤俊一先生には貴重なご意見を戴き，参考と致しました．心より御礼申し上げます．

小林亜由美さんをはじめとする研究室の卒業生諸君には在学中，原稿のTeX 入力にご協力戴きました．心から感謝の意を表します．

最後になりましたが，本書出版にあたり，(株)裳華房編集部の亀井祐樹氏に厚く御礼申し上げます．

2017 年 9 月

髙 橋 秀 慈

微積分を学ぶ目的意識をもとう

　学問に限らず，何かの能力を開発しようとするとき，どのような目的意識を
もつかによって，その上達に決定的な違いが生じる．また本書の目標は，微分
積分学の解説だけではなく，微分積分学における思考技術の紹介にもある．

1　基礎学力の養成

(1)「数学語」の語学力の習得[*1]

　数学は「数学語」ともいうべき言語体系をもち，イメージとは独立に論理表
現によって成立している．たとえば「関数の最大値」の定義はイメージに基づ
いて作られるが，一度作られた定義はイメージと独立している．ε-δ 論法に代
表される論理的な表現に慣れ親しみ，理解する．

(2) 具体例による論理表現の理解

　数学は極力，一般的な表現をしようとする．しかし，かえってわかりにくい
ものとなりうる．具体例によって，論理表現の意味の理解を深める．

(3) 定義・定理の意味合いの理解

　数式を論理的に追いかけただけではわかったことにはならない．考える動
機，問題の背景，具体例によって，定義・定理の意味合いに至る問題意識を明
確にする．

(4) 微積分を利用するための技術

　定理や公式などが実際にどのように利用されるか．技術というものは使って
みなければ，その本質はわからない．どんなことでも，理解したことは使って
みて初めて意味をもつ．

2　本質を見抜く能力の開発

　思考力とは，「問題の本質がどこにあるのかを見抜く能力」である．数学は

[*1]　「数学語」という言葉については[10]のまえがきを参考にした．

思考力を意識的に開発するための技術，人類の叡智である．

(1) 直観的イメージ能力と論理的思考能力

定理の直観的理解と実際の証明が，一見，関連性がないように見えることがある．定理が直観的に明らかなときや，証明に背理法を用いるとき，その傾向がある．直観的イメージを数学的に記述しようとするとき，それが間違いなく正しいことを論証しなければならないが，そのとき論理的思考能力が必要となる．すなわちイメージに形を与えようとするとき，論理を用いる．ここに数学の本質的な特性がある．数学を学ぶ意義がここにあるといえる．また逆に論理的に表現されたものを読んで，それを直観的に理解する能力もまた必要である．実はこのときも論理的思考力が必要となっている．

(2) 証明の論理構造の理解

仮定から結論を導こうとするとき，2つの方向性がある．1つは，仮定からわかること，つまり必要条件を掘り下げていくこと．もう1つは逆に，結論を示すためには何を示せばよいか，つまり十分条件を遡らせていくこと．すると，最終的にどこに最も困難なところ，問題の本質が潜んでいるかが段々とわかってくる．

(3) 仮定の意味の理解

結論を得るために仮定の1つ1つが証明の中でどのような役割を果たしているのか，言い換えれば，仮定の1つを取り除けば，どんな反例が考えられるようになるのか．

(4) 定理の構造の分析

大きな定理はいくつかの命題の複合体として構成されていることがある．定理の証明を論理的に理解するだけでなく，定理の構造をよく洞察し，分析すること．このことが新たな発見への道標となる．たとえば，定理を構成する命題の仮定のいくつかを弱めたり，強めたりすることで，定理の拡張や系を発見することがある．なお，定理の拡張を目指すとき，証明を最後から前方に向けて読むことが有効である[*2]．

[*2] よく，論文は後ろから読め，という．

viii   微積分を学ぶ目的意識をもとう

3 ひらめく力の養成

数学において問題を解決しようとするとき,

(i) 問題を定式化する(イメージに形を与える)

(ii) 論理を用いて, 問題の本質がどこにあるかを明確にする

(iii) 既知の解決法を適用する

という手順をとるが, それでも解決できないことが多い. そこで「ひらめき」が必要となる. 創造力は思考力とは異なる. 創造力を開発するための技術が「概念の一般化」である.

(1) 概念の一般化

たとえば, $\dfrac{3}{4} - \dfrac{2}{5}$ を見て, $\dfrac{7}{20}$ と気づくのにひらめきは必要ないが, $\dfrac{7}{20}$ が $\dfrac{3}{4} - \dfrac{2}{5}$ と書けることに気づくにはひらめきが必要となる. 同様に, 関数の積の微分の公式を逆方向に式変形していくのには, ひらめきが必要で, そういう力を意識的に養う. 数学では, 概念の一般化, 概念の拡張ということが行われる. その際, このようなひらめきが必要となる.(自然科学では一般的に, このように逆方向から考えるということをしない.)

(2) 問題の再構成

問題の直接的な考察とは別に, 概念の一般化によって, 問題をとらえなおして考察するということがある. これは微積分では一般的に扱うことはないので, 今の段階で意識しなくともよい.(たとえば, 微分方程式の解の概念を拡張するために, 微分は一般化され, 弱微分という概念が誕生した.)

4 試行錯誤する努力

(1) 定義や定理の意味がわからないときの手段

定義や定理は一般的に書かれているので, 定義や定理が何を目指しているのかわかりにくいことがある. そういうときは定義や定理の中で用いられている数や関数などに具体的なものを代入して, 具体的な状況を自ら設定して, 定義や定理の意味を模索する.

(2) 無駄と思える考察

思いついたことは何でも手を動かして計算してみる. こんなことを考えても

意味がないのではないか，こんな計算をしてもバカバカしい結果しか出ないのではないか，と考えてはいけない．問題の本質を探るための重要な手段である．計算に無駄な計算は1行もない．無駄と思える考察を積み重ねていくことで思考力を向上させることができる．

なお，微積分とは直接関係ないが，異分野との交流は，問題解決の手段，創造力の開発のために重要である．

目　次

第Ⅰ部　基礎と準備

第1章　不定形と無限小　*2*

第2章　微積分での論理　*12*

2.1　命題論理について ……………*12*　｜　2.2　述語論理について ……………*16*

第3章　ε-δ論法　*20*

3.1　数列の極限 …………………*20*　｜　　　イメージする ………………*37*
3.2　関数の極限 …………………*33*　｜　3.4　ε-δ論法の論理
3.3　関数が連続であることを　　　｜　　　………………………………*46*

第Ⅱ部　本　　論

第4章　実　　数　*50*

4.1　上限と下限 …………………*50*　｜　4.3　有理数の稠密性 ……………*58*
4.2　実数の連続性 ………………*54*　｜　4.4　数列が収束するための条件 ……*60*

第5章　連続関数　*76*

5.1　連続関数の性質 ……………*76*　｜　　　一様連続 ……………………*85*
5.2　有界閉区間上の連続関数 ……*80*　｜　5.4　逆　関　数 …………………*89*
5.3　リプシッツ連続と　　　　　　｜　5.5　指数関数 …………………*94*

目　次　xi

第6章　微　分　99

6.1　微分の定義 ……………………99
6.2　微分の基本性質 ……………102
6.3　合成関数の微分 ……………110
6.4　逆関数の微分 ………………113
6.5　パラメータに関する微分 ……118
6.6　平均値の定理 ………………120
6.7　ロピタルの定理 ……………125
6.8　関数の極値 …………………130
6.9　開区間でのロルの定理
　　　…………………………………131

第7章　リーマン積分　134

7.1　関数の面積を棒グラフの
　　　面積で近似する …………134
7.2　リーマン積分の定義 ………141
7.3　定積分の基本性質1 …………145
7.4　リーマン積分可能条件1 ……148
7.5　定積分の基本性質2 …………156
7.6　リーマン積分可能条件2 ……160
7.7　一点における振動量と不連続
　　　関数の積分可能性 …………165

第8章　連続関数の定積分　168

8.1　積分の平均値定理 …………168
8.2　原始関数と微積分の
　　　基本定理 ……………………173
8.3　部分積分と置換積分 ………184

第9章　広義積分　189

9.1　広義積分の定義 ……………189
9.2　有限区間での広義積分 ……192
9.3　半無限区間での広義積分
　　　…………………………………199

第10章　級　数　209

10.1　級数の収束性 ………………209
10.2　正項級数の収束判定 ………215

第11章　テーラー展開　221

11.1　テーラーの定理 ……………221
11.2　テーラー展開 ………………226

参考文献 ……………………………235
あとがき ……………………………237
索　引 ………………………………239

I

基礎と準備

第1章　不定形と無限小
第2章　微積分での論理
第3章　ε-δ 論法

第1章

不定形と無限小

　微積分の本質は極限操作にあるが，この章では比較的親しみやすい不定形というもので極限操作で発生する問題点を考察する．不定形は解析学上の重要な問題の1つにもなっている．不定形を考える手段としてここでは多項式を利用していきたい．関数の性質を調べる際，多項式から手掛かりが得られることも多い．

不 定 形

考える動機

　$x \to 0$ のとき $y = 2x$ と $y = 3x$ はともに 0 に近づくが，$\dfrac{2x}{3x} = \dfrac{2}{3}$ より，$y = 2x$ と $y = 3x$ は比を一定に保ちながら 0 に近づく．$y = x$ と $y = x^2$ では x^2 の方がより急激に 0 に近づく．$\left(x = \dfrac{1}{10}, \dfrac{1}{100}, \cdots \right.$ を代入してみるとよい．$)$　$y = x^n$ は n が大きいほど急激に 0 に近づいていく．

　$x > 0$ をみたしながら $x \to 0$ とするとき，$y = \dfrac{1}{x^n}$ は，限りなく増大していくが，n が大きいほど急激に増大していく．$\left(x = \dfrac{1}{10}, \dfrac{1}{100}, \cdots \right.$ を代入してみるとよい．$)$　では，$x > 0$ をみたしながら $x \to 0$ とするとき，0 に近づく関数と，無限に増大する関数を掛けたらどうなるか？

どうしてこんなことを考えるかというと，以下のような例が考えられる．
$$f_1(x) = \frac{1}{\sqrt{x}}, \quad f_2(x) = \frac{1}{x}, \quad f_3(x) = \frac{1}{x^2} \tag{1.1}$$
に対して，底辺の長さ x，高さが $f_1(x)$, $f_2(x)$, $f_3(x)$ の3つの長方形の面積を $S_1(x)$, $S_2(x)$, $S_3(x)$ とする（図1.1）．

$x > 0$ をみたしながら $x \to 0$ とすることを $x \to +0$ と書き，$x > a$ をみたしながら $x \to a$ とすることを $x \to a+0$ と書こう．$x \to +0$ や $x \to a+0$ とするときの関数 $f(x)$ の極限をそれぞれ
$$\lim_{x \to +0} f(x), \quad \lim_{x \to a+0} f(x)$$
と表す．

$x \to +0$ のとき，図 1.1 (a) の長方形は細長くなっていくが面積はどうなっていくだろうか．$0 < x < 1$ のとき，$f_1(x) < f_2(x) < f_3(x)$ であるから，$S_1(x) < S_2(x) < S_3(x)$ で，

$$\lim_{x \to +0} S_1(x) = \lim_{x \to +0} \frac{1}{\sqrt{x}} \cdot x = \lim_{x \to +0} \sqrt{x} = 0 \quad （面積は0に近づく）$$

$$\lim_{x \to +0} S_2(x) = \lim_{x \to +0} \frac{1}{x} \cdot x = 1 \quad （面積は常に1を保つ） \tag{1.2}$$

$$\lim_{x \to +0} S_3(x) = \lim_{x \to +0} \frac{1}{x^2} \cdot x = \infty \quad （面積は無限に増大する）$$

これは底辺の0に近づく速さと高さ $f(x)$ の増大する速さの比較になっている．

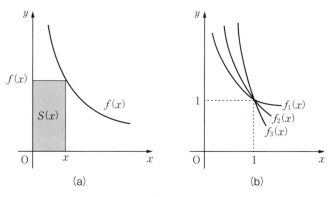

図 1.1

4　第1章　不定形と無限小

　2つの関数 $f(x)$, $g(x)$ が $\lim_{x \to 0} f(x) = 0$, $\lim_{x \to 0} g(x) = 0$ のとき, 底辺の長さ $g(x)$, 高さ $\dfrac{1}{f(x)}$ の長方形の面積の極限を考えるような問題は, $y = f(x)$ と $y = g(x)$ のグラフの高さの 0 に近づく速さの比較を考える問題に帰着される. $\lim_{x \to 0} f(x) = 0$, $\lim_{x \to 0} g(x) = 0$ のとき, $\lim_{x \to 0} \dfrac{g(x)}{f(x)}$ は $\dfrac{0}{0}$ の不定形とよばれる.

例1.1　$\lim_{x \to 0} \dfrac{x^3}{x^2} = 0$ を視覚的に考えてみよう.

　関数 $y = x^3$, $y = x^2$ のグラフの高さは $x \to 0$ のとき, 視覚的には, どちらも見えなくなっていくが, 高さの比は $x^3 : x^2 = x : 1$ であり, $y = x^2$ に対して $y = x^3$ はより速く見えなくなる, すなわち x^3 の方が x^2 より速く 0 に近づく, といえる. ◇

　$\lim_{x \to a} f(x) = 0$, $\lim_{x \to a} g(x) = 0$ であり, $\lim_{x \to a} \dfrac{f(x)}{g(x)} = 0$ のとき, $x \to a$ とすると, $f(x)$ は $g(x)$ より速く 0 に近づく. このとき $f(x)$ は $g(x)$ より高位の無限小であるといい, $f(x) = o(g(x))$ と書く. o は「スモール・オー」と読む[*1]. たとえば, $o(x^3)$ は, x^3 より速く 0 に近づく関数を意味するので, $f(x) = 5 + 4x + o(x^3)$ と書かれているとき, $f(x)$ は $\lim_{x \to 0} \dfrac{g(x)}{x^3} = 0$ をみたすある $g(x)$ に対して, $f(x) = 5 + 4x + g(x)$ と書くことができることを意味する[*2].

[*1]　ランダウの記号の1つ.

[*2]　$f(x)$ は $5 + 4x$ そのものではないが, $x = 0$ の近くで, $f(x)$ は大体 $5 + 4x$ だというとき, 誤差 $g(x)$ に対して, $f(x) = 5 + 4x + g(x)$ と書くことができるが, 誤差 $g(x)$ を正確に求める必要がないとき, あるいは求められないとき, 誤差 $g(x)$ がどれくらいの関数か評価しなければ, $g(x)$ は誤差だということはできない. たとえば $g(x) = o(x^3)$ を示すことができるとき, $f(x) = 5 + 4x + o(x^3)$ と書き, $f(x)$ の $5 + 4x$ からの誤差は $o(x^3)$ となる.

第1章 不定形と無限小 **5**

> $\lim_{x\to 0} f(x) = 0$, $\lim_{x\to 0} g(x) = 0$ であり, $\lim_{x\to 0} \dfrac{f(x)}{g(x)} = \infty$ （または $-\infty$) と
>
> なるとき，$f(x)$ が 0 に近づく速さは $g(x)$ よりゆっくりである．($g(x)$ の
>
> 高さは視覚的に，より速く見えなくなってしまうので，$\left|\dfrac{f(x)}{g(x)}\right|$ が大きく
>
> なってしまう.)

例 1.2 $\quad \lim_{x\to +0} \dfrac{x + x^3}{x^2} = \infty$

$x + x^3$ が 0 に近づく速さは x^2 より遅い．($x = \dfrac{1}{10}, \dfrac{1}{100}, \cdots$ を代入してみる

とよい.) ◇

$x \to 0$ のとき $|f(x)| \to \infty$, $|g(x)| \to \infty$ となるとき，$\lim_{x\to 0} \dfrac{g(x)}{f(x)}$ は $\dfrac{\infty}{\infty}$ の不

定形とよばれる．（たとえば $\lim_{x\to +0} \dfrac{\log x}{\dfrac{1}{x}} = 0$ （例 6.19).)

━━━━━━━━━━━━━━━━━━━━━━━━━━━ **有 理 関 数**

$$y = a_0 + a_1 x + a_2 x^2 + \cdots + a_n x^n \qquad (a_n \neq 0)$$

を n 次多項式，あるいは単に n 次式という．これを右に p だけ平行移動した
式

$$y = a_0 + a_1(x - p) + a_2(x - p)^2 + \cdots + a_n(x - p)^n$$

は点 $(p, 0)$ を原点と思いたいときの n 次式になっている．

$\dfrac{多項式}{多項式}$ を有理関数という．つまり有理関数は

$$\frac{a_0 + a_1 x + a_2 x^2 + \cdots + a_n x^n}{b_0 + b_1 x + b_2 x^2 + \cdots + b_m x^m} \tag{1.3}$$

という形をしている．

$x = 0$ を含む開区間 I で定義された関数 $f(x)$ が多項式であることがわかっ
ているとき，$f(x)$ はある $n \in \mathbb{N}$ に対して，

6　第1章　不定形と無限小

$$f(x) = a_0 + a_1 x + a_2 x^2 + a_3 x^3 + \cdots + a_n x^n \tag{1.4}$$

と書ける．一般に $a_0, a_1, \cdots, a_n$ を定めるためには，I 内の異なる $n+1$ 個の点 $x = x_0, x_1, \cdots, x_n$ での $f(x)$ の値がわかればよい．しかしここでは次のように考える．

命題 1.1　$x = 0$ を含む開区間 I で定義された n 次多項式 $f(x)$ は

$$f(x) = \sum_{k=0}^{n} \frac{f^{(k)}(0)}{k!} x^k \tag{1.5}$$

と表すことができる．ここで $f^{(k)}(x)$ は $f(x)$ を k 回微分した関数を表す．

証明　(1.4)の両辺に $x = 0$ を代入すると，

$$f(0) = a_0 + 0 + 0 + \cdots + 0$$

となり，a_0 は $a_0 = f(0)$．次に両辺を微分して

$$\begin{aligned}
f'(x) &= (a_0 + a_1 x + a_2 x^2 + a_3 x^3 + a_4 x^4 + \cdots + a_n x^n)' \\
&= a_0' + (a_1 x)' + (a_2 x^2)' + (a_3 x^3)' + (a_4 x^4)' + \cdots + (a_n x^n)' \\
&= a_1 + 2a_2 x + 3a_3 x^2 + 4a_4 x^3 + \cdots + na_n x^{n-1}
\end{aligned}$$

$x = 0$ を代入して，$a_1 = f'(0)$ を得る．もう一度微分して

$$f''(x) = 2a_2 + 3 \cdot 2a_3 x + 4 \cdot 3a_4 x^2 + \cdots + n(n-1)a_n x^{n-2}$$

より，$f''(0) = 2a_2$，すなわち $a_2 = \dfrac{f''(0)}{2}$ が成り立つ．さらに微分して，

$$f'''(x) = 3 \cdot 2a_3 + 4 \cdot 3 \cdot 2a_4 x + \cdots + n(n-1)(n-2)a_n x^{n-3}$$

より，$f'''(0) = 3 \cdot 2a_3$．よって $a_3 = \dfrac{f'''(0)}{3!}$．さらに同じことを続けていき，

$a_n = \dfrac{f^{(n)}(0)}{n!}$ を得る．■

2つの多項式 $\sum_{k=0}^{n} a_k x^k$，$\sum_{k=0}^{m} b_k x^k$ で $a_0 = b_0 = 0$ のとき，有理関数(1.3)は $x \to 0$ で $\dfrac{0}{0}$ の不定形となるが，x を約分すると，$b_1 \neq 0$ のとき，

$$\lim_{x \to 0} \frac{a_0 + a_1 x + \cdots + a_n x^n}{b_0 + b_1 x + \cdots + b_m x^m} = \lim_{x \to 0} \frac{a_1 + a_2 x + \cdots + a_n x^{n-1}}{b_1 + b_2 x + \cdots + b_m x^{m-1}} = \frac{a_1}{b_1}$$

とできる．ここでは分母，分子で x が約分できることから不定形が解消され

ている．多項式 $f(x)$, $g(x)$ が $f(0) = 0$, $g(0) = 0$ をみたすとき，(1.5)を用いて，

$$\lim_{x\to 0}\frac{f(x)}{g(x)} = \lim_{x\to 0}\frac{f(0) + f'(0)x + \frac{f''(0)}{2!}x^2 + \frac{f'''(0)}{3!}x^3 + \cdots + \frac{f^{(n)}(0)}{n!}x^n}{g(0) + g'(0)x + \frac{g''(0)}{2!}x^2 + \frac{g'''(0)}{3!}x^3 + \cdots + \frac{g^{(m)}(0)}{m!}x^m}$$

$$= \lim_{x\to 0}\frac{f'(0) + \frac{f''(0)}{2!}x + \frac{f'''(0)}{3!}x^2 + \cdots + \frac{f^{(n)}(0)}{n!}x^{n-1}}{g'(0) + \frac{g''(0)}{2!}x + \frac{g'''(0)}{3!}x^2 + \cdots + \frac{g^{(m)}(0)}{m!}x^{m-1}}$$

よって $g'(0) \neq 0$ のとき，

$$\lim_{x\to 0}\frac{f(x)}{g(x)} = \frac{f'(0)}{g'(0)} = \lim_{x\to 0}\frac{f'(x)}{g'(x)} \tag{1.6}$$

この式はロピタルの定理とよばれ，有名なものなので，ご存知の方も多いことと思う．(1.6)は有理関数以外に対しても，考えることができる．ロピタルの定理は第6章で詳しく学ぶが，ここでは(1.6)の意味について考えてみたい．

グラフの高さと接線の傾き

1次関数 $y = ax$ のグラフでは，x が 1 増加するとき y が a 増加する．a は直線の x 軸正方向に対する傾きを表し，たとえば，$a = 1$ のとき傾き $45°$，$a = \sqrt{3}$ のとき傾き $60°$ となる．$y - q = a(x - p)$ は $y = ax$ を右に p，上に q 平行移動したグラフで，点 (p, q) を通る．$y = f(x)$ のグラフが滑らかなとき，$x = p$ での接線は $y - f(p) = f'(p) \cdot (x - p)$ となるが，$f'(p)$ は接線の x 軸正方向に対する傾きを表す．

例 1.3 微分方程式 $y'(x) = y(x)$ をみたすグラフの性質（図 1.2）．

$y(x)$ はグラフの x での高さを表し，$y'(x)$ はグラフの x での接線の傾きを表す．あらゆる x において，x でのグラフの高さとそこでの接線の傾きが等しい関数とはどのような関数だろう？　実際に $y(x)$

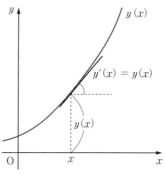

図 1.2

$= e^x$ は $y'(x) = y(x)$ をみたすが，すべての x でグラフの高さと接線の傾きが等しくなっている．たとえば $x = 0$ で $y(0) = e^0 = 1$ なので x 軸からの高さが 1 であることより，$x = 0$ で接線の傾きは 1 すなわち $45°$ となる．また $y(x)$ の接線の傾きがグラフの高さだけで決まるので，x 方向に平行移動したグラフ $y(x) = e^{x-p}$ も $y'(x) = y(x)$ をみたすことがわかる． ◇

> (1.6) が意味することは，$x \to 0$ のときのグラフの高さの比の極限は接線の傾きの比の極限によっても与えられるということである．

例 1.4 $f(x) = x^3$, $g(x) = x^2$ に対して，(1.6) を考える（図 1.3）．

$$\lim_{x \to 0} \frac{x^3}{x^2} = \lim_{x \to 0} \frac{x}{1} = 0 \quad \text{（グラフの高さの比）}$$

$$\lim_{x \to 0} \frac{(x^3)'}{(x^2)'} = \lim_{x \to 0} \frac{3x^2}{2x} = \lim_{x \to 0} \frac{3x}{2} = 0 \quad \text{（接線の傾きの比）}$$

グラフの高さの比は $x^3 : x^2 = x : 1$．接線の傾きの比は $3x^2 : 2x = 3x : 2$． ◇

例 1.5 $x = 0$ でのグラフの高さの比 $\lim\limits_{x \to 0} \dfrac{f(x)}{g(x)}$ を考える．

(1) $f(x) = 3 + x^3$, $g(x) = 1 + x^2$ のときは，不定形になっておらず，$\lim\limits_{x \to 0} \dfrac{f(x)}{g(x)} = \dfrac{f(0)}{g(0)}$ はグラフを描いてみれば，視覚的にも明らか．

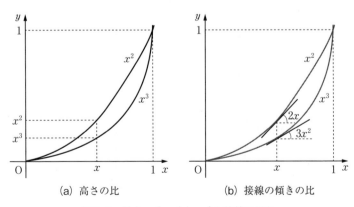

(a) 高さの比 　　　(b) 接線の傾きの比

図 1.3　$f(x) = x^3$, $g(x) = x^2$ と接線の傾き

第1章 不定形と無限小　9

(2) $f(x) = 3x + x^3$, $g(x) = x + x^2$ のときは, 不定形であるが, 約分によっ

て $\dfrac{f(x)}{g(x)} = \dfrac{3 + x^2}{1 + x}$ とできて不定形が解消されて, $\displaystyle\lim_{x \to 0} \dfrac{f(x)}{g(x)}$ は求められる.

しかし視覚的に $\displaystyle\lim_{x \to 0} \dfrac{f(x)}{g(x)}$ がどうなるか考える代わりに, (1.6)によって, 接

線の傾きの比 $\displaystyle\lim_{x \to 0} \dfrac{f'(x)}{g'(x)}$ がどうなるかと考えることができる. ◇

ロピタルの定理の意味

　$f(0) = g(0) = 0$ のときは, $f(x)$, $g(x)$ の 0 に近づく速さの比較は
$f'(x)$, $g'(x)$ の 0 に近づく速さの比較に置き換えるということになる.
つまり $y = f(x)$ と $y = g(x)$ のグラフの高さが x 軸に近づく速さの比較
は曲線 $y = f(x)$ と $y = g(x)$ の接線の傾きの比較になるということ.

ロピタルの定理の例を述べる.

$\boxed{\textbf{例 1.6}}$　(1)　$\displaystyle\lim_{x \to 0} \frac{\sin x}{x} = \lim_{x \to 0} \frac{(\sin x)'}{x'} = \lim_{x \to 0} \frac{\cos x}{1} = \frac{\cos 0}{1} = 1$

$\displaystyle\lim_{x \to 0} \frac{\sin x}{x} = 1$ は $x = 0$ の付近では $y = \sin x$ と $y = x$ はほぼ等しいことを意

味する.

(2)　$\displaystyle\lim_{x \to 0} \frac{x \sin x}{e^x - 1 - x} = \lim_{x \to 0} \frac{(x \sin x)'}{(e^x - 1 - x)'} = \lim_{x \to 0} \frac{\sin x + x \cos x}{e^x - 1}$

$\displaystyle\qquad\qquad = \lim_{x \to 0} \frac{(\sin x + x \cos x)'}{(e^x - 1)'} = \lim_{x \to 0} \frac{2 \cos x - x \sin x}{e^x}$

$\displaystyle\qquad\qquad = 2$

ロピタルの定理を 1 回使っても不定形が残るときは, もう 1 度ロピタルの定理
を使うことになる. ◇

 同位の無限小とラージ・オー

$\boxed{\textbf{定義 1.1}}$　ある $l > 0$ に対して区間 $(x_0 - l, x_0 + l)$ を x_0 の l-近傍という.
「x_0 のある近傍」とは, ある $l > 0$ についての x_0 の l-近傍のことをいう.

10   第 1 章　不定形と無限小

$x \to 0$ のとき，$kx^n \ (k \neq 0, \ n > 0)$ はみな x^n と同程度で 0 に近づくと考える．

定義 1.2　(1)　$f(x)$ が $x = 0$ のある近傍で，ある $C_1, C_2 > 0$, $n > 0$ に対して
$$C_1 |x|^n \leq |f(x)| \leq C_2 |x|^n$$
とできるとき，$f(x)$ は $x = 0$ で n 位の無限小であるという．

(2)　$\lim_{x \to a} f(x) = 0$, $\lim_{x \to a} g(x) = 0$ であり，a を除く a の近傍で[*3]，ある $C_1, C_2 > 0$ に対して
$$C_1 \leq \left| \frac{f(x)}{g(x)} \right| \leq C_2 \tag{1.7}$$
とできるとき，$f(x)$ と $g(x)$ は $x = a$ で同位の無限小であるという．

(3)　$\lim_{x \to a} f(x) = 0$, $\lim_{x \to a} g(x) = 0$ であり，a を除く a の近傍で，ある $C > 0$ に対して
$$\left| \frac{f(x)}{g(x)} \right| \leq C$$
とできるとき，$f(x) = O(g(x))$ と書く．（O は「ラージ・オー」と読む．）

例 1.7　$f(x) = kx^n \ (k \neq 0, \ n > 0)$ は $0 \leq m \leq n$ をみたす m に対して，$f(x) = O(x^m)$ と表され，$0 \leq m < n$ をみたす m に対して，$f(x) = o(x^m)$ と表される．

$\lim_{x \to a} \dfrac{f(x)}{g(x)} = \alpha \neq 0$ となるとき，$f(x)$ と $g(x)$ は $x = a$ で同位の無限小となる[*4]．$\lim_{x \to a} \dfrac{f(x)}{g(x)} = \alpha \ (\alpha \in \mathbb{R}$ は 0 でもよい$)$ となるとき，$x = a$ で $f(x)$ は $g(x)$ より高位の無限小，または同位の無限小となり，$f(x) = O(g(x))$ となる．　◇

例 1.8　$f(x) = 3x + \sin^3 x$, $g(x) = x + \sin^2 x$ に対して，$\lim_{x \to 0} \dfrac{f(x)}{g(x)}$ を考える．

[*3]　(1.7) では $x = a$ を代入できないことに注意．

[*4]　命題 3.5.

$x \leq \left| \dfrac{\pi}{2} \right|$ で $y = \sin x$ のグラフは 2 直線 $y = x$, $y = \dfrac{2}{\pi} x$ に挟まれ,

$$\frac{2}{\pi} |x| \leq |\sin x| \leq |x| \tag{1.8}$$

であることより, $n > 0$ に対して, $\sin^n x$ は x^n と同位の無限小であり, $f(x) = 3x + O(x^3)$, $g(x) = x + O(x^2)$. (1.6) を正しいものとして用いると, $\lim_{x \to 0} \dfrac{f(x)}{g(x)} = \lim_{x \to 0} \dfrac{f'(x)}{g'(x)} = 3$ となる. ◇

第2章

微積分での論理

　ここでは論理が微積分の中で実際どのように利用されるのか，微積分における論理について考察する．微積分で特に重要なのは，対偶，背理法というものである．対偶，背理法では，命題の否定というものが用いられる．また数学では，1つの定理を利用して，別の定理を導くということが多い．そのとき用いられる論理を学ぶ．最後に ε-δ 論法で用いられる論理を学ぶ[*1]．

2.1 命題論理について

　$\wedge$ は「かつ」,「同時に成り立つ」を意味し，$\vee$ は「または」,「少なくともどちらかが成り立つ」を意味するものとする．

━━━━━━━━━━━━━━━━━━━━━━━━━━━ 否　定

　$\mathbf{A}$ が成り立たないことを「$\mathbf{A}$ の否定」といい，本書では $\overline{\mathbf{A}}$ と書くこととする．($\overline{\mathbf{A}}$ を $\neg \mathbf{A}$ と書くことも多い．)

$$\overline{\overline{\mathbf{A}}} = \mathbf{A} \tag{2.1}$$

$$\overline{\mathbf{A} \vee \mathbf{B}} = \overline{\mathbf{A}} \wedge \overline{\mathbf{B}} \tag{2.2}$$

$$\overline{\mathbf{A} \wedge \mathbf{B}} = \overline{\mathbf{A}} \vee \overline{\mathbf{B}} \tag{2.3}$$

[*1]　論理を体系的に学びたい読者は[15],[21]などを参考のこと．

が成り立つ.

━━━━━━━━━━━━━━━━━━━━━━━━━ **必要十分条件**

「命題 A が成り立つならば命題 B が成り立つ」,「命題 A が正しければ命題 B は正しい」を,

$$A \Longrightarrow B \tag{2.4}$$

と書く. このとき A は仮定といい, B は結論という. また, 別の言い方があって, B を「A の必要条件」, A を「B の十分条件」という. (2.4)は

$$A \Longrightarrow B := \overline{A} \lor B \tag{2.5}$$

によって定義される. よって A が成り立たないときは, B が成り立っても成り立たなくとも, 命題 $A \Longrightarrow B$ は真となる.

$A \Longrightarrow B$ かつ $B \Longrightarrow A$ であることを,

$$A \Longleftrightarrow B$$

と書き, A と B は互いに必要十分条件であり, A と B は同値であるという.

$(A \Longrightarrow B)$ の否定

$A \Longrightarrow B$ (A が成り立てば B が成り立つ) を否定すると「A が成り立っても B は成り立たない」ということになるが, (2.2), (2.5)により,

$$\overline{A \Longrightarrow B} = A \land \overline{B}$$

となる.

━━━━━━━━━━━━━━━━━━━━━━━━━━━━━━ **逆**

「$B \Longrightarrow A$」を「$A \Longrightarrow B$」の逆といい, $A \Longrightarrow B$ が成り立っても $B \Longrightarrow A$ が成り立たないことを「$A \Longrightarrow B$ は成り立つがその逆は成り立たない」という.

例 2.1 $A : f(x) = 0$ がすべての $x \in [a, b]$ で成り立つ

              $B : \int_a^b f(x)\, dx = 0$

$A \Longrightarrow B$ は明らか. $B \Longrightarrow A$ の反例は「$f(x) = \sin x$ とすると, $\int_{-\pi}^{\pi} \sin x\, dx$

$= 0$ だが，$\sin x \not\equiv 0$」．◇

対偶

$$\overline{B} \Longrightarrow \overline{A}$$

を，「$A \Longrightarrow B$」の対偶という．「$A \Longrightarrow B$」（A が成り立てば B が成り立つ）と「$\overline{B} \Longrightarrow \overline{A}$」（$B$ が成り立たないときは，A は成り立っていない）は同値である．「$A \Longrightarrow B$」を証明するために「$\overline{B} \Longrightarrow \overline{A}$」を証明することがしばしばある．

例 2.2（関数の 1 対 1 対応）
$$[f(x_1) = f(x_2) \Longrightarrow x_1 = x_2] \Longleftrightarrow [x_1 \neq x_2 \Longrightarrow f(x_1) \neq f(x_2)] \quad \diamond$$

例 2.3 $A_1 \wedge A_2 \Longrightarrow B$（$A_1$ と A_2 が同時に成り立てば B が成り立つ）の対偶 $\overline{B} \Longrightarrow \overline{A_1 \wedge A_2}$（$B$ が成り立たないときは，A_1 と A_2 は同時には成り立っていない）となるが，(2.3) より，$A_1 \wedge A_2 \Longrightarrow B$ の対偶は

$$\overline{B} \Longrightarrow \overline{A_1} \vee \overline{A_2}$$

（B が成り立たないときは，A_1 か A_2 が成り立たない）

$$(\overline{B} \wedge A_1 \Longrightarrow \overline{A_2}) \vee (\overline{B} \wedge A_2 \Longrightarrow \overline{A_1})$$

（B が成り立たなく，かつ A_1 が成り立つならば，A_2 は成り立たない）または
（B が成り立たなく，かつ A_2 が成り立つならば，A_1 は成り立たない）

よって $A_1 \wedge A_2 \Longrightarrow B$ を証明するために，$\overline{B} \wedge A_1 \Longrightarrow \overline{A_2}$ または $\overline{B} \wedge A_2 \Longrightarrow \overline{A_1}$ を証明すればよいこととなる[*2]．◇

背理法

$A \Longrightarrow B$ を示すために A と $\overline{B}$ は同時に成り立たないことを示すことを背理法という．A と $\overline{B}$ が同時に成り立たなければ，A が成り立つとき B が成り立たざるを得ないことになる．

[*2] このことは命題 8.1 で利用する．

2.1 命題論理について　15

背理法は

「**A** と **B̄** が同時に成り立つならば矛盾が発生する」

という形をとる．**A** と **B̄** という 2 つの条件を同時に使用できるため，強力な証明法ではあるが，**A** と **B̄** を同時に仮定すると，どのような矛盾が発生するか定まっておらず，本質的な部分が見えづらいということもある．

(2.1) より，背理法は

$$(\mathbf{A} \Longrightarrow \mathbf{B}) \Longleftrightarrow \overline{\overline{(\mathbf{A} \Longrightarrow \mathbf{B})}} \Longleftrightarrow \overline{\overline{\mathbf{A} \wedge \overline{\mathbf{B}}}}$$

つまり，「**A** が成り立つのに **B** が成り立たない」の否定になっている．

━━━━━━━━━━━━━━ $(\mathbf{A}_1 \Longrightarrow \mathbf{B}_1) \Longrightarrow (\mathbf{A}_2 \Longrightarrow \mathbf{B}_2)$ **の証明法**

仮定が $\mathbf{A}_1 \Longrightarrow \mathbf{B}_1$（$\mathbf{A}_1$ が成り立てば $\mathbf{B}_1$ が成り立つ）であり，結論が $\mathbf{A}_2 \Longrightarrow \mathbf{B}_2$ であるとき，「$\mathbf{A}_1 \Longrightarrow \mathbf{B}_1$」という命題を用いることによって，命題 $\mathbf{A}_2 \Longrightarrow \mathbf{B}_2$ を示すことになる．よってまず，$\mathbf{A}_2$ から出発して，$\mathbf{A}_2 \Longrightarrow \mathbf{A}_1$ を示す．$\mathbf{A}_1$ が成り立つことがわかれば，仮定（$\mathbf{A}_1 \Longrightarrow \mathbf{B}_1$）が使えるようになり，$\mathbf{B}_1$ が成り立つことになる．最後に $\mathbf{B}_1 \Longrightarrow \mathbf{B}_2$ を示す．

$$
\begin{array}{ll}
(\mathbf{A}_1 \Longrightarrow \mathbf{B}_1) & \quad \mathbf{A}_1 \Longrightarrow \mathbf{B}_1 \\
\Longrightarrow (\mathbf{A}_2 \Longrightarrow \mathbf{B}_2) \quad \Longleftarrow & \quad \Uparrow \qquad \Downarrow \\
& \quad \mathbf{A}_2 \qquad \mathbf{B}_2
\end{array}
$$

図 2.1

つまり，$\mathbf{A}_2 \Longrightarrow \mathbf{A}_1$ と $\mathbf{B}_1 \Longrightarrow \mathbf{B}_2$ を示すことになる[*3]．

例 2.4 $\Longrightarrow$
(1)　$\mathbf{A}_1 : a \in \mathbb{R} \Longrightarrow \mathbf{B}_1 : a^2 \geq 0$

(2)　$\mathbf{A}_2 : a, b \in \mathbb{R} \Longrightarrow \mathbf{B}_2 : ab \leq \dfrac{a^2 + b^2}{2}$

$\mathbf{A}_2$ より $a - b \in \mathbb{R}$ であるから，(1) によって $(a - b)^2 \geq 0$ となり，$\mathbf{B}_2$ が得られる．◇

数学では，定理 1 が $\mathbf{A}_1 \Longrightarrow \mathbf{B}_1$ という形をしていて，すでに証明が終わって

───────────

[*3]　このことは定理 3.1 で利用する．

16 第2章 微積分での論理

いるとき，定理2「$A_2 \Longrightarrow B_2$」を定理1を利用して証明するということが頻繁に行われる．このときも，定理2の仮定を考察して，定理1の仮定が利用できる状況になっていることを証明し，定理1の結論を適用することによって定理2の結論を導く[*4]．

例2.5 定理1「$A_1 \Longrightarrow B_1$」，定理2「$A_2 \Longrightarrow B_2$」が与えられているとき，定理1，定理2を利用して，定理3「$A_3 \Longrightarrow B_3$」を証明するには，$A_3 \Longrightarrow A_1 \wedge A_2$，$B_1 \wedge B_2 \Longrightarrow B_3$ を示せばよい[*5]．◇

2.2 述語論理について

∃ …「存在する」(there exist)

∀ …「任意の ～ に対して」(for any)

について学ぶ．

 1 変数の命題

(1) 「任意に定められた x に対して，$A(x)$ が成り立つ．」は

$$^\forall x, \ A(x) \tag{2.6}$$

と表されるが，これは

For any x, it follows that $A(x)$.

に基づいた表現になっている．

(2) 「$A(x)$ をみたすような x が存在する．」

$$\exists x ; A(x) \tag{2.7}$$

There exists x such that $A(x)$.

(2.7)の「；」は such that（～のような）または satisfying（～ をみたす）を表す．「；」は「s.t.」と表されることも多い．

(3) 「$A(x)$ をみたす x に対して，$B(x)$ が成り立つ．」言い換えると，「任意

[*4] この方法で定理を次々に生み出していくことがある．定理，証明，定理，証明を繰り返していく背景の1つになっている．

[*5] この手法は定理3.1で用いる．

のxに対して, $\mathbf{A}(x)$ が成り立つならば, $\mathbf{B}(x)$ が成り立つ.」

$$^\forall x, \quad \mathbf{A}(x) \Longrightarrow \mathbf{B}(x) \tag{2.8}$$

(4) (3)の否定,「$\mathbf{A}(x)$ をみたしても $\mathbf{B}(x)$ をみたさないような x が存在する.」

$$\exists x\,;\, \mathbf{A}(x) \wedge \overline{\mathbf{B}(x)} \tag{2.9}$$

(5) 「$\mathbf{A}(x)$ と $\mathbf{B}(x)$ を同時にみたす x が存在する.」

$$\exists x\,;\, \mathbf{A}(x) \wedge \mathbf{B}(x) \tag{2.10}$$

(6) (5)の否定,「$\mathbf{A}(x)$ をみたす x について, $\mathbf{B}(x)$ は成り立たない.」または「$\mathbf{B}(x)$ をみたす x について, $\mathbf{A}(x)$ は成り立たない.」 例2.3より, (2.10) の否定は $[^\forall x, \ \overline{\mathbf{A}(x)} \vee \overline{\mathbf{B}(x)}]$ であり,

$$[^\forall x, \ \mathbf{A}(x) \Longrightarrow \overline{\mathbf{B}(x)}] \vee [^\forall x, \ \mathbf{B}(x) \Longrightarrow \overline{\mathbf{A}(x)}] \tag{2.11}$$

となる.

== **2変数の命題**

数学では文章の中で数, 関数などの出てくる順序が極めて重要で, 順序が変わると意味がガラリと変わることがある.

(1) 「あらゆる y に対して $\mathbf{A}(x,y)$ が成り立つような x が存在する.」

$$\exists x\,;\, {}^\forall y, \ \mathbf{A}(x,y) \tag{2.12}$$

There exists x such that for any y, it follows $\mathbf{A}(x,y)$.

(2) 「任意に定められた y に対して, y に応じて x をうまく選べば, $\mathbf{A}(x,y)$ が成り立つような x が存在する.」

$$^\forall y, \ \exists x\,;\, \mathbf{A}(x,y) \tag{2.13}$$

For any y, there exists x such that it follows that $\mathbf{A}(x,y)$.

例2.6
$$\exists x \in \mathbb{R}\,;\, {}^\forall \varepsilon > 0, \ |x| < \varepsilon \tag{2.14}$$
$$^\forall \varepsilon > 0, \ \exists x \in \mathbb{R}\,;\, |x| < \varepsilon \tag{2.15}$$

で, (2.14)と(2.15)は違う. (2.14)は「すべての $\varepsilon > 0$ に対して, $|x| < \varepsilon$ となるような $x \in \mathbb{R}$ が存在する.」となり, $x = 0$ となる. しかし, (2.15)は, まず $\varepsilon > 0$ が任意に定められており, その ε に応じて $|x| < \varepsilon$ が成り立つということから, x は ε に応じて, 異なるものを選ぶことができるようになり, $x = 0$ とは限らず, $-\varepsilon < x < \varepsilon$ ということになる.

18   第2章　微積分での論理

(2.14)では，まず x が1つ定められており，その x はどんなものなのかという x の性質を述べるための手段として ε が出てくるが，(2.15)では，まず ε があって，ε に応じて x が選ばれる．　◇

例 2.7　(1)　$a < b$ とする．区間 $A = [a, b]$ に対して，
$$\exists M > 0 \,;\, {}^{\forall}x \in A, \; |x| \leq M \tag{2.16}$$
は成り立つ．しかし
$$^{\forall}x \in \mathbb{R}, \;\; \exists M > 0 \,;\, |x| \leq M$$
ではあるが，$A = \mathbb{R}$ に対して，(2.16)は成り立たない．

(2)　区間 $I = (0, 1)$ で，$f(x) = x^2$ に対しては
$$\exists M > 0 \,;\, {}^{\forall}x \in I, \; |f(x)| \leq M$$
は成り立つが，$f(x) = \dfrac{1}{x}$ に対しては成り立たない．　◇

(3)　(1)の否定，「どんな x に対しても，x に応じて y をうまく選べば，$\mathbf{A}(x, y)$ が成り立たたない．」
$$^{\forall}x, \;\; \exists y \,;\, \overline{\mathbf{A}(x, y)} \tag{2.17}$$
(4)　(2)の否定，「どんな x に対しても $\mathbf{A}(x, y)$ が成り立たないような $y = y_0$ が存在する．」
$$\exists y_0 \,;\, {}^{\forall}x, \;\; \overline{\mathbf{A}(x, y_0)} \tag{2.18}$$
(5)　「「$\mathbf{A}(x_0, y)$ をみたす y に対して，$\mathbf{B}(y)$ が成り立つ」ような x_0 が存在する．」
$$\exists x_0 \,;\, {}^{\forall}y, \;\; \mathbf{A}(x_0, y) \Longrightarrow \mathbf{B}(y) \tag{2.19}$$

例 2.8　　$\exists n_0 \in \mathbb{N} \,;\, {}^{\forall}n \in \mathbb{N}, \; n \geq n_0 \Longrightarrow \dfrac{1}{n^2} < \dfrac{1}{10^5} \tag{2.20}$

(2.20)を証明する．自然数 n_0 を $n_0 > 10^{\frac{5}{2}}$ をみたすように定めると，$n \geq n_0$ をみたすすべての自然数 n に対して，$\dfrac{1}{n^2} \leq \dfrac{1}{n_0{}^2} < \dfrac{1}{10^5}$ が成り立つ．　◇

なお，「ある $n_0 \in \mathbb{N}$ が存在して，任意の $n \geq n_0$ に対して，……」，すなわち
$$\exists n_0 \in \mathbb{N} \,;\, {}^{\forall}n \geq n_0, \cdots$$
を簡略化して，「ある n_0 以上の任意の n に対して，……」，すなわち

$$^\forall n \geq\, ^\exists n_0, \cdots$$

と表すことがある.

(6) (5)の否定,「どんな x に対しても,ある y を x に応じて選べば,y は $\mathbf{A}(x, y)$ をみたしても $\mathbf{B}(y)$ をみたさないようにできる.」

$$^\forall x,\ \exists y\,;\, \mathbf{A}(x, y) \wedge \overline{\mathbf{B}(y)} \tag{2.21}$$

━━━━━━━━━━━━━━━━━━━━━━━━━━━ **3 変数の命題**

(1) 「任意に定められた x に対して,ある y が存在して,「$\mathbf{A}(y, z)$ をみたす z に対して,$\mathbf{B}(x, z)$ が成り立つ」.」

$$^\forall x,\ \exists y\,;\, ^\forall z,\ \mathbf{A}(y, z) \Longrightarrow \mathbf{B}(x, z) \tag{2.22}$$

例 2.9 $\quad ^\forall m \in \mathbb{N},\ \exists n_0 \in \mathbb{N}\,;\, ^\forall n \in \mathbb{N},\ n \geq n_0 \Longrightarrow \dfrac{1}{n^2} < \dfrac{1}{10^m} \quad (2.23)$

(2.23)を証明する.自然数 $m = 1, 2, \cdots$ を任意に定める.このとき自然数 n_0 を $n_0 > 10^{\frac{m}{2}}$ をみたすように定めると,$n \geq n_0$ をみたすすべての自然数 n に対して,$\dfrac{1}{n^2} < \dfrac{1}{10^m}$ が成り立つ. ◇

(2) (1)の否定,「以下をみたす $x = x_0$ が存在して,「どんな y に対しても,ある z を y に応じて選べば,$\mathbf{A}(y, z)$ は成り立つが $\mathbf{B}(x_0, z)$ は成り立たない」.」

$$\exists x_0\,;\, ^\forall y,\ \exists z\,;\, \mathbf{A}(y, z) \wedge \overline{\mathbf{B}(x_0, z)} \tag{2.24}$$

次章で $\varepsilon\text{-}\delta$ 論法を学ぶが,それは(2.22)の形をしている.

第3章

ε-δ 論法

ε-δ 論法が導入されたことによって，極限の概念は飛躍的に精密なものになり，また難解なものにもなった．この章では微積分で繰り返し登場する ε-δ 論法の基本的な考え方，技法を考察する．数列の極限の定義，関数の連続性の定義から，そのイメージへ接続していくことを試みる．

3.1 数列の極限

考える動機

$n \to \infty$ のとき $\dfrac{1}{n} \to 0$ とはどういうことだろうか？たしかに $n = 10$, $100, 1000, \cdots$ としたら $\dfrac{1}{n} = \dfrac{1}{10}, \dfrac{1}{100}, \dfrac{1}{1000}, \cdots$ と 0 に近づいていくようだ．しかし「近づく」とは，どういうことだろうか？「近づく」ということを数学的に表現したい．

数列は $\{a_1, a_2, a_3, \cdots\}$ や $\{a_n\}_{n=1,2,3,\cdots}$ あるいは $\{a_n\}_{n=1}^{\infty}$ のように書くが，単に $\{a_n\}$ と書くこともある．数列の極限というと，$n \to \infty$ のとき，a_n がどうなっていくかを調べることになるが，$n \to \infty$ のとき，$a_n \to \alpha$ となることを，$\lim_{n \to \infty} a_n = \alpha$ と書き，α を a_n の極限値とよぶ．この $\lim_{n \to \infty} a_n = \alpha$ の定義が有名な ε-δ 論法なのだが，いきなり定義を述べることを避け，次のように考えてみよ

う.

「近づく」をイメージするための問題設定

　ある実験の実験値を記録する．その一方で，実験の理論値が求められているとする．

　　n：実験の回数

　　a_n：n回までの実験値の平均値

　　α：理論値

　　ε：許容される誤差，要求される精度

とする．

　「実験回数nを無限に大きくしていくと，a_nはαに近づいていく」ということ，すなわち「$n \to \infty$のとき$a_n \to \alpha$が成り立つということ」を数学的に定めたい．a_nのαからの誤差は$|a_n - \alpha|$で与えられるので，$a_n \to \alpha$は誤差$|a_n - \alpha|$ $\to 0$ ということになる．

イメージをより精密に

　ここでは「精度」というものが設定される．a_nをαからの誤差がある数より小さい数にせよ，と要求される．すると実験を何回以上行えばよいか．許容される誤差が比較的大きくてもよいときもあるだろうし，極めて小さくなければならないようなこともあるだろう．行わなければならない実験回数は精度が定められればわかるのではないか？

　　　「実験をn_0回以上行えば，常にa_nは誤差がε未満となる」
は

$$n \geq n_0 \ \text{ならば} \ |a_n - \alpha| < \varepsilon \tag{3.1}$$

と表される．このことを図で見てみよう（図3.1）．

　a_nが$|a_n - \alpha| < \varepsilon$を達成するには，$\alpha$から上下幅$\varepsilon$の帯状領域に$a_n$は入らなければならない．$\varepsilon$が小さいほど帯状領域はせまくなるので，$n \geq n_0$のすべての$n$について$|a_n - \alpha| < \varepsilon$となるには，$\varepsilon$が小さく要求されるほど，$n_0$は一般的に大きくとる必要がある．

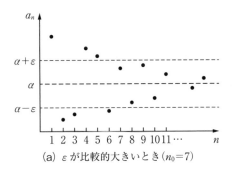
(a) ε が比較的大きいとき ($n_0 = 7$)

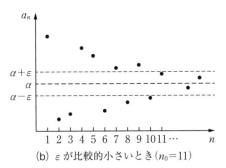
(b) ε が比較的小さいとき ($n_0 = 11$)

図 3.1

「近づく」の数学表現

許される誤差 $\varepsilon > 0$ がどんなに小さく要求されても，ε に応じて，n_0 を十分大きくとっていくことによって，実験回数 n が n_0 以上のときは，必ず $|a_n - \alpha| < \varepsilon$ を達成できる．

どんなに ε が 0 に近く要求されても，必ずある大きな n_0 をうまく選べば，(3.1) を達成できるというとき，$a_n \to \alpha$ となるという．

定義 3.1 「任意の $\varepsilon > 0$ に対して，ある番号 n_0 があって，$n \geq n_0$ ならば $|a_n - \alpha| < \varepsilon$」となるとき，

$$^\forall \varepsilon > 0,\ \exists n_0 \in \mathbb{N}\,;\,^\forall n \in \mathbb{N},\ n \geq n_0 \Longrightarrow |a_n - \alpha| < \varepsilon \quad (3.2)$$

と書く．このとき $\lim_{n \to \infty} a_n = \alpha$ と書き，「a_n は α に収束する」または「a_n は極

限値 α をもつ」という.

> **重要な注意**
> 「任意の」というのは，自分が勝手に選べるということだけではなく，他者に勝手に選ばれても，という意味.

例 3.1 $\displaystyle \lim_{n \to \infty} \frac{1}{n} = 0$

誤差 ε に対して $\left| \dfrac{1}{n} - 0 \right| < \varepsilon$ を達成する $n \geq n_0$ の n_0 の条件を求めると，$n_0 > \dfrac{1}{\varepsilon}$ となる. 誤差 $\varepsilon = 0.1$ のとき，$n_0 \geq 11$，誤差 $\varepsilon = 0.01$ のとき $n_0 \geq 101, \cdots$ のように，誤差 ε がどんなに小さく要求されても，n_0 を ε に応じて定めることができる[1]. ◇

===== **極限の基本性質**

$\displaystyle \lim_{n \to \infty} a_n = \alpha$ であるとき，

A：すべての n について $a_n > 0$

B：$\alpha > 0$

に対して，**A** $\Longrightarrow$ **B** は成り立たない. 実際，$a_n = \dfrac{1}{n} > 0$ において $\alpha = 0$ となる. では

A：すべての n について $a_n \geq 0$

B：$\alpha \geq 0$

に対して，**A** $\Longrightarrow$ **B** は成り立つだろうか？ 言い換えれば，すべての n について $a_n \geq 0$ となっているとき，$\alpha < 0$ となりうるだろうか？ 仮に $\alpha = -0.1$ としてみる. (3.2) で，$|a_n - \alpha| < \varepsilon$ は

$$\alpha - \varepsilon < a_n < \alpha + \varepsilon$$

であるから，$\varepsilon = 0.05$ とすると，

---

[1] ε に応じて n_0 を本当に定めることができるか，という問題を第 4 章で考察する.

24   第3章 ε-δ 論法

$$a_n < \alpha + \varepsilon = -0.05 < 0$$

のように，大きな n に対して $a_n < 0$ になってしまう．このように，$\alpha < 0$ のとき，$\varepsilon = -\dfrac{1}{2}\alpha$ とすると，大きな n に対して $a_n < 0$．よって，

> **命題 3.1**　$\displaystyle\lim_{n \to \infty} a_n = \alpha$ であるとき，
>
> $\quad$ **A**：$\exists n_0 \in \mathbb{N}\,;\, {}^\forall n \geq n_0,\ a_n \geq 0$
>
> $\quad$ **B**：$\alpha \geq 0$
>
> に対して，**A** $\Longrightarrow$ **B** が成り立つ．

(3.3)

今述べた証明は背理法である．

(3.3)において，**B** $\Longrightarrow$ **A** は成り立つだろうか？　たとえば

$$(-1)^n\,\frac{1}{n} = -1, \frac{1}{2}, -\frac{1}{3}, \frac{1}{4}, \cdots \to 0 \tag{3.4}$$

では，$n \geq n_0$ ならば $a_n > 0$ となるような n_0 を見つけることができない．しかし次のことが成り立つ．

> **命題 3.2**　$\displaystyle\lim_{n \to \infty} a_n = \alpha$ であるとき，
>
> $\quad$ **A**：$\exists n_0 \in \mathbb{N}\,;\, {}^\forall n \geq n_0,\ a_n > 0$
>
> $\quad$ **B**：$\alpha > 0$
>
> に対して，**B** $\Longrightarrow$ **A** が成り立つ．

証明　$\varepsilon = \dfrac{1}{10}\alpha$ とおくと，ある n_0 以上の n について $\dfrac{9}{10}\alpha < a_n < \dfrac{11}{10}\alpha$ とできる．ここで $\dfrac{9}{10}\alpha > 0$ であるので $a_n > 0$．　■

> **命題 3.3**　極限値は存在すれば1つしかない．すなわち，
>
> $$a_n \to \alpha_1 \ \text{かつ}\ a_n \to \alpha_2 \ \text{ならば}\ \alpha_1 = \alpha_2$$

証明　背理法を用いる．$\alpha_1 \neq \alpha_2$ として矛盾を導く．$\alpha_1 < \alpha_2$ としよう．$\alpha_2 - \alpha_1 = p > 0$ とする．

$$\exists n_1 \in \mathbb{N}\,;\, n \geq n_1 \Longrightarrow \alpha_1 - \varepsilon < a_n < \alpha_1 + \varepsilon$$

$$\exists n_2 \in \mathbb{N} \; ; \; n \geq n_2 \Longrightarrow \alpha_2 - \varepsilon < a_n < \alpha_2 + \varepsilon$$

ここで $\varepsilon = \dfrac{1}{10}p$ と選ぶ. n_3 を $n_3 \geq n_1$ かつ $n_3 \geq n_2$ をみたすようにとると, $n \geq n_3$ のとき,

$$a_n < \alpha_1 + \frac{1}{10}p \quad \text{かつ} \quad \alpha_2 - \frac{1}{10}p < a_n$$

となり, $\alpha_2 = \alpha_1 + p$ より

$$a_n < \alpha_1 + \frac{1}{10}p < \alpha_1 + \frac{9}{10}p < a_n$$

となり, 矛盾. ■

(3.2)において, n_0 は ε に応じて定まることより, $n_0(\varepsilon)$ と書くことがある.

定理 3.1 $\displaystyle\lim_{n\to\infty} a_n = \alpha \in \mathbb{R}$, $\displaystyle\lim_{n\to\infty} b_n = \beta \in \mathbb{R}$ ならば

(1) $\displaystyle\lim_{n\to\infty}(a_n + b_n) = \alpha + \beta$

(2) $\displaystyle\lim_{n\to\infty} ka_n = k\alpha \qquad (k \in \mathbb{R})$

(3) $\displaystyle\lim_{n\to\infty}(a_n b_n) = \alpha\beta$

(4) $\displaystyle\lim_{n\to\infty} \frac{a_n}{b_n} = \frac{\alpha}{\beta} \qquad (\text{ただし } \beta \neq 0 \text{ とする})$

(1)の証明の方針 与えられている仮定は $\displaystyle\lim_{n\to\infty} a_n = \alpha$, $\displaystyle\lim_{n\to\infty} b_n = \beta$, すなわち

誤差 $\varepsilon_1 > 0$ がどんなに小さくても, ある番号 $n_1(\varepsilon_1)$ に対して

$$\mathbf{A}_1 \colon n \geq n_1(\varepsilon_1) \Longrightarrow \mathbf{B}_1 \colon |a_n - \alpha| < \varepsilon_1 \qquad (3.5)$$

誤差 $\varepsilon_2 > 0$ がどんなに小さくても, ある番号 $n_2(\varepsilon_2)$ に対して

$$\mathbf{A}_2 \colon n \geq n_2(\varepsilon_2) \Longrightarrow \mathbf{B}_2 \colon |b_n - \beta| < \varepsilon_2 \qquad (3.6)$$

示すべき結論は

誤差 $\varepsilon > 0$ がどんなに小さくても, ある番号 $n_3(\varepsilon)$ に対して

$$\mathbf{A}_3 \colon n \geq n_3(\varepsilon) \Longrightarrow \mathbf{B}_3 \colon |(a_n + b_n) - (\alpha + \beta)| < \varepsilon \qquad (3.7)$$

この定理では仮定が「$\mathbf{A}_1 \Longrightarrow \mathbf{B}_1$ かつ $\mathbf{A}_2 \Longrightarrow \mathbf{B}_2$」という形をしていて, 結論も「$\mathbf{A}_3 \Longrightarrow \mathbf{B}_3$」という形をしている. これは例 2.5 のような手順で証明することになる.

(1)の証明　まず $\mathbf{A}_3 \Longrightarrow \mathbf{A}_1 \wedge \mathbf{A}_2$ を示す．$\varepsilon > 0$ に対して，$\varepsilon_1, \varepsilon_2 > 0$ を $\varepsilon = \varepsilon_1 + \varepsilon_2$ をみたすように定める．すると $(3.5), (3.6)$ をみたす $n_1(\varepsilon_1), n_2(\varepsilon_2)$ が定まるので，$n_3(\varepsilon)$ を $n_3(\varepsilon) \geq n_1(\varepsilon_1)$ かつ $n_3(\varepsilon) \geq n_2(\varepsilon_2)$ をみたすように定める．このとき，$n \geq n_3(\varepsilon)$ をみたす n は $n \geq n_1(\varepsilon_1)$ かつ $n \geq n_2(\varepsilon_2)$ をみたすので，$\mathbf{A}_3 \Longrightarrow \mathbf{A}_1 \wedge \mathbf{A}_2$ が成り立つ．よって $(3.5), (3.6)$ により $\mathbf{B}_1 \wedge \mathbf{B}_2$ が成り立つ．三角不等式によって，

$$|(a_n + b_n) - (\alpha + \beta)| = |(a_n - \alpha) + (b_n - \beta)|$$
$$\leq |a_n - \alpha| + |b_n - \beta|$$
$$< \varepsilon_1 + \varepsilon_2 = \varepsilon$$

となり，$\mathbf{B}_1 \wedge \mathbf{B}_2 \Longrightarrow \mathbf{B}_3$ が示された．($a_n + b_n$ の誤差は，a_n から生じる誤差と b_n から生じる誤差の和で抑えられる．図 3.2．) ■

(2)の証明の方針　示すべき結論は

　　　誤差 $\varepsilon > 0$ がどんなに小さくても，ある番号 n_4 に対して
$$n \geq n_4 \Longrightarrow |ka_n - k\alpha| < \varepsilon \tag{3.8}$$

(3.5) をみたす n_1 がわかっているときに，(3.8) をみたす n_4 を定めよ，という問題である．

　$|ka_n - k\alpha|$ は高さが k で，底辺の長さが α と a_n の 2 つの長方形の面積の誤差を表す．(3.8) で，たとえば $\varepsilon = 0.1$ のように ε が 1 つ定められているとき，k が大きいほど，$|a_n - \alpha|$ は小さくなければならない．よって k が大きいほど，n_1 は大きくとらなければならない．(図 3.3 では $k, \alpha, a_n > 0$ とした．)

(2)の証明　$k = 0$ のときは自明なので，$k \neq 0$ とする．$^\forall \varepsilon_1 > 0$ に対して，

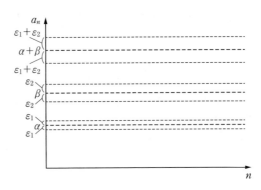

図 3.2

(3.5)をみたす $n_1(\varepsilon_1)$ が与えられるので, $\forall \varepsilon > 0$, $\forall k \neq 0$ に対して, $\varepsilon_1 = \dfrac{\varepsilon}{|k|}$ とすると, $n_1\left(\dfrac{\varepsilon}{|k|}\right)$ も与えられる. すなわち
$$n \geq n_1\left(\dfrac{\varepsilon}{|k|}\right) \Longrightarrow |a_n - \alpha| < \dfrac{\varepsilon}{|k|}$$
よって $n_4(\varepsilon) := n_1\left(\dfrac{\varepsilon}{|k|}\right)$ とすると, $n \geq n_4(\varepsilon)$ ならば,
$$|ka_n - k\alpha| = |k||a_n - \alpha| < |k| \cdot \dfrac{\varepsilon}{|k|} = \varepsilon \qquad \blacksquare$$

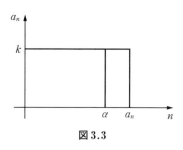

図 3.3

(3) の証明の方針　示すべき結論は

誤差 $\varepsilon > 0$ がどんなに小さくても, ある番号 $n_5(\varepsilon)$ に対して
$$n \geq n_5(\varepsilon) \Longrightarrow |a_n b_n - \alpha\beta| < \varepsilon \tag{3.9}$$

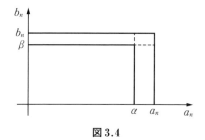

図 3.4

(3.9) は図 3.4 で, 底辺 α, 高さ β の長方形の面積と, 底辺 a_n, 高さ b_n の長方形の面積の誤差を ε より小さくせよ, ということになる. (図 3.4 では $a_n > \alpha > 0$, $b_n > \beta > 0$ とした.)

三角不等式より
$$\begin{aligned}|a_n b_n - \alpha\beta| &= |a_n b_n - a_n \beta + a_n \beta - \alpha\beta| \\ &\leq |a_n||b_n - \beta| + |\beta||a_n - \alpha| \\ &\leq (|a_n - \alpha| + |\alpha|)|b_n - \beta| + |\beta||a_n - \alpha| \quad ^{*2} \end{aligned} \tag{3.10}$$

(3.10) の右辺の各項を見ると, 図 3.4 の誤差領域の 3 つの部分を表していることがわかる. ここで, $|a_n - \alpha|$, $|b_n - \beta|$ が小さくても, α, β が大きいと, 面積の誤差は大きくなる. つまりある一定の ε に対して, (3.9) を達成しようと

[*2] 最後の不等式は $a_n = a_n - \alpha + \alpha$ を使った. このように何かを足して引くというのは, よく使われる重要な技法であり, 何を足して引くのかを発見する必要がある.

するとき，α, β が大きいほど，(3.5), (3.6) の $\varepsilon_1, \varepsilon_2$ を小さくしなくてはならず，一般に n_1, n_2 をより大きくとらなければならない．(3.5), (3.6) が成り立っているとき，(3.10) は

$$|a_n b_n - \alpha\beta| < (\varepsilon_1 + |\alpha|)\varepsilon_2 + |\beta|\varepsilon_1 \tag{3.11}$$

となる．

(3) の証明 $\varepsilon > 0$ に対して，$\varepsilon_1, \varepsilon_2 > 0$ を

$$\varepsilon = (\varepsilon_1 + |\alpha|)\varepsilon_2 + |\beta|\varepsilon_1 \tag{3.12}$$

をみたすように定め，$n_5(\varepsilon)$ を $n_5(\varepsilon) \geq n_1(\varepsilon_1)$ かつ $n_5(\varepsilon) \geq n_2(\varepsilon_2)$ をみたすように定める．このとき (3.11) より (3.9) が成り立つ． ∎

(4) の証明の方針 $\displaystyle\lim_{n\to\infty} \frac{1}{b_n} = \frac{1}{\beta}$ を示せば (3) より導かれる．

図 3.5(a) で，底辺 β，高さ $\dfrac{1}{\beta}$ の長方形，底辺 b_n，高さ $\dfrac{1}{b_n}$ の長方形の面積はともに 1 である．(図 3.5 では $b_n > \beta > 0$ とした．)

$$\left|\frac{1}{b_n} - \frac{1}{\beta}\right| |\beta| = |b_n - \beta| \frac{1}{|b_n|} \tag{3.13}$$

が成り立つが，(3.13) の両辺は図 3.5(a) のグレー部分の面積を表している．

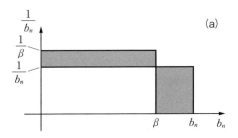

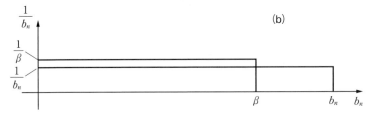

図 3.5

ここで，β が大きいほど図 3.5(b) のように $|b_n - \beta|$ がそれほど小さくなくても，$\left|\dfrac{1}{b_n} - \dfrac{1}{\beta}\right|$ は小さくなる.

(4)の証明 誤差 $\varepsilon > 0$ がどんなに小さくても，ある番号 $n_6(\varepsilon)$ に対して

$$n \geq n_6(\varepsilon) \Longrightarrow \left|\frac{1}{b_n} - \frac{1}{\beta}\right| < \varepsilon \tag{3.14}$$

となることを示す．(3.13) より，

$$\left|\frac{1}{b_n} - \frac{1}{\beta}\right| = \frac{|b_n - \beta|}{|b_n||\beta|}$$

となる．$n \to \infty$ のとき，$b_n \to \beta$ ということから，n を十分大きくとると，$|b_n| > \dfrac{|\beta|}{2}$ とすることができる．実際，$|b_n - \beta| < \varepsilon$ が成り立つとき $|b_n| > |\beta| - \varepsilon$ となるので[*3]，$\varepsilon = \dfrac{|\beta|}{2}$ に対して (3.6) が成り立つ n_2 を考えると，

$$n \geq n_2\left(\frac{|\beta|}{2}\right) \Longrightarrow |b_n| > \frac{|\beta|}{2}$$

となる．よってこのとき

$$\left|\frac{1}{b_n} - \frac{1}{\beta}\right| < \frac{2}{|\beta|^2}|b_n - \beta|$$

となる．$\varepsilon > 0$ に対して，

$$\frac{2}{|\beta|^2}\varepsilon_2 = \varepsilon$$

をみたすように ε_2 を定める．$n_6(\varepsilon)$ を $n_6(\varepsilon) \geq n_2\left(\dfrac{|\beta|}{2}\right)$ かつ $n_6(\varepsilon) \geq n_2(\varepsilon_2)$ をみたすように定めると，(3.14) が成り立つ．■

定理 3.2 (1) $\displaystyle\lim_{n \to \infty} a_n = \alpha$, $\displaystyle\lim_{n \to \infty} b_n = \beta$ とする．このとき，

$$^{\forall}n \geq {}^{\exists}n_0, \ a_n \leq b_n \Longrightarrow \alpha \leq \beta$$

(2) $\displaystyle\lim_{n \to \infty} a_n = \alpha$, $\displaystyle\lim_{n \to \infty} b_n = \beta$, $\displaystyle\lim_{n \to \infty} c_n = \gamma$ とする．このとき，

$$^{\forall}n \geq {}^{\exists}n_0, \ a_n \leq b_n \leq c_n \wedge \alpha = \gamma \Longrightarrow \alpha = \beta = \gamma$$

[*3] 一般に $|a| - |b| \leq |a - b|$ が成り立つ.

30　第3章　ε-δ論法

(3)　(はさみうちの定理)
$$^\forall n \geq {}^\exists n_0, \ a_n \leq b_n \leq c_n \land \lim_{n\to\infty} a_n = \lim_{n\to\infty} c_n$$
のとき，b_n は収束し，
$$\lim_{n\to\infty} b_n = \lim_{n\to\infty} a_n = \lim_{n\to\infty} c_n$$

証明　(1)　$b_n - a_n \geq 0$ より $\beta - \alpha \geq 0$（定理 3.1，命題 3.1）．

別証　$^\forall \varepsilon > 0$ に対して，ある $n_0 \in \mathbb{N}$ が存在して，
$$^\forall n \geq n_0, \ \alpha - \varepsilon < a_n \leq b_n < \beta + \varepsilon$$
よってどんなに小さな $\varepsilon > 0$ に対しても $\alpha < \beta + 2\varepsilon$ が成り立たなければならない．よって $\alpha \leq \beta$．(なぜなら $\alpha > \beta$ とすると $\varepsilon = \dfrac{\alpha - \beta}{4}$ に対して，$\beta + 2\varepsilon$ $= \dfrac{\alpha + \beta}{2} < \alpha$ となる．)

(2)　(1)より明らか．

(3)　$\lim\limits_{n\to\infty} a_n = \lim\limits_{n\to\infty} c_n = \alpha$ と書くと，任意の $\varepsilon > 0$ に対して，n を十分大きくとることにより，$\alpha - \varepsilon < a_n \leq b_n \leq c_n < \alpha + \varepsilon$．$|b_n - \alpha| < \varepsilon$ より，$\lim\limits_{n\to\infty} b_n$ $= \alpha$ を得る．■

　定理 3.2 の (2) と (3) の違いは，b_n が極限をもつことを仮定されているか，いないかの違いだけだが，(3)は数列の極限の存在を与える定理の1つとして重要である．

命題 3.4　$a, b, c \in \mathbb{R}$ に対して，
$$a_n \to a, \quad b_n \to b, \quad c_n \to c$$
とする．このとき，
$$c_n = a_n + b_n \Longrightarrow c = a + b$$
が成り立つ[*4]．

──────────────

[*4]　一般に，
$$c_n = f(a_n, b_n) \Longrightarrow c_\infty = f(a_\infty, b_\infty) ?$$
のように，「$n \to \infty$ とする以前に成立していることが $n \to \infty$ 後も成立するか」という問題は極限操作における重要な関心事の1つである．

3.1 数列の極限　　31

　これは定理3.1と極限値は存在すれば1つしかない，ということにより得られる．

定義 3.2　$\lim\limits_{n\to\infty} a_n = \infty$ であるとは

$$^{\forall}K > 0,\ \exists n_0 \in \mathbb{N};\ ^{\forall}n \in \mathbb{N},\ n \geq n_0 \Longrightarrow a_n > K \qquad (3.15)$$

となることをいう．

注意　∞ は実数ではない．よって $\lim\limits_{n\to\infty} a_n = \infty$ に対して，「a_n は ∞ に近づく」という言い方は本来はできない．ただし，$\lim\limits_{n\to\infty} a_n = \infty$ を $a_n \to \infty$ と書き，「a_n は ∞ に近づく」を(3.15)で定義することができる．また ∞ は実数ではないので加減乗除できず，$\lim\limits_{n\to\infty}(n+1) = \infty + 1$ のような書き方もできない．

例 3.2　(1)
$$\lim_{n\to\infty} r^n = \begin{cases} 0, & 0 < r < 1 \\ 1, & r = 1 \\ \infty, & r > 1 \end{cases}$$

(2)　$r > 0$ に対して，$\lim\limits_{n\to\infty} \sqrt[n]{r} = 1$．

(3)　数列 a_n は $a_1 > 0$ であり，$0 < r < 1$ に対して，

$$0 < \frac{a_{n+1}}{a_n} \leq r \qquad (^{\forall}n \in \mathbb{N})$$

であるとき，$\lim\limits_{n\to\infty} a_n = 0$ となる．

(4)　$0 < r < 1$，$k \in \mathbb{N}$ に対して $a_n = n^k r^n$ とするとき，$\lim\limits_{n\to\infty} a_n = 0$ となる．

　まず(1)で，(i) $0 < r < 1$ のとき．

$$^{\forall}\varepsilon > 0,\ \exists n_0 \in \mathbb{N};\ ^{\forall}n \in \mathbb{N},\ n \geq n_0 \Longrightarrow |r^n - 0| < \varepsilon$$

となる n_0 を発見したい．$r^n < \varepsilon$ の両辺の $\log$ をとって $n \log r < \log \varepsilon$．$\log r < 0$ であるから $n_0 > \dfrac{\log \varepsilon}{\log r}$ をみたすように n_0 を決めればよい．

　次に(ii) $r > 1$ のとき．

$$^{\forall}K > 0,\ \exists n_0 \in \mathbb{N};\ ^{\forall}n \in \mathbb{N},\ n \geq n_0 \Longrightarrow r^n > K$$

となる n_0 を見つける．$n \log r > \log K$ より，$n_0 > \dfrac{\log K}{\log r}$ をみたすように n_0 を決めればよい．$r = 1$ のときは明らか．

32 第3章 $\varepsilon\text{-}\delta$ 論法

次いで (2) で，(i) $r \geq 1$ のとき．$\sqrt[n]{r} = 1 + a_n$ とおき，$\lim_{n\to\infty} a_n = 0$ を示す．$r = (1 + a_n)^n \geq 1$ より，$a_n \geq 0$．2項展開

$$(a + b)^n = \sum_{k=0}^{n} {}_nC_k\, a^{n-k} b^k, \quad {}_nC_k = \frac{n!}{(n-k)!\,k!}, \quad 0! = 1 \quad (3.16)$$

より，$r = (1 + a_n)^n > n a_n$ すなわち $a_n < \dfrac{r}{n}$ より，$\lim_{n\to\infty} a_n = 0$．

次に (ii) $0 < r < 1$ のとき．$\dfrac{1}{r} > 1$ であるから，定理 3.1 (4) より $\lim_{n\to\infty} \sqrt[n]{r}$

$$= \lim_{n\to\infty} \frac{1}{\sqrt[n]{\dfrac{1}{r}}} = \frac{1}{\lim\limits_{n\to\infty} \sqrt[n]{\dfrac{1}{r}}} = 1.$$

(3) については，$\dfrac{a_{n+1}}{a_n} = r$ のとき，a_n は $a_n = a_1 r^{n-1}$ となり等比数列．

$$0 < a_n \leq r a_{n-1} \leq r^2 a_{n-2} \leq \cdots \leq a_1 r^{n-1}$$

(1) より $r^{n-1} \to 0$ であり，はさみうちの定理より $\lim_{n\to\infty} a_n = 0$ となる．

(4) は $n^k \to \infty$，$r^n \to 0$ より，a_n は $\infty \cdot 0$ の不定形．$\dfrac{a_{n+1}}{a_n} = \left(1 + \dfrac{1}{n}\right)^k r$ において，$\left(1 + \dfrac{1}{n}\right)^k > 1$ であるが $0 < r < 1$ である．しかし $r < r_0 < 1$ をみたす r_0 に対して，

$$\exists\, n_0 \in \mathbb{N}\,;\, {}^{\forall}n \geq n_0,\ \left(1 + \frac{1}{n}\right)^k r < r_0$$

とできる．実際，$n_0 > \dfrac{1}{\left(\dfrac{r_0}{r}\right)^{\frac{1}{k}} - 1}$ とすればよい．よって $n \geq n_0$ に対して，

$\dfrac{a_{n+1}}{a_n} \leq r_0 < 1$ であるから (3) と同様に $\lim_{n\to\infty} a_n = 0$ となる．　$\diamondsuit$

なお，${}_nC_k = \dfrac{n!}{(n-k)!\,k!}$ $(0! = 1)$ をパスカルの三角形によって与えると，図 3.6 のようになる．

$$_0C_0 = 1$$

$$_1C_0 = 1 \qquad 1 = {_1C_1}$$

$$_2C_0 = 1 \quad _2C_1 = 2 \qquad 1 = {_2C_2}$$

$$_3C_0 = 1 \quad _3C_1 = 3 \quad _3C_2 = 3 \qquad 1 = {_3C_3}$$

$$\vdots$$

$$_nC_0 \quad _nC_1 \quad \cdots \quad \cdots \quad _nC_{n-1} \quad _nC_n \qquad \text{図 3.6}$$

3.2 関数の極限

関数 $f(x)$ に対して，$x \to x_0$ とするとき，$f(x) \to y_0$ となるということを考える．ここでは $x = x_0$ での値 $f(x_0)$ は必ずしもわかっていなくてもよい．

x：自分でコントロールできる値（独立変数という）

$y = f(x)$：調べている値（従属変数という）

（たとえば x 軸上の針金の点 x での温度を $y = f(x)$ として考えてみてもよい．）

x 軸上で $x \to x_0$ とすると，y 軸上で $y(x) \to y_0$ ということを考える．たとえば $x_n = x_0 + \dfrac{1}{n}$ とすると，x_n は x 軸上の数列になり，$f(x_n)$ もまた y 軸上の数列となる．$n \to \infty$ とすることで，$x_n \to x_0$ も $f(x_n) = f\left(x_0 + \dfrac{1}{n}\right) \to y_0$ も数列の定義に従って記述できる．

たとえば $y(x) = (x+1)^2$ で，$x \to 1$ を考える．$x_n = 1 + \dfrac{(-1)^n}{n}$ と思うと $y(x_n) = \left(2 + \dfrac{(-1)^n}{n}\right)^2 \to 4$．しかしこれでは点列 x_n がとびとびの値をとって x_0 に近づく，という条件がついてしまう．x は直接コントロールできる独立変数であるので，次のように定義される．

定義 3.3 関数 $f(x)$ は $x = x_0$ のある近傍で定義されているとする．（ただし $f(x)$ は $x = x_0$ では必ずしも定義されなくてもよい．） どんなに小さな $\varepsilon > 0$ に対しても，ε に応じてある $\delta > 0$ があって，

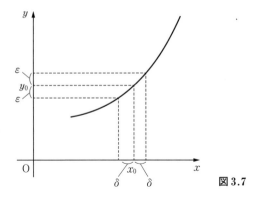

図 3.7

$$0 < |x - x_0| < \delta \text{ ならば } |f(x) - y_0| < \varepsilon$$

となるとき，すなわち

$${}^\forall \varepsilon > 0, \ \exists \delta > 0 ; {}^\forall x \in \mathbb{R}, \ 0 < |x - x_0| < \delta \Longrightarrow |f(x) - y_0| < \varepsilon \tag{3.17}$$

のとき $\lim_{x \to x_0} f(x) = y_0$ と書き，y_0 を $f(x)$ の $x \to x_0$ のときの極限値という．

たとえば $y = f(x)$ が x 軸上の針金の点 x での温度を表し，$x = x_0$ での温度が調べられず，x_0 周辺での温度がわかっているとする．$y_0 = f(x_0)$ が理論値であるとき，$\lim_{x \to x_0} f(x) = y_0$ ならば，x_0 からの距離が δ 未満の点 x では温度差が $y_0 \pm \varepsilon$ 未満にできる（図 3.7）．

例 3.3 $\lim_{x \to 1}(x+1)^2 = 4$

$$\begin{aligned}|(x+1)^2 - 4| &= |x^2 + 2x - 3| \\ &= |(x-1)^2 + 4x - 4| \\ &\leq |x-1|^2 + 4|x-1|\end{aligned}$$

よって任意の $\varepsilon > 0$ に対して $\delta > 0$ を

$$\delta^2 + 4\delta \leq \varepsilon \tag{3.18}$$

をみたすように選ぶと，

$$|x - 1| < \delta \Longrightarrow |(x+1)^2 - 4| < \varepsilon$$

をみたす．たとえば $\varepsilon = 0.1, \ 0.01$ のとき (3.18) をみたす δ はどのように定められるか．それは $\delta^2 + 4\delta = \varepsilon$ を δ について解いて，正の解を δ とすればよ

い．しかし，$\delta \le 1$ のとき，$\delta^2 \le \delta$ なので，$5\delta \le \varepsilon$ をみたす δ は (3.18) をみたす．よって $\varepsilon \le 5$ のときは $\delta = \dfrac{1}{5}\varepsilon$ とすれば十分である．よって δ を $\delta \le 1$ かつ $\delta \le \dfrac{1}{5}\varepsilon$ をみたすようにとればよい． $\diamondsuit$

定理 3.3 $\lim\limits_{x \to x_0} f(x) = \alpha \in \mathbb{R}$, $\lim\limits_{x \to x_0} g(x) = \beta \in \mathbb{R}$ のとき

(1) $\lim\limits_{x \to x_0} (f(x) + g(x)) = \alpha + \beta$

(2) $\lim\limits_{x \to x_0} kf(x) = k\alpha \qquad (k \in \mathbb{R})$

(3) $\lim\limits_{x \to x_0} f(x)g(x) = \alpha\beta$

(4) $\lim\limits_{x \to x_0} \dfrac{f(x)}{g(x)} = \dfrac{\alpha}{\beta} \qquad （ただし $\beta \neq 0$ とする）$

証明は定理 3.1 と同様に与えられる．(1), (3) のみ述べる．

証明の方針　(1) は $\lim\limits_{x \to x_0} f(x) = \alpha$, $\lim\limits_{x \to x_0} g(x) = \beta$ より，

$\quad {}^{\forall}\varepsilon_1 > 0, \ \exists \delta_1 > 0 ; {}^{\forall}x \in \mathbb{R}, \ 0 < |x - x_0| < \delta_1 \Longrightarrow |f(x) - \alpha| < \varepsilon_1,$

$\quad {}^{\forall}\varepsilon_2 > 0, \ \exists \delta_2 > 0 ; {}^{\forall}x \in \mathbb{R}, \ 0 < |x - x_0| < \delta_2 \Longrightarrow |g(x) - \beta| < \varepsilon_2$

このとき

$\quad {}^{\forall}\varepsilon > 0, \ \exists \delta_3 > 0 ;$

$\quad {}^{\forall}x \in \mathbb{R}, \ 0 < |x - x_0| < \delta_3 \Longrightarrow |(f(x) + g(x)) - (\alpha + \beta)| < \varepsilon$

を示す．そのために $\varepsilon > 0$ に対して，$\varepsilon_1, \varepsilon_2 > 0$ を $\varepsilon = \varepsilon_1 + \varepsilon_2$ をみたすように定め，$\delta_3 > 0$ を $\delta_3 \le \delta_1$ かつ $\delta_3 \le \delta_2$ をみたすようにとればよい．

(3) は

$$|f(x)g(x) - \alpha\beta| = |f(x)g(x) - f(x)\beta + f(x)\beta - \alpha\beta|$$
$$\le (|f(x) - \alpha| + |\alpha|)|g(x) - \beta| + |\beta||f(x) - \alpha|$$

を用いればよい．∎

命題 3.5 $\lim\limits_{x \to x_0} f(x) = 0$, $\lim\limits_{x \to x_0} g(x) = 0$ であり，$\lim\limits_{x \to x_0} \dfrac{f(x)}{g(x)} = \alpha \neq 0$ となるとき，$f(x)$ と $g(x)$ は同位の無限小となる．

証明 $\lim\limits_{x \to x_0} \dfrac{f(x)}{g(x)} = \alpha$ より,

$$^\forall \varepsilon > 0, \ \exists \delta > 0 ; {}^\forall x \in \mathbb{R}, \ 0 < |x - x_0| < \delta \Longrightarrow \left| \dfrac{f(x)}{g(x)} - \alpha \right| < \varepsilon$$

となるが, $\left| \dfrac{f(x)}{g(x)} - \alpha \right| < \varepsilon$ より,

$$|\alpha| - \varepsilon < \left| \dfrac{f(x)}{g(x)} \right| < |\alpha| + \varepsilon$$

となり, ここで $|\alpha| - \varepsilon > 0$ となるように ε を選べば, (1.7)をみたすことができる. ■

　今度は $\lim\limits_{x \to \infty} f(x) = \alpha$ を考える. x が自然数なら数列の定義になる. しかしここでは $x \in \mathbb{R}$ で $x \to \infty$ とする.

定義 3.4 関数 $f(x)$ は (a, ∞) $({}^\exists a \in \mathbb{R})$ で定義されているとする. 「$x \to \infty$ のとき, $f(x) \to \alpha$」とは, 「どんなに小さな $\varepsilon > 0$ に対しても x 軸上の点 M をうまく選べば,

$$x > M \ \text{ならば} \ |f(x) - \alpha| < \varepsilon$$

とできる」こと, すなわち,

$$^\forall \varepsilon > 0, \ \exists M \in \mathbb{R} ; {}^\forall x \in \mathbb{R}, \ x > M \Longrightarrow |f(x) - \alpha| < \varepsilon \quad (3.19)$$

　これは数列の定義 3.1 の (3.2) で, n, n_0, a_n をそれぞれ $x, M, f(x)$ としたもので, $x, M \in \mathbb{N}$ のとき, $f(x)$ のグラフは図 3.1 のようなものになる.

例 3.4 例 3.1 で数列 $\dfrac{1}{n} \to 0 \ (n \to \infty)$ を考えたが, 関数 $y = \dfrac{1}{x}$ において $x \to \infty$ とするとき, $\dfrac{1}{x} \to 0$ となることを示すには

$$x > M \Longrightarrow \left| \dfrac{1}{x} - 0 \right| < \varepsilon$$

を示すことになる. そのためには $M \geq \dfrac{1}{\varepsilon}$ とすればよい. ◇

　関数 $y = \dfrac{1}{x}$ では, $x \to +0$ とするとき, $\dfrac{1}{x} \to \infty$ となる. $x \to x_0$ のとき,

$f(x) \to \infty$ となることは次のように定義される.

定義 3.5 関数 $f(x)$ は $x = x_0$ を除く $x = x_0$ のある近傍で定義されているとする.「$x \to x_0$ のとき, $f(x) \to \infty$」とは,「どんなに大きな $K > 0$ に対しても, δ を K に応じて十分小さく選び,

$$0 < |x - x_0| < \delta \text{ ならば } f(x) > K$$

とできる」こと, すなわち

$$\forall K > 0, \ \exists \delta > 0 \, ; \, \forall x \in \mathbb{R}, \ 0 < |x - x_0| < \delta \Longrightarrow f(x) > K \quad (3.20)$$

であることをいう.

例 3.5 $f(x) = \dfrac{1}{(x - x_0)^2}$ では $\delta < \sqrt{K}$ のとき

$$|x - x_0| < \delta \Longrightarrow \frac{1}{(x - x_0)^2} > K$$

とできる. ◇

3.3 関数が連続であることをイメージする

================================ 関数が連続であるとは

$x = x_0$ での $f(x)$ の値 $f(x_0)$ がわかっているとき, $x \to x_0$ とすると $f(x) \to f(x_0)$ となるとき,「$f(x)$ は $x = x_0$ で連続である」といい, $\lim\limits_{x \to x_0} f(x) = f(x_0)$ と書く. これは(3.17)で y_0 に $f(x_0)$ を代入したものなので,

定義 3.6 関数 $f(x)$ は $x = x_0$ のある近傍で定義されているとする. $f(x)$ が $x = x_0$ で連続であるとは,

$$\forall \varepsilon > 0, \ \exists \delta > 0 \, ; \, \forall x \in \mathbb{R}, \ |x - x_0| < \delta \Longrightarrow |f(x) - f(x_0)| < \varepsilon$$

$$(3.21)$$

となること.

ここでは ε や δ は何を意味するものだろうか.

以下では関数のグラフが繋がっている, 繋がっていない, ということを考察

することで，(3.21)のイメージを理解しよう．

「連続」，「不連続」をイメージするための問題設定

定義3.6をイメージするために，次の問題を考えてみよう（図3.8）．

$$f_n(x) = \begin{cases} 3, & x > \dfrac{1}{n} \\ nx + 2, & -\dfrac{1}{n} \leq x \leq \dfrac{1}{n} \\ 1, & x < -\dfrac{1}{n} \end{cases} \tag{3.22}$$

とする．すべての $n \in \mathbb{N}$ に対して，$f_n(x)$ のグラフは途中で切れることなく，繋がっている．$n \to \infty$ とするとどうなるだろうか．

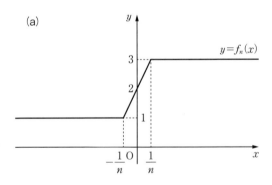

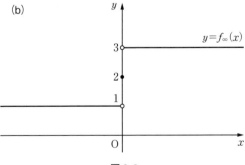

図 3.8

$$f_\infty(x) = \begin{cases} 3, & x > 0 \\ 2, & x = 0 \\ 1, & x < 0 \end{cases} \tag{3.23}$$

のグラフは $x = 0$ で切れている[*5].

$$\lim_{x \to -0} f_\infty(x) = 1 \neq f_\infty(0) \neq \lim_{x \to +0} f_\infty(x) = 3$$

であり，$\lim_{x \to 0} f_\infty(x)$ は存在しない．当然 $\lim_{x \to 0} f_\infty(x) = f_\infty(0)$ は成り立たず，$f_\infty(x)$ は $x = 0$ で連続ではない．

イメージをより精密に

ここでは「連続の度合い，連続の程度」という考えを導入し，連続の度合いがより良いとかより悪いとかということを考える．$f_n(x)$ は $x = 0$ で，n が大きくなるほど徐々に連続の度合いが悪くなり，$f_\infty(x)$ はとうとう不連続になる，と考えてみよう．

区間 $\left(-\infty, -\dfrac{1}{n}\right)$ では，$f_n(x)$ は一定だが，$x = -\dfrac{1}{n}$ で変化が始まり，傾きが n の 1 次関数となり，$x \geq \dfrac{1}{n}$ でまた一定となる．n が大きいほど変化の度合いが大きくなることにより，変化の度合いが大きいほど連続の度合いが悪くなると考える．一般に関数 $f(x)$ のグラフ $y = f(x)$ で y 方向の変化は x 方向の変化で与えられ，y 方向の一定の変化に対して，その変化に必要な x 方向の長さが短いと，変化の度合いが大きい．(たとえば自転車に乗っていて，路面がなめらかだが傾斜が急に大きくなるときや，突然の段差がある場合，y 方向（鉛直方向）の変化に対する x 方向（進行方向）の距離によって，連続の度合い，不連続を感覚的に理解できるであろう[*6]．)

[*5] (3.22) の $f_n(x)$ のように，$n \in \mathbb{N}$ を定めるごとに関数 $f_n(x)$ が定まるとき，$f_n(x)$ を関数列という．$n \to \infty$ のときの $f_n(x)$ の極限の定義はここでは考えない．

[*6] ここで，「連続の度合い，連続の程度」という考えを，「関数の連続性」の数学的記述を理解するために導入したが，微分積分学入門として一般的なものではない．

イメージを数学的に考察する

定義 3.6 にもどろう.図 3.9 のような関数 $y = f(x)$ で,$y_1 = f(x_1)$,$y_2 = f(x_2)$ とし,y_1, y_2 で y 方向の変化,上下 ε を考える.$A_1 = (y_1 - \varepsilon, y_1 + \varepsilon)$,$A_2 = (y_2 - \varepsilon, y_2 + \varepsilon)$ に対して,$y \in A_1$ となる $y = f(x)$ を与える x の集合を B_1 とする.(B_1 を A_1 の f による逆像または原像といって,$B_1 = f^{-1}(A_1)$ と書く.) 同様に $y \in A_2$ となる x の集合を B_2 とする.($B_2 = f^{-1}(A_2)$.) 図 3.9 のように,x_1 における変化の度合いより x_2 における変化の度合いが大きく,A_1, A_2 の長さはともに 2ε であっても,B_1 より B_2 が短い.

こういうことを踏まえて,(3.22) の $f_n(x)$ と (3.23) の $f_\infty(x)$ を比較してみよう(図 3.10).

$0 < \varepsilon < 1$ とする.y 軸上の区間 $A = (f_n(0) - \varepsilon, f_n(0) + \varepsilon) = (2 - \varepsilon, 2 + \varepsilon)$ に対して,$y \in A$ となるような $x \in B = \left(-\dfrac{\varepsilon}{n}, \dfrac{\varepsilon}{n}\right)$($B$ は x 軸上の区間)を考え,ここで n が大きくなっていくと,B は小さくなっていく.しかし,n がどんなに大きくても $B = \left(-\dfrac{\varepsilon}{n}, \dfrac{\varepsilon}{n}\right)$ は一点にならない.一方 $f_\infty(x)$ では,$A = (f_\infty(0) - \varepsilon, f_\infty(0) + \varepsilon) = (2 - \varepsilon, 2 + \varepsilon)$ で,$y \in A$ となる $x \in B$ を与える B は $B = \{0\}$ で一点となる.

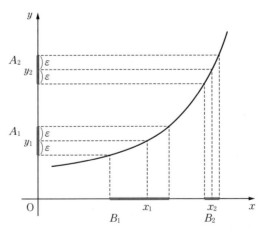

図 3.9

3.3 関数が連続であることをイメージする　41

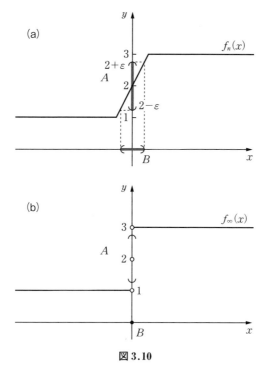

図 3.10

このように B が小さくなるほど連続の度合いは悪くなり，B が一点になったとき不連続となると考えることができる．つまり $f_n(x)$ は n が大きくなるほど，$x = 0$ で傾きが大きくなり，段々グラフが切れそうになっていくことを，B が段々小さくなっていき，B が一点になったとき，グラフが切れることと思うことができる．図 3.9 では，x_1 より x_2 の方がグラフが切れそうになっていると思うことができる．

ε は何を意味するものか

ここで ε の選び方が重要で，ε としてただ 1 つの値だけを考えていると，ε より小さな段差を見落してしまうので，どんなに小さな段差も見逃さないようにするには，ε は限りなく 0 に近いものを用意する必要がある．(3.22)，(3.23) で，$\varepsilon \geq 1$ とすると，$f_n(x)$ でも $f_\infty(x)$ でも $B = \mathbb{R}$ となってしまい，$n \to \infty$ での変化を見てとれなくなる．

$0 < a < 1$ となる a について

$$g_n(x) = \begin{cases} 2 + a, & x > \dfrac{a}{n} \\ nx + 2, & -\dfrac{a}{n} \leq x \leq \dfrac{a}{n} \\ 2 - a, & x < -\dfrac{a}{n} \end{cases}$$

$$g_\infty(x) = \begin{cases} 2 + a, & x > 0 \\ 2, & x = 0 \\ 2 - a, & x < 0 \end{cases}$$

(3.24)

とする（図 3.11）．g_∞ での $x = 0$ での段差は a で，a が小さいほど小さい．（段差は左右で $2a$ となる．）

ε を $0 < \varepsilon < a$ と選ぶと $A = (2 - \varepsilon, 2 + \varepsilon)$ に対して，g_n では $B = \left(-\dfrac{\varepsilon}{n}, \dfrac{\varepsilon}{n}\right)$，$g_\infty$ では $B = \{0\}$ となる．このように g_∞ が $x = 0$ で不連続である

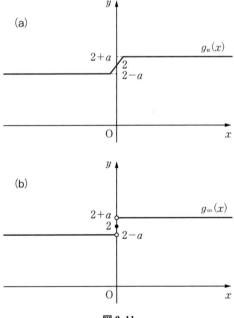

図 3.11

ことを示している．どんなに段差 a が小さくても，段差があればグラフは繋がらず，不連続となるので，関数が連続であることを示すには，ε は限りなく 0 に近く選ばれても B は一点にならないということでなくてはならない．

> よってここでの ε は
>
> ε：許容される段差
>
> となり，ε を固定するごとに，ε 未満の段差を見逃すことになるが，連続となるには，その ε は限りなく 0 に近く要求されても，という条件が付く[*7]．

ではここで前述の関数の連続の定義 (3.21) をふりかえってみよう[*8]．

連続の定義をイメージする

y 軸上の区間 $A_\varepsilon = (f(x_0) - \varepsilon, f(x_0) + \varepsilon)$ に対して，x 軸上の集合 B_ε を A_ε の f による逆像

$$B_\varepsilon = f^{-1}(A_\varepsilon) = \{x \in \mathbb{R} \,|\, f(x) \in A_\varepsilon\}$$

とし，x 軸上の区間 $C_\delta = (x_0 - \delta, x_0 + \delta)$ とする（図 3.12）．定義 3.6 の (3.21) では，$x \in C_\delta$ のとき，$f(x) \in A_\varepsilon$ となるといっている．つまり $C_\delta \subset B_\varepsilon$ にできるなら $x = x_0$ で連続だということになる．ここで $\varepsilon > 0$ が小さいほど A_ε は小さくなり，B_ε も小さくなる．このとき $C_\delta \subset B_\varepsilon$ となるには δ も小さくなくてはならなくなる．

(3.21) は，どんなに小さな $\varepsilon > 0$ に対しても，$x \in C_\delta$ ならば $f(x) \in A_\varepsilon$ にできるような $\delta > 0$ が必ずとれるということを要求しているが，(3.22) の $f_n(x)$ では，n が大きくなるほど，δ は小さくなっていき，$n \to \infty$ のとき $\delta \to$

[*7] 自転車に乗っているときは，1 cm の段差は気づくが，1 mm の段差は見落されるので，1 mm の段差は許容される．段差に敏感な人ほど，許容される段差が小さい．段差に対する敏感さを ε の大きさで定義することができる．

[*8] カントール関数（[3] の第 6 章参照）は区間 $(0, 1)$ の任意の点で定義 3.6 をみたすが，ここで述べるイメージと異なる．一般的に，あるイメージを表現するために，ある定義を与えたとき，その定義をみたすもので当初のイメージと異なる例が成り立つことがある．つまり定義が当初のイメージより広い概念を包摂している場合がある．

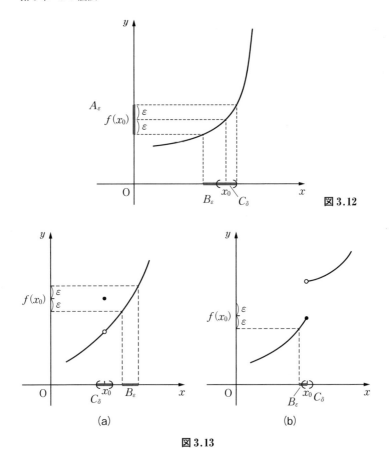

図 3.12

図 3.13

0 となり, f_∞ ではとうとう $\delta = 0$ となってしまう.

関数が x_0 で段差があって, $\varepsilon > 0$ が小さいと, C_δ は B_ε からはみ出してしまう. 図 3.13 では $C_\delta \subset B_\varepsilon$ とすることはできない.

例 3.6 $f(x) = x^2$ は $x = {}^\forall a \in \mathbb{R}$ で連続である.
$$|x^2 - a^2| = |x - a + 2a||x - a| \leq (|x - a| + 2|a|)|x - a|$$
より, $|x - a| < \delta$ のとき
$$|x^2 - a^2| \leq \delta^2 + 2|a|\delta$$
となるので, $\delta^2 + 2|a|\delta < \varepsilon$ となるように δ を決めればよい. $\delta < 1$ として

よいので,

$$\delta < \frac{\varepsilon}{1 + 2\,|a|}$$

とすればよい.このことより,a が原点から遠くなるほど,δ を小さくとらなければならず,連続の度合いが悪くなっていることがわかる.　◇

　数列について命題 3.1,命題 3.2 で考えたことと同様のことを関数について考える.

命題 3.6　$a \in \mathbb{R}$ のある近傍で定義された関数 $f(x)$ は a で連続であるとする.
(1)　$f(a) > 0$ ならば,a のある近傍で $f(x) > 0$,すなわち
$$f(a) > 0 \Longrightarrow \exists \delta > 0\,;\,{}^{\forall}x \in (a - \delta, a + \delta),\ f(x) > 0$$
(2)　a のある近傍の中のすべての x(ただし,$x \neq a$)について,$f(x) \geq 0$ となるならば,$f(a) \geq 0$.すなわち,
$$[\exists \delta > 0\,;\,{}^{\forall}x \in (a - \delta, a) \cup (a, a + \delta),\ f(x) \geq 0] \Longrightarrow f(a) \geq 0$$

証明　(1)　グラフ $y = f(x)$ 上の点 $(a, f(a))$ が x 軸より上方にあるとき,$f(x)$ が連続であれば,a のある小さな近傍でも x 軸より上方になくてはならない.実際,$f(a) = b > 0$ とすると,定義 3.6 によって,$\varepsilon = \dfrac{1}{10}b$ とするとき,ある $\delta > 0$ に対して,

$$\frac{9}{10}b < f(x) < \frac{11}{10}b, \quad x \in (a - \delta, a + \delta)$$

が成り立つ[*9].
(2)　(3.21)より任意の $\varepsilon > 0$ に対して
$$|x - a| < \delta \Longrightarrow f(x) - \varepsilon < f(a) \tag{3.25}$$
ここで $f(x) \geq 0$ であり,どんなに小さい $\varepsilon > 0$ に対しても(3.25)が成り立つ

[*9]　このことより,グラフ $y = f(x)$ と x 軸の間に高さ $\dfrac{9}{10}b$,底辺の長さ 2δ の長方形を作ることができ,

$$\int_{a-\delta}^{a+\delta} f(x)\,dx > \frac{9}{10}\,b \cdot 2\delta > 0$$

とできることがわかる.

46　第3章　ε-δ 論法

ことより，$f(a) \geq 0$ とできる[*10]．　■

3.4　ε-δ 論法の論理

例 3.7　「$a_n \to \alpha$」の否定

　定義 3.1 の否定は「どんなに大きな n_0 に対しても $n \geq n_0$ をみたすある n で $|a_n - \alpha| \geq \varepsilon_0$ となる $\varepsilon_0 > 0$ が存在する」となり，(3.2) の否定は

$$\exists \varepsilon_0 > 0 \,;\, {}^\forall n_0 \in \mathbb{N}, \ \exists n \in \mathbb{N} \,;\, n \geq n_0 \wedge |a_n - \alpha| \geq \varepsilon_0$$

となる．実際，ε-δ 論法の定義 3.1 は 3 変数の命題 (2.22) の形をしていて，

$$\mathbf{A}(n, n_0) : n \geq n_0, \qquad \mathbf{B}(n, \varepsilon) : |a_n - \alpha| < \varepsilon$$

に対して，

$$^\forall \varepsilon > 0, \ \exists n_0 \in \mathbb{N} \,;\, {}^\forall n \in \mathbb{N} \,;\, \mathbf{A}(n, n_0) \Longrightarrow \mathbf{B}(n, \varepsilon) \qquad (3.26)$$

と書ける．よって，(3.2) の否定は

$$\exists \varepsilon_0 > 0 \,;\, {}^\forall n_0 \in \mathbb{N}, \ \exists n \in \mathbb{N} \,;\, \mathbf{A}(n, n_0) \wedge \overline{\mathbf{B}(n, \varepsilon_0)} \qquad (3.27)$$

となる．　◇

例 3.8　「$f(x)$ は $x = x_0$ で連続」の否定

　(3.21) の否定は

$$\exists \varepsilon_0 > 0 \,;\, {}^\forall \delta > 0, \ \exists x \in \mathbb{R} \,;$$
$$|x - x_0| < \delta \wedge |f(x) - f(x_0)| \geq \varepsilon_0 \qquad (3.28)$$

となり，「どんなに小さな $\delta > 0$ に対しても，x と x_0 の距離を δ 未満にしても $|f(x) - f(x_0)| \geq \varepsilon_0$ となるような $\varepsilon_0 > 0$ がとれる」，すなわち「x をどんなに x_0 に近づけても $f(x)$ と $f(x_0)$ の段差が ε_0 以上になってしまうような x がとれるような ε_0 がとれる．」　◇

━━━━━━━━━━━━━━━━━━━━━━━━━━ **連続性の数列による記述**

　$x = x_0$ に収束する任意の x 軸上の数列 x_n に対して，y 軸上の数列 $f(x_n)$ が $f(x_0)$ に収束することと，$f(x)$ が $x = x_0$ で連続であることは同値である．

───────────────

[*10]　定理 4.3 によって示される．

命題 3.7 (1) 関数 $f(x)$ が $x = x_0$ の近傍 I で定義されているとき,

$\mathbf{A} : \lim\limits_{x \to x_0} f(x) = f(x_0)$

$\mathbf{B} : \{x_n\} \subset I \, ; \, \lim\limits_{n \to \infty} x_n = x_0 \Longrightarrow \lim\limits_{n \to \infty} f(x_n) = f(x_0)$

に対して,$\mathbf{A}$ と $\mathbf{B}$ は同値である.

(2) 関数 $f(x)$ が $[a, \infty)$ $(^\exists a \in \mathbb{R})$ で定義されているとき,

$$\lim_{x \to \infty} f(x) = \alpha \Longleftrightarrow [x_n \to \infty \Longrightarrow \lim_{n \to \infty} f(x_n) = \alpha]$$

証明 (1) $\mathbf{A} \Longrightarrow \mathbf{B}$: $\lim\limits_{n \to \infty} x_n = x_0$ であるとき,

$$^\forall \delta > 0, \ ^\exists n_0 \in \mathbb{N} \, ; \, ^\forall n \in \mathbb{N}, \ n \geq n_0 \Longrightarrow |x_n - x_0| < \delta$$

$\mathbf{A}$ の定義は (3.21) なので,$|f(x_n) - f(x_0)| < \varepsilon$ が成り立つ.よって,$\lim\limits_{n \to \infty} f(x_n) = f(x_0)$.

$\mathbf{B} \Longrightarrow \mathbf{A}$: 背理法による.$\mathbf{B} \wedge \overline{\mathbf{A}}$ が成り立たないことを示す.(3.28) において $\delta = \dfrac{1}{n}$ とすると,

$$|x_n - x_0| < \frac{1}{n} \wedge |f(x_n) - f(x_0)| \geq \varepsilon_0$$

が成り立つ.よって $\lim\limits_{n \to \infty} x_n = x_0 \wedge \lim\limits_{x \to x_0} f(x) \neq f(x_0)$ となり,$\mathbf{B}$ に反する.

(2) も同様に示される. ■

$f(x)$ が $x = x_0$ で連続であることを示すには,あらゆる数列 x_n に対して,

$$x_n \to x_0 \Longrightarrow f(x_n) \to f(x_0)$$

を示せばよい.

II

本　論

第 4 章　実　　数
第 5 章　連続関数
第 6 章　微　　分
第 7 章　リーマン積分
第 8 章　連続関数の定積分
第 9 章　広義積分
第 10 章　級　　数
第 11 章　テーラー展開

第4章

実　　数

　微分積分学の理論は実数の連続性の公理に基づいて展開される．たとえば，自然数全体の集合には最大の元は存在しないことは，直観的には明らかだろうが，論理的に証明するためには，この公理は必須となり，これまで述べてきた数列の極限に関しても，実は暗にこの公理を用いていたのである．この章では実数の連続性の公理と，数列が極限をもつための条件について考察する[*1]．

4.1　上限と下限

定義 4.1　(1)　$a, b \in \mathbb{R}$, $a < b$ とするとき，

開区間：　　　(a, b), (a, ∞), $(-\infty, a)$

閉区間：　　　$[a, b]$, $[a, \infty)$, $(-\infty, a]$

半開区間：　　$(a, b]$, $[a, b)$　　　　　　　　　　　　　　(4.1)

半無限区間：(a, ∞), $[a, \infty)$, $(-\infty, a)$, $(-\infty, a]$

$\mathbb{R} = (-\infty, \infty)$

を単に区間という．

(2)　集合 $A, B \subset \mathbb{R}$ に対して

$$A^c = \{x \in \mathbb{R} \mid x \notin A\}$$

[*1]　本書では実数の定義について論じない．実数の構成については[4], [20]などを参照されたい．

4.1 上限と下限 　51

$$A \setminus B = A \cap B^c = \{x \in \mathbb{R} \mid x \in A \text{ かつ } x \notin B\}$$

とする.

(3)　2つの集合 A, B に対して，$A \subset B$ であるとは

$$x \in A \Longrightarrow x \in B$$

例 4.1　$\mathbb{R}$ 上の関数 $f(x)$ に対して

$$A_f(a) = \{x \in \mathbb{R} \mid f(x) \geq a\}$$
$$B_f(a) = \{x \in \mathbb{R} \mid f(x) \leq a\}$$

とする．$a < b$ とするとき，

(1)　$A_f(a) \cap B_f(b) = \{x \in \mathbb{R} \mid a \leq f(x) \leq b\}$

(2)　$A_f(a) \setminus B_f(b) = \{x \in \mathbb{R} \mid x \in A_f(a) \text{ かつ } x \notin B_f(b)\}$
$$= \{x \in \mathbb{R} \mid f(x) \geq a \text{ かつ } f(x) > b\}$$
$$= \{x \in \mathbb{R} \mid f(x) > b\}$$

(3)　$A_f(b) \subset A_f(a)$

　$x \in A_f(b)$ のとき，$f(x) \geq b$ であり，$a < b$ なので，$f(x) \geq a$. よって $x \in A_f(a)$. よって $A_f(b) \subset A_f(a)$. ◇

━━━━━━━━━━━━━━━━━━━━━━━━━━━━━━━━ **最大数と最小数**

定義 4.2　空でない集合 $A \subset \mathbb{R}$ に対して，$\alpha \in \mathbb{R}$ が A の最大数であるとは

$$\begin{array}{ll} (1) & {}^{\forall}x \in A, \ x \leq \alpha, \\ (2) & \alpha \in A \end{array} \tag{4.2}$$

となること．このとき $\alpha = \max A$ と書く．また $\beta \in \mathbb{R}$ が A の最小数であるとは

$$\begin{array}{ll} (1) & {}^{\forall}x \in A, \ x \geq \beta, \\ (2) & \beta \in A \end{array} \tag{4.3}$$

となること．このとき $\beta = \min A$ と書く．

例 4.2　(1)　$A = [0, 1]$ のとき $\max A = 1$, $\min A = 0$.

(2)　$A = [0, 1)$ のとき，$\max A$ は存在しない．というのは，$\alpha \geq 1$ のときは，$\alpha \notin A$ であり，$\alpha < 1$ のときは $\alpha < x$ となる $x \in A$ がとれる[*2]．よって (4.2)

───────────

[*2]　定理 4.3 参照.

52 第4章 実 数

をみたす α は存在しないこととなる.

(3) $A = [0, \infty)$ に対して,$\max A$ は存在しない.というのは $^\forall \alpha \in [0, \infty)$ に対して $\alpha < x$ となる $x \in [0, \infty)$(たとえば $x = \alpha + 1$)がとれるから[3].◇

命題 4.1 集合 $A, B \subset \mathbb{R}$ に対して,$\max A, \max B, \min A, \min B$ は存在するものとする.このとき,$A \subset B$ ならば,

(1) $\max A \leq \max B$

(2) $\min B \leq \min A$

証明 (1) $\max A \in A \subset B$ より $\max A \in B$.$\max B$ の定義より,$\max A \leq \max B$.(2)も同様. ■

例 4.3 $\mathbb{R}$ 上の関数 $f(x)$ に対して,$A_f(a)$ を例 4.1 で定めたものとする.$f(x) = -x^2 + 10$ に対して,$\max A_f(1)$ を求める.

$x \in A_f(1) \Longleftrightarrow -x^2 + 10 \geq 1$ であるから $A_f(1) = [-3, 3]$ となり,$\max A_f(1) = 3$.◇

━━━━━━━━━━━━━━━━━━━━━━━━━━━━━━ 上限と下限

考える動機

  $[0, 1)$ は最大数をもたない.最大数の代わりになるようなものを考えたい.$x = 1$ は $[0, 1)$ に対して,どんな意味をもつものとして,表現すればよいか?

  $\left\{ \dfrac{1}{n} \,\middle|\, n \in \mathbb{N} \right\}$ は最小数をもたない.$x = 0$ は $\left\{ \dfrac{1}{n} \,\middle|\, n \in \mathbb{N} \right\}$ に対して,どんな意味をもつものとして,表現すればよいか?

定義 4.3 空でない集合 $A \subset \mathbb{R}$ に対して,$\alpha \in \mathbb{R}$ が A の上限であるとは

$$(1) \qquad\qquad {}^\forall x \in A, \ x \leq \alpha$$
$$(2) \qquad {}^\forall \varepsilon > 0, \ \exists \bar{x} \in A \,;\, \alpha - \varepsilon < \bar{x} \leq \alpha \qquad (4.4)$$

となること.このとき,

―――――――――――――
[3] 定理 4.3 参照.

$$\alpha = \sup A$$

と書く[*4].

例 4.4 $A = [0, 1)$ とする. $\alpha = 1.1$ とすると (4.4)(1) はみたすが, (4.4)(2) で $\varepsilon = 0.05$ とすると, $\alpha - \varepsilon = 1.05$ となり $\alpha - \varepsilon < \bar{x}$ となる $\bar{x} \in [0, 1)$ はない. $\alpha = 0.9$ とすると (4.4)(1) をみたさない. $\alpha = 1$ は (4.4)(1) をみたす. (4.4)(2) については, 任意の $\varepsilon > 0$ に対して

$$\exists \bar{x} \in [0, 1) \, ; \, 1 - \varepsilon < \bar{x} \leq 1 \tag{4.5}$$

を考えるとき, $\varepsilon = 0.1, 0.01, \cdots$ としていっても, それぞれ $\bar{x}$ を見つけることができる. このように $\alpha = \sup A$ は $\alpha \notin A$ でもよい. ◇

$\alpha = \sup A$ は $\alpha \notin A$ かもしれないが, どんな $x \in A$ に対しても $x \leq \alpha$ であり, α よりほんの少し小さい数 $\alpha - \varepsilon$ と α の間に A の点がとれる.

$(0, 1]$ は最小数をもたない. 最小数の代わりのものを考える.

定義 4.4 空でない集合 $A \subset \mathbb{R}$ に対して, $\beta \in \mathbb{R}$ が集合 A の下限であるとは

$$
\begin{aligned}
&(1) && \forall x \in A, \; x \geq \beta \\
&(2) && \forall \varepsilon > 0, \; \exists \hat{x} \in A \, ; \, \beta \leq \hat{x} < \beta + \varepsilon
\end{aligned}
\tag{4.6}
$$

となること. このとき $\beta = \inf A$ と書く[*5].

例 4.5 $A = \left\{ \dfrac{1}{n} \,\middle|\, n \in \mathbb{N} \right\}$ に対して, $\inf A = 0$ である.

$\beta = 0$ は (4.6)(1) をみたす. また $\forall \varepsilon > 0$ に対して

$$\exists n \in \mathbb{N} \, ; \, 0 \leq \frac{1}{n} < 0 + \varepsilon \tag{4.7}$$ ◇

(4.5) をみたす $\bar{x}$, (4.7) をみたす n が存在することの証明に関しては, 次節で考える.

数列 $\{a_n\}$ に対して $\sup \{a_n\}$ や $\inf \{a_n\}$ を $\displaystyle\sup_{n \in \mathbb{N}} a_n, \inf_{n \in \mathbb{N}} a_n$ と書く.

[*4] sup は「スープ」と読む.
[*5] inf は「インフ」と読む.

54 第4章 実　数

命題 4.2　(1)　$\max A$ が存在するならば，$\max A = \sup A$ である．

(2)　$\min A$ が存在するならば，$\min A = \inf A$ である．

(3)　$\sup A \in A \Longrightarrow \sup A = \max A$

(4)　$\inf A \in A \Longrightarrow \inf A = \min A$

すなわち，

$$\max A \text{ が存在する} \Longleftrightarrow \sup A \in A$$
$$\min A \text{ が存在する} \Longleftrightarrow \inf A \in A$$

証明　(1)　(4.4)で $\bar{x} = \alpha = \max A$ とすればよい．

(2)　(4.6)で $\hat{x} = \beta = \min A$ とすればよい．

(3), (4)　定義より明らか． ■

4.2　実数の連続性

集合 A に対して，$\sup A$，$\inf A$ の存在性について考察する．

定義 4.5　$A \subset \mathbb{R}$ は空でない集合とする．

(1)　(a)
$$\exists k \in \mathbb{R} ; {}^{\forall}x \in A, \ x \leq k \tag{4.8}$$
のとき，A は上に有界であるといい，(4.8)をみたす k を A の上界という．

(b)
$$\exists l \in \mathbb{R} ; {}^{\forall}x \in A, \ x \geq l \tag{4.9}$$
のとき，A は下に有界であるといい，(4.9)をみたす l を A の下界という．

(c)　A が上にも下にも有界であるとき，A は有界であるという．

(2)　(a)　(4.8)の否定
$$\forall k \in \mathbb{R}, \ \exists x_k \in A ; x_k > k \tag{4.10}$$
が成り立つとき，A は上に非有界であるという．

(b)　(4.9)の否定
$$\forall l \in \mathbb{R}, \ \exists x_l \in A ; x_l < l \tag{4.11}$$
が成り立つとき，A は下に非有界であるという．

(4.4)(1)より $\sup A$ は A の上界であり，(4.6)(1)より $\inf A$ は A の下界である．

4.2 実数の連続性　55

公理 4.1（実数の連続性の公理）　空でない集合 $A \subset \mathbb{R}$ が上に有界ならば A は上限をもち，下に有界ならば，下限をもつ．すなわち

(1)　$\exists M \in \mathbb{R} \, ; \, {}^{\forall}x \in A, \ x \leq M \Longrightarrow \exists \sup A \in \mathbb{R}$

(2)　$\exists m \in \mathbb{R} \, ; \, {}^{\forall}x \in A, \ x \geq m \Longrightarrow \exists \inf A \in \mathbb{R}$

　実数の連続性の公理は正しい命題とする．これ以後，空でない有界集合 A に対して，$\sup A$, $\inf A$ は必ず存在するとする．

命題 4.3　(1)　空でない上に有界な集合 A に対して，$\alpha = \sup A$ に収束する数列 $\{x_n\}$ が A 内に存在する．すなわち

$$\exists x_n \in A \, ; \, x_n \to \alpha$$

(2)　空でない下に有界な集合 A に対して，$\beta = \inf A$ に収束する数列 $\{y_n\}$ が A 内に存在する．すなわち

$$\exists y_n \in A \, ; \, y_n \to \beta$$

証明　(1)　(4.4)(2)で $\varepsilon = \dfrac{1}{n}$ とすると，任意の $n \in \mathbb{N}$ に対して $\alpha - \dfrac{1}{n} < x_n \leq \alpha$ となる $x_n \in A$ がとれる．$n \to \infty$ のとき，はさみうちの定理より $x_n \to \alpha$ となる．(2)も同様．■

命題 4.4　空でない集合 $A \subset \mathbb{R}$ に対して

(1)　$k \in \mathbb{R}$ が A の上界，すなわち，${}^{\forall}x \in A, \ x \leq k$ ならば，$k \geq \sup A$ である．

(2)　$l \in \mathbb{R}$ が A の下界，すなわち，${}^{\forall}x \in A, \ x \geq l$ ならば，$l \leq \inf A$ である．

証明　(1)　$\alpha = \sup A$ に対して，$k < \alpha$ とする．(4.4)(2)より $\varepsilon = \dfrac{\alpha - k}{2} > 0$ に対して，$\alpha - \varepsilon = \dfrac{\alpha + k}{2} < \bar{x} \leq \alpha$ となる $\bar{x} \in A$ がとれることになる．$k < \alpha$ としているので，$k < \dfrac{\alpha + k}{2} < \bar{x}$ となり，$k \in \mathbb{R}$ が A の上界であることに反する．(2)も同様．■

56　第4章　実　　数

定義 4.6　集合 $A \subset \mathbb{R}$ は空でないとする．A が上に有界であるとき，A の上界すべての集合を

$$U(A) := \{k \in \mathbb{R} \mid {}^{\forall}x \in A, \ x \le k\}$$

で表し，A が下に有界であるとき，A の下界すべての集合を

$$L(A) := \{l \in \mathbb{R} \mid {}^{\forall}x \in A, \ x \ge l\}$$

で表す．

$\sup A$ も A の上界であることから，命題 4.4 より

定理 4.1　集合 $A \subset \mathbb{R}$ は空でないとする．

(1)　A が上に有界であるとき，

$$U(A) = [\sup A, \infty)$$

とくに $U(A)$ は最小数をもち，$\min U(A) = \sup A$．

(2)　A が下に有界であるとき，

$$L(A) = (-\infty, \inf A]$$

とくに $L(A)$ は最大数をもち，$\max L(A) = \inf A$．

━━━━━━━━━━━━━━━━━━━━━ **上限と下限の基本性質**

命題 4.5　$A \subset B \subset \mathbb{R}$ で，A, B は空でないとする．

(1)　B が上に有界ならば，A も上に有界で，$\sup A \le \sup B$．

(2)　B が下に有界ならば，A も下に有界で，$\inf B \le \inf A$．

証明　(1)　x が B の上界なら，x は A の上界でもある．すなわち

$$A \subset B \Longrightarrow U(B) \subset U(A)$$

よって命題 4.1 より，$\sup A = \min U(A) \le \min U(B) = \sup B$．

(2)　同様に　$A \subset B \Longrightarrow L(B) \subset L(A)$　より，　$\inf A = \max L(A) \ge \max L(B) = \inf B$．　■

命題 4.6　数列 a_n, b_n は $a_n < b_n$（${}^{\forall}n \in \mathbb{N}$）とする．閉区間 $I_n = [a_n, b_n]$ が $I_1 \supset I_2 \supset \cdots$ となるとき，

$$\sup_{n \in \mathbb{N}} a_n \le \inf_{n \in \mathbb{N}} b_n$$

証明
$$a_1 \le a_2 \le \cdots, \qquad b_1 \ge b_2 \ge \cdots,$$
$$a_n < b_n \qquad (^\forall n \in \mathbb{N})$$
であることより, $i \in \mathbb{N}$ を 1 つ固定すると, $^\forall n \ge i$ に対して $a_n < b_n \le b_i$ すなわち, $b_i \ge \sup_{n \in \mathbb{N}} a_n =: \alpha$. よって命題 4.4(2) より $\inf_i b_i \ge \alpha$. ■

命題 4.7 空でない集合 $A, B \subset \mathbb{R}$ は有界であるとする. このとき
$$C = \{z \in \mathbb{R} \mid z = x + y, \ x \in A, \ y \in B\}$$
も有界であるから, $\sup C$, $\inf C$ は存在し,

(1) $\sup C = \sup A + \sup B$

(2) $\inf C = \inf A + \inf B$

が成り立つ.

証明 (1)
$$^\forall x \in A, \qquad x \le \sup A$$
$$^\forall y \in B, \qquad y \le \sup B$$
より $^\forall z \in C$ に対して,
$$z = x + y \le \sup A + \sup B$$
であるから, $\sup C \le \sup A + \sup B$.
$$^\forall \varepsilon > 0, \qquad \exists x_0 \in A \, ; \sup A - \frac{\varepsilon}{2} < x_0,$$
$$\exists y_0 \in B \, ; \sup B - \frac{\varepsilon}{2} < y_0$$
すなわち
$$\exists z_0 \in C \, ; \sup A + \sup B - \varepsilon < z_0 = x_0 + y_0$$
(2) も同様. ■

集合 A 内の二点間の距離の上限は A の上限と下限の差で与えられる.

命題 4.8 空でない有界な集合 A に対して,
$$\sup\{|x - x'| \mid x, x' \in A\} = \sup A - \inf A$$

証明 $B = \{|x - x'| \mid x, x' \in A\}$ とする. $|x - x'| \le |x| + |x'|$ より, A が有界であるならば, B も有界となる. よって $\sup B$ は存在する. $v_A = \sup B$ とする. $x, x' \in A$ に対して,

58   第4章 実　数

$$x - x' \leq \sup A - x' \leq \sup A - \inf A$$

より $v_A \leq \sup A - \inf A$. 一方,

$$^\forall \varepsilon > 0, \qquad \exists x, x' \in A\,;$$
$$\sup A - \varepsilon < x, \qquad x' < \inf A + \varepsilon$$

より $x - x' > \sup A - \inf A - 2\varepsilon$ であるから, $v_A \geq \sup A - \inf A$.　■

　A が有界だからといって $\max A$, $\min A$ が存在するとは限らないが, $\sup A$, $\inf A$ は必ず存在する. A が上下に有界でないとき, $\sup A$, $\inf A$ は存在しないこととなるが, $\sup A = \infty$, $\inf A = -\infty$ と書くことが多い.

4.3　有理数の稠密性

=== アルキメデスの原理

実数の連続性の公理によって, 以下の事柄が導かれる.

定理 4.2（アルキメデスの原理）　$^\forall a > 0$, $^\forall b > 0$ に対して, $na > b$ となるような $n \in \mathbb{N}$ が存在する.

証明　背理法による. $na > b$ となる $n \in \mathbb{N}$ が存在しないと仮定する. このときすべての $n \in \mathbb{N}$ に対して, $na \leq b$ とならなければならない. すなわち集合 $A = \{na \mid n \in \mathbb{N}\}$ は上に有界でなければならない. よって実数の連続性の公理により, $\alpha = \sup A \in \mathbb{R}$ が存在することとなる. $a > 0$ に対して, $\alpha - a < \alpha$ であるから上限の定義により,

$$\exists na \in A\,; \alpha - a < na \leq \alpha$$

よって $\alpha < (n + 1)a \in A$ となり, $\alpha = \sup A$ に反する.　■

例 4.6　自然数全体の集合 $\mathbb{N}$ は上に有界ではない.

　アルキメデスの原理で $a = 1$ とすると, $^\forall b > 0$, $\exists n \in \mathbb{N}\,; n > b$ となり, (4.10) をみたし, $\mathbb{N}$ は上に非有界.　◇

　実は例 3.1 の証明において, すでにアルキメデスの原理を用いていたことに

なる.

命題 4.9

$$^\forall \varepsilon > 0, \ \exists n_0 \in \mathbb{N} \, ; \, ^\forall n \in \mathbb{N}, \ n \geq n_0 \Longrightarrow \frac{1}{n} < \varepsilon$$

証明 アルキメデスの原理で $a = 1$ とすると, $\frac{1}{\varepsilon} > 0$ に対して, $n_0 > \frac{1}{\varepsilon}$ をみたす $n_0 \in \mathbb{N}$ が存在する. すなわち $\frac{1}{n_0} < \varepsilon$. ■

このように, 数列の極限において, 実数の連続性の公理は本質的に不可欠である.

定理 4.3 $a, b \in \mathbb{R}$ が $a < b$ であるとき, $a < r < b$ となる有理数 r, $a < s < b$ となる無理数 s が存在する.

証明 (1) $r \in \mathbb{Q}$ の存在：$a > 0$ として証明する.（区間 $[a, b]$ を平行移動して考えればよい.）

$b - a > 0, \ a > 0$ であるから, アルキメデスの原理より,

$$\exists n \in \mathbb{N} \, ; \, \frac{1}{n} < b - a$$

$$\exists n_0 \in \mathbb{N} \, ; \, na < n_0$$

n_0 で最小のものを m とすると, $m - 1 \leq na < m$ となることより, $a < \frac{m}{n}$ $\leq a + \frac{1}{n} < b$. $r = \frac{m}{n} \in \mathbb{Q}$ とすればよい.

(2) $s \notin \mathbb{Q}$ の存在：$\sqrt{2} \notin \mathbb{Q}$ に対して, (1) より $a + \sqrt{2} < r < b + \sqrt{2}$ となる有理数 r が存在する. よって $s = r + \sqrt{2} \notin \mathbb{Q}$ に対して, $a < s < b$ となる. ■

━━━━━━━━━━━━━━━━━━━━━━━━━━ **有理数の稠密性**

定義 4.7 集合 $A \subset \mathbb{R}$ が $\mathbb{R}$ で稠密であるとは,

$$^\forall x \in \mathbb{R}, \ \exists x_n \in A \, ; \, \lim_{n \to \infty} x_n = x$$

となることをいう.

60   第4章　実　　数

▌**命題 4.10**　有理数全体の集合 $\mathbb{Q}$ は $\mathbb{R}$ で稠密である.

証明　$\forall x \in \mathbb{R}$, $\forall n \in \mathbb{N}$ に対して, $x - \dfrac{1}{n} < x + \dfrac{1}{n}$ であるから, 定理 4.3 より, $x - \dfrac{1}{n} < x_n < x + \dfrac{1}{n}$ となる $x_n \in \mathbb{Q}$ が存在し, $\displaystyle\lim_{n\to\infty} x_n = x$ となる.　■

$\boxed{\textbf{例 4.7}}$　有界閉区間の集まり $X = \{[a,b] \mid -\infty < a < b < \infty\}$ の部分集合 $A \subset X$ に対して,
$$M_A = \{b - a \mid [a,b] \in A\}$$
とすると, $M_A \subset \mathbb{R}$ であり, $\inf M_A \geq 0$.

(1)　$A = \{[a,b] \in X \mid a, b \in \mathbb{Q}, \ a < \sqrt{2}, \ b > \sqrt{3}\}$ に対して, $\inf M_A \geq \sqrt{3} - \sqrt{2}$ であり, 定理 4.3 より,
$$\exists a_n, \exists b_n \in \mathbb{Q}; [a_n, b_n] \in A, \ a_n \to \sqrt{2} - 0, \ b_n \to \sqrt{3} + 0$$
であるから, $\inf M_A = \sqrt{3} - \sqrt{2}$.

(2)　ある部分集合 $B \subset X$ に対して, $\inf M_B = 3$ とする. このとき,
$$\forall \varepsilon > 0, \ \exists [a,b] \in B; 3 \leq b - a < 3 + \varepsilon$$
であるから, 有界閉区間列 $[a_n, b_n] \in B$ $(n = 1, 2, \cdots)$ で
$$3 \leq b_n - a_n < 3 + \frac{1}{n}$$
をみたすものが存在する[*6].　◇

4.4　数列が収束するための条件

　数列 $\{a_n\}$ が具体的に与えられていれば, 計算して極限値を求めることもできるだろうが, $\{a_n\}$ が具体的にわからないとき, 必ずしもその極限値を求めることはできない. 数列がある値に収束することを期待するとき, 極限値は確かに存在することを確認することができないと議論を先に進めていけないことがある.

―――――――――
[*6]　この考え方はルベーグ測度で応用される.

4.4 数列が収束するための条件 *61*

> {a_n} がどのような性質をもっていれば，極限値が存在するとしてよいのか．{a_n} が収束するための十分条件を求めたい．

───────────────────────── **単調増加で上に有界，単調減少で下に有界**

定義 4.8 数列 {a_n} が

$$a_1 \leq a_2 \leq a_3 \leq \cdots$$

となっているとき，すなわち

$$^\forall n \in \mathbb{N}, \ a_n \leq a_{n+1} \tag{4.12}$$

のとき，a_n は単調増加であるという．

$$a_1 \geq a_2 \geq a_3 \geq \cdots \tag{4.13}$$

のとき，a_n は単調減少であるという．$a_1 < a_2 < a_3 < \cdots$ のとき a_n は狭義単調増加，$a_1 > a_2 > a_3 > \cdots$ のとき a_n は狭義単調減少という．

> **定理 4.4** (1) 数列 {a_n} が上に有界かつ単調増加ならば a_n は収束する．すなわち (4.12) と
>
> $$\exists M \in \mathbb{R} \, ; \, ^\forall n \in \mathbb{N}, \ a_n \leq M$$
>
> が成り立つならば
>
> $$\exists \alpha = \lim_{n \to \infty} a_n$$
>
> (2) {a_n} が下に有界かつ単調減少のとき，a_n は収束する．

証明 (1) すべての a_n からなる集合 $A = \{a_1, a_2, \cdots\}$ は上に有界なので，実数の連続性の公理により $\alpha = \sup A$ をもつ（図 4.1）．よって (4.4)(1) より $a_1 \leq a_2 \leq a_3 \leq \cdots \leq \alpha$．(4.4)(2) より

$$^\forall \varepsilon > 0, \ \exists a_{n_0} \in A \, ; \, \alpha - \varepsilon < a_{n_0} \leq \alpha$$

よって

$$\alpha - \varepsilon < a_{n_0} \leq a_{n_0+1} \leq \cdots \leq \alpha$$

すなわち任意の $\varepsilon > 0$ に対して

$$n \geq n_0 \Longrightarrow |a_n - \alpha| < \varepsilon$$

よって

$$\lim_{n \to \infty} a_n = \sup A \tag{4.14}$$

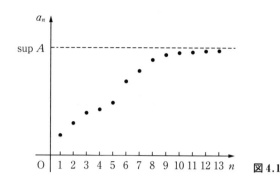
図 4.1

(2) も同様. ∎

例 4.8 ネピアの数 $e = \lim_{n\to\infty}\left(1 + \dfrac{1}{n}\right)^n$ が存在することを示す.

$a_n = \left(1 + \dfrac{1}{n}\right)^n$ とおくと, a_n は単調増加, 上に有界であることを示す.

まず $a_n < a_{n+1}$ を示す. 2項展開 (3.16) によって,

$$a_n = {}_nC_0\left(\frac{1}{n}\right)^0 + {}_nC_1\left(\frac{1}{n}\right) + {}_nC_2\left(\frac{1}{n}\right)^2 + \cdots + {}_nC_n\left(\frac{1}{n}\right)^n$$

$$= 1 + 1 + \sum_{k=2}^{n} {}_nC_k\left(\frac{1}{n}\right)^k$$

と書ける. $k = 2, 3, \cdots, n$ に対して,

$$\begin{aligned}
{}_nC_k\left(\frac{1}{n}\right)^k &= \frac{1}{k!}\frac{n!}{(n-k)!}\frac{1}{n^k} \\
&= \frac{1}{k!}\frac{n}{n}\frac{n-1}{n}\cdots\frac{n-k+1}{n} \\
&= \frac{1}{k!}\cdot 1\cdot\left(1 - \frac{1}{n}\right)\cdots\left(1 - \frac{k-1}{n}\right)
\end{aligned} \quad (4.15)$$

同様に

$$a_{n+1} = 2 + \sum_{k=2}^{n} {}_{n+1}C_k\left(\frac{1}{n+1}\right)^k + {}_{n+1}C_{n+1}\left(\frac{1}{n+1}\right)^{n+1}$$

となるが, (4.15) の右辺より, $k = 2, 3, \cdots, n$ に対して, ${}_nC_k\left(\dfrac{1}{n}\right)^k <$ ${}_{n+1}C_k\left(\dfrac{1}{n+1}\right)^k$. また a_{n+1} の最後の項も ${}_{n+1}C_{n+1}\left(\dfrac{1}{n+1}\right)^{n+1} > 0$ なので,

$a_n < a_{n+1}$.

また (4.15) より $_nC_k\left(\dfrac{1}{n}\right)^k < \dfrac{1}{k!} \leq \dfrac{1}{2^{k-1}}$ であるから, $a_n < 2 + \sum\limits_{k=2}^{n} \dfrac{1}{2^{k-1}} < 3$

より, a_n は上に有界. $\diamondsuit$

例 4.9 $^\forall x > 0$ に対して $\dfrac{x^n}{n!} \to 0 \quad (n \to \infty)$.

$a_n = \dfrac{x^n}{n!}$ とすると, $a_n > 0$ より下に有界であり, $\dfrac{a_{n+1}}{a_n} = \dfrac{x}{n+1}$ より,

$n \geq x - 1$ ならば, $a_n \geq a_{n+1}$, すなわち $n \geq x - 1$ で単調減少. よって極限値が存在する. 実際, $0 < x < 1$ に対して, $x^n \to 0$ となり, $a_n \to 0$ であり, $^\forall x \geq 1$ に対して $n_0 \leq x < n_0 + 1$ となる $n_0 \in \mathbb{N}$ があるので, $^\forall n \geq n_0$ に対して,

$$\dfrac{x^n}{n!} = \dfrac{x^{n_0}}{1\cdot 2\cdot\cdots\cdot n_0} \cdot \dfrac{x^{n-n_0}}{(n_0+1)\cdots n}$$
$$= \dfrac{x^{n_0}}{1\cdot 2\cdot\cdots\cdot n_0} \cdot \left(\dfrac{x}{n_0+1}\right)\cdots\left(\dfrac{x}{n}\right) < \dfrac{x^{n_0}}{n_0!}\cdot\dfrac{x}{n}$$

よって, $^\forall \varepsilon > 0$ に対して, $n_1 > \dfrac{x^{n_0+1}}{n_0!\,\varepsilon}$ とすると $^\forall n \geq n_1$, $\dfrac{x^n}{n!} < \varepsilon$. $\diamondsuit$

例 4.10 数列 a_n が $a_1 > 0$, $a_{n+1} = \dfrac{a_n{}^2 + 1}{2}$ で与えられるとき,

$$\lim_{n\to\infty} a_n = \begin{cases} 1, & 0 < a_1 \leq 1 \\ \infty, & a_1 > 1 \end{cases}$$

を示す.

$a_n > 0$ であるから

$$b_n := a_{n+1} - a_n = \dfrac{(a_n - 1)^2}{2} \geq 0$$

より, a_n は単調増加.

(i) $0 < a_1 \leq 1$ のとき.

$a_k \leq 1$ ならば $a_{k+1} \leq 1$ となるので, 帰納法により $a_n \leq 1$. $a_1 \leq a_2 \leq \cdots \leq 1$ より, a_n は単調増加で上に有界であるから, $\alpha = \lim\limits_{n\to\infty} a_n \in \mathbb{R}$ が存在する.

64　第4章 実　数

（なお，b_n は単調減少.）

$$\alpha = \lim_{n \to \infty} a_{n+1} = \lim_{n \to \infty} \frac{a_n{}^2 + 1}{2} = \frac{\alpha^2 + 1}{2} \tag{4.16}$$

よって $\lim_{n \to \infty} a_n = 1$.

(ii)　$a_1 > 1$ のとき.

$a_k > 1$ ならば $a_{k+1} > 1$ となるので，帰納法により $a_n > 1$. a_n は単調増加であるから，b_n は単調増加. よって a_n は上に有界ではない. 実際，$a_{n+1} \geq a_n + \dfrac{(a_1 - 1)^2}{2}$ より

$$a_n \geq a_1 + \frac{(a_1 - 1)^2}{2}(n - 1)$$

よって $\lim_{n \to \infty} a_n = \infty$.

このように $\alpha = \lim_{n \to \infty} a_n \in \mathbb{R}$ が存在しないときは，(4.16)を用いることはできないので，極限の存在の確認は必須である.　◇

===================== 部 分 列

数列 $\{a_n\}$ の一部の項を，順番を入れ替えずに，取り出して作られる数列を $\{a_n\}$ の部分列という. たとえば，$k \in \mathbb{N}$ に対して，$2k$ を対応させると $\{a_{2k}\}$ は $\{a_k\}$ の偶数番目を取り出した部分列である.

定義 4.9　$k \in \mathbb{N}$ に対して $n_k \in \mathbb{N}$ が
$$n_1 < n_2 < n_3 < \cdots$$
をみたすとき，$\{a_{n_k}\}_{k=1,2,\cdots}$ を $\{a_n\}$ の部分列であるという.

定理 4.5（ボルツァノ・ワイヤシュトラスの定理）　有界な数列は収束する部分列をもつ.

証明の前にいくつか例を見てみよう.

例 4.11　(1)　$a_n = (-1)^n$. $|a_n| \leq 1$ であるから有界である. a_n 自身は極限をもたない. 部分列 $a_{2n} = 1 \to 1$，$a_{2n-1} = -1 \to -1$ のように極限をもつ.

(2) 数列 $a_n = \dfrac{1}{n}$, $b_n = 1 - \dfrac{1}{n}$ に対して,数列 $\{c_n\}$ を $c_{2n-1} = a_{2n-1}$, $c_{2n} = b_{2n}$ によって定義すると,$\{c_n\}$ は有界列だが,極限をもたない.部分列 $\{c_{2n}\}$, $\{c_{2n-1}\}$ は極限をもつ.

(3) $a_n = \cos n$ とする.

$$\cos 1, \cos 2, \cdots$$

は,$[-1, 1]$ の中の有界列なので,収束する部分列をもつこととなる. ◇

定理 4.5 の証明 a_n は有界であるから,ある $M > 0$ に対して,$-M \le a_n \le M$ とできる.$[-M, 0]$,$[0, M]$ の少なくともどちらかは無限個の a_n を含む.それを I_1 とする.$a_{n_1} \in I_1$ が 1 つとれる.I_1 をまた 2 等分割するとやはり少なくともどちらかは無限個の a_n を含む.それを I_2 とする.a_n が I_2 に無数にあるので,$n_1 < n_2$ となる $a_{n_2} \in I_2$ がとれる.この作業を無限に続ける.

$I_1 \supset I_2 \supset \cdots$ で区間の長さは $M, \dfrac{M}{2}, \dfrac{M}{4}, \cdots$ となっていく.$I_k = [b_k, c_k]$ と書くと,

$$b_k \le a_{n_k} \le c_k$$

$$c_k - b_k = \frac{M}{2^k} \to 0$$

ここで

$$b_1 \le b_2 \le \cdots \le M, \quad c_1 \ge c_2 \ge \cdots \ge -M$$

なので,定理 4.4 より $\{b_k\}$,$\{c_k\}$ は収束し,その極限は等しい.よってはさみうちの定理より,a_{n_k} も収束する. ■

例 4.11(2) では,$I_n = \left[0, \dfrac{1}{2^n} \right]$ または $I_n = \left[1 - \dfrac{1}{2^n}, 1 \right]$ とするとよい.

定理 4.5 がどのように利用されるかは,定理 4.7,補題 5.1,定理 5.5 の証明で述べる.

区間縮小法

たとえば,$\dfrac{1}{3} = 0.333\cdots$ は本当にただ一点として存在することを確かめたい.

66   第4章 実　数

定理 4.6　数列 a_n, b_n は $a_n < b_n$ $(^\forall n \in \mathbb{N})$ とする．閉区間 $I_n = [a_n, b_n]$ が $I_1 \supset I_2 \supset \cdots$ となるとき，

$$\lim_{n \to \infty}(b_n - a_n) = 0 \tag{4.17}$$

ならば，すべての I_n の共通部分 $\bigcap_{n=1}^{\infty} I_n = I_1 \cap I_2 \cap \cdots$ は一点からなる集合である．

証明　命題 4.6 の証明より，$\{a_n\}$ は上に有界かつ単調増加であり，$\{b_n\}$ は下に有界かつ単調減少であるので，定理 4.4 より，$\lim_{n \to \infty} a_n$, $\lim_{n \to \infty} b_n$ は存在し，(4.14) より，

$$a := \lim_{n \to \infty} a_n = \sup a_n, \qquad b := \lim_{n \to \infty} b_n = \inf b_n$$

であり，命題 4.6 より $a \leq b$ となる．よって

$$^\forall n \in \mathbb{N}, \qquad a_n \leq a \leq b \leq b_n$$

より，$a, b \in \bigcap_{n=1}^{\infty} I_n$. またある実数 c がすべての I_n に含まれるならば，$a \leq c \leq b$ であり，(4.17) より $a = b$ であるから，$c = a = b$. よって $\bigcap_{n=1}^{\infty} I_n$ は一点からなる集合である．　∎

これより，$\dfrac{1}{3} = 0.333\cdots$ は $[0.3, 0.4] \supset [0.33, 0.34] \supset \cdots$ によって，ただ一点として存在する．

次に，漸化式で与えられる数列の極限の存在を区間縮小法で与える．

例 4.12　$a_1 \in \mathbb{R}$ に対して，

$$a_{n+1} = 1 - \frac{a_n}{2} \tag{4.18}$$

で数列 a_n を定めるとき，$\alpha = \lim_{n \to \infty} a_n$ は存在し，a_1 によらず $\alpha = \dfrac{2}{3}$ となる．

$$a_{n+1} - a_n = -\frac{a_n - a_{n-1}}{2} \tag{4.19}$$

より

$$a_n > a_{n-1} \Longleftrightarrow a_{n+1} < a_n$$

であり，$a_{n+1} = \dfrac{1}{2}(a_n + a_{n-1})$ より，a_{n+1} は a_n と a_{n-1} の中点．また $a_{n+1} - a_n = 1 - \dfrac{3}{2}a_n$ より，

$$a_n > \frac{2}{3} \Longleftrightarrow a_{n+1} < a_n$$

よって，$a_1 < \dfrac{2}{3}$ のとき，$[a_1, a_2] \supset [a_3, a_4] \supset \cdots$ となり，$a_1 > \dfrac{2}{3}$ のとき，$[a_2, a_1] \supset [a_4, a_3] \supset \cdots$ となる．$a_1 = \dfrac{2}{3}$ のとき $a_n \equiv \dfrac{2}{3}$ となる．(4.19) より

$$|a_{n+1} - a_n| = \frac{1}{2^{n-1}}|a_2 - a_1| \tag{4.20}$$

であり，$\displaystyle\lim_{n \to \infty}|a_{n+1} - a_n| = 0$ であるから，定理 4.6 より $\alpha = \displaystyle\lim_{n \to \infty} a_{2n} = \displaystyle\lim_{n \to \infty} a_{2n+1}$ がただ 1 つ存在する．極限の存在が示されたので，(4.18) の両辺で $n \to \infty$ とすると，$\alpha = 1 - \dfrac{\alpha}{2}$ となり，$\alpha = \dfrac{2}{3}$ となる．　◇

━━━━━━━━━━━━━━━━━━━━━━━━━━━━━ コーシー列

任意の $\varepsilon > 0$ に対して $n \geq n_0$ のとき，$\alpha - \varepsilon < a_n < \alpha + \varepsilon$ であるとき，すなわち，$a_n \in (\alpha - \varepsilon, \alpha + \varepsilon)$ となるとき，$m, n \geq n_0$ であれば

$$|a_n - a_m| \leq |a_n - \alpha| + |\alpha - a_m| < 2\varepsilon$$

となる．このように収束する数列は互いに近づいていく．すなわち，

$$a_n \to \alpha \ (n \to \infty) \Longrightarrow |a_n - a_m| \to 0 \ (n, m \to \infty) \tag{4.21}$$

互いが近づいていくような数列をコーシー列といって，次のように定義される．

定義 4.10　数列 $\{a_n\}$ がコーシー列であるとは，

$$^\forall \varepsilon > 0, \ \exists n_0 \in \mathbb{N} \ ; m, n \geq n_0 \Longrightarrow |a_n - a_m| < \varepsilon \tag{4.22}$$

となること．

(4.21) より，収束列はコーシー列である．(極限値に集まってくる．)　逆に，互いの差が小さくなっていったら，何かに収束するのではないだろう

68　第4章　実　数

か？　コーシー列は何かの値に収束するだろうか？

定理4.7　数列 $\{a_n\}$ が極限をもつこととコーシー列であることは同値である.

定理4.7を証明するために，まず次のことを示す.

命題4.11　コーシー列は有界である.

証明　任意の $\varepsilon > 0$ に対して，$n, m \geq n_0$ のとき，$|a_n - a_m| < \varepsilon$ ということより，$m = n_0$ とすると

$$^\forall n \geq n_0, \quad |a_n - a_{n_0}| < \varepsilon$$

すなわち $a_{n_0} - \varepsilon < a_n < a_{n_0} + \varepsilon$ であるから，集合 $A_{n_0} = \{a_{n_0}, a_{n_0+1}, \cdots\}$ は有界. 一方，$\{a_1, a_2, \cdots, a_{n_0-1}\}$ は有限個の集合なので，最大数，最小数をもち，有界となる. よって $\{a_n\}$ 全体も有界となる.　■

定理4.7の証明　命題4.11，定理4.5より，コーシー列は収束する部分列をもつこととなる. その極限を α とする. 例4.11で見たように，一般に異なる部分列の極限値が一致するとは限らないが，コーシー列では，$\{a_n\}$ が互いに限りなく近づいていくということにより，部分列の極限値は1つに定まる. すなわち，$\{a_n\}$ は収束する部分列をもち，コーシー列であることより，任意の $\varepsilon > 0$ に対して，

$$\exists k_0 ; k \geq k_0 \Longrightarrow |a_{n_k} - \alpha| < \varepsilon$$
$$\exists n_0 ; m, n \geq n_0 \Longrightarrow |a_n - a_m| < \varepsilon$$

ここで k_0 を $n_{k_0} \geq n_0$ となるようにとると，$n \geq n_{k_0}$ に対して，部分列以外の $\{a_n\}$ でも，

$$|a_n - \alpha| = |a_n - a_{n_{k_0}} + a_{n_{k_0}} - \alpha|$$
$$\leq |a_n - a_{n_{k_0}}| + |a_{n_{k_0}} - \alpha| < 2\varepsilon \qquad ■$$

命題4.12　(1)　数列 $\{a_n\}$ が $^\exists C > 0$ に対して，

$$|a_{n+1} - a_n| \leq \frac{C}{2^n} \qquad (4.23)$$

となるなら，$\{a_n\}$ はコーシー列である.

(2)　数列 $\{a_n\}$ が $0 < {}^\exists k < 1$ に対して，

$$|a_{n+1} - a_n| \le k|a_n - a_{n-1}|$$

となるなら，$\{a_n\}$ はコーシー列である.

(4.23)は $m = n + 1$ のとき，つまり m と n がとなり合えば，差が 0 に近づいていくといっている．しかし，コーシー列であるためには $m, n \to \infty$ のとき，a_m と a_n の差が 0 に近づかねばならない．たとえば，$m = 2n$ とか，$m = n^2$ のようなときでも $|a_m - a_n| \to 0$ とならねばならない.

命題 4.12 の証明 (1) $m > n$ としてよいので，

$$|a_m - a_n| = |a_m - a_{m-1} + a_{m-1} - a_{m-2} + \cdots + a_{n+1} - a_n|$$

$$\le \frac{C}{2^{m-1}} + \frac{C}{2^{m-2}} + \cdots + \frac{C}{2^n}$$

$$< C \sum_{i=n}^{\infty} \frac{1}{2^i} = \frac{\dfrac{1}{2^n}}{1 - \dfrac{1}{2}} C \to 0$$

よって $\{a_n\}$ はコーシー列.

(2) $|a_{n+1} - a_n| \le k^{n-1}|a_2 - a_1|$ が成り立つので，(1)と同様に証明される． ■

例 **4.13** (1) (4.18)の a_n は (4.20)よりコーシー列.

(2) $x_1 \in \mathbb{R}$ とする．$\mathbb{R}$ 上の関数 $f(x)$ について

$$x_{n+1} = f(x_n)$$

で数列 $\{x_n\}_{n=1,2,\cdots}$ を定める．$f(x)$ がある $0 < k < 1$ に対して，

$$\forall x, \forall x' \in \mathbb{R}, \quad |f(x) - f(x')| \le k|x - x'| \tag{4.24}$$

であるとき，$\{x_n\}$ は収束する．実際，

$$|x_{n+1} - x_n| = |f(x_n) - f(x_{n-1})|$$

$$\le k|x_n - x_{n-1}|$$

$$= k|f(x_{n-1}) - f(x_{n-2})|$$

$$\le k^2|x_{n-1} - x_{n-2}|$$

$$\vdots$$

$$\le k^{n-1}|x_2 - x_1|$$

により，命題 4.12 と同様に $\{x_n\}$ はコーシー列となり，収束する．極限を x_∞

と表すとき，$x_\infty = \lim_{n\to\infty} x_{n+1} = \lim_{n\to\infty} f(x_n)$ となる．(4.24) より，$f(x)$ は任意の x で連続なので，$\lim_{n\to\infty} x_{n+1} = f(\lim_{n\to\infty} x_n)$ となることより，

$$\exists x_\infty \in \mathbb{R}; x_\infty = f(x_\infty)$$

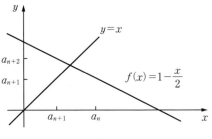

図 4.2

すなわち，ある $0 < k < 1$ に対して，(4.24) が成り立つならば，$y = f(x)$ のグラフは直線 $y = x$ と交点をもつ．

なお x_1 のとり方によらず，x_∞ はただ 1 つに定まる．実際，$f(\alpha) = \alpha$，$f(\beta) = \beta$ とすると，$|\alpha - \beta| = |f(\alpha) - f(\beta)| \le k|\alpha - \beta|$ となるが，$0 < k < 1$ より，$\alpha = \beta$ となる．

$0 < k < 1$ に対して，$f(x)$ が (4.24) をみたすとき，写像 $f : \mathbb{R} \longrightarrow \mathbb{R}$ は縮小写像であるという．

(3) (4.18) は $f(x) = 1 - \dfrac{x}{2}$ に対して，$a_{n+1} = f(a_n)$ となっており，(4.24) を $k = \dfrac{1}{2}$ でみたしている (図 4.2)． ◇

一般に集合 $\mathbb{A}$ に対して，写像 $f : \mathbb{A} \longrightarrow \mathbb{A}$ が定義されているとき，$x = f(x)$ となる $x \in \mathbb{A}$ が存在するとき，x を f の不動点という．例 4.13(2) は $\mathbb{R}$ 上の縮小写像はただ 1 つの不動点をもつことを示している[*7]．

定理 4.7 を関数の極限に応用すると次のようになる．

定理 4.8 (1) 関数 $f(x)$ は $x = x_0$ を除く $x = x_0$ のある近傍で定義されているとする．$\lim_{x\to x_0} f(x)$ が存在することと以下は同値である．

$$^\forall \varepsilon > 0,\ ^\exists \delta > 0;$$
$$^\forall x,\ ^\forall x' \in (x_0 - \delta, x_0 + \delta) \setminus \{x_0\},\ |f(x) - f(x')| < \varepsilon \quad (4.25)$$

(2) 関数 $f(x)$ は $[a, \infty)$ で定義されているとする．$\lim_{x\to\infty} f(x)$ が存在することと以下は同値である．

[*7] 不動点の理論は微分方程式論，関数解析学の主要テーマの 1 つである．

$$^\forall \varepsilon > 0, \ \exists M > a\,;$$
$$^\forall x, {}^\forall x' > M, \ |f(x) - f(x')| < \varepsilon$$

証明 (1) $[\exists \alpha = \lim\limits_{x \to x_0} f(x) \Longrightarrow (4.25)]$ は $|f(x) - f(x')| \le |f(x) - \alpha| +$ $|\alpha - f(x')|$ によって示される．以下，逆を示す．

数列 x_n は $\lim\limits_{n \to \infty} x_n = x_0$ であるとする．(4.25) より，$\{f(x_n)\}$ はコーシー列．よって $\alpha = \lim\limits_{n \to \infty} f(x_n)$ が存在する．また x_n' を $\lim\limits_{n \to \infty} x_n' = x_0$ となる別の数列とすると同様に，$\alpha' = \lim\limits_{n \to \infty} f(x_n')$ が存在する．(4.25) の δ に対して，ある $n_0 \in \mathbb{N}$ が存在して，$n \ge n_0$ ならば，$|x_n - x_0| < \delta$, $|x_n' - x_0| < \delta$. よって (4.25) より，$|f(x_n) - f(x_n')| < \varepsilon$. よって十分大きな $n \in \mathbb{N}$ に対して，
$$|\alpha - \alpha'| \le |\alpha - f(x_n)| + |f(x_n) - f(x_n')| + |f(x_n') - \alpha'| < 3\varepsilon$$
より，$\alpha = \alpha'$. よって命題 3.7 と同様の議論により，$\lim\limits_{x \to x_0} f(x) = \alpha$ が得られる[*8]．(2) も同様．■

== **上極限と下極限**

数列は有界なだけでは極限をもつとは限らない．しかし有界数列は以下に述べる上極限と下極限を必ずもつ．

定義 4.11 $\{a_n\}$ を有界数列とする．$n \in \mathbb{N}$ に対して，集合 $A_n = \{a_n, a_{n+1}, a_{n+2}, \cdots\}$ とする．$\alpha_n = \sup A_n$ とすると，$A_1 \supset A_2 \supset \cdots \supset A_n \supset \cdots$ なので，命題 4.5 より $\alpha_1 \ge \alpha_2 \ge \cdots \ge \alpha_n \ge \cdots$ となり，数列 $\{\alpha_n\}$ は単調減少となる．$\{a_n\}$ が有界であることより，$\{\alpha_n\}$ は下に有界．よって定理 4.4 より $\lim\limits_{n \to \infty} \alpha_n$ が存在する．$\lim\limits_{n \to \infty} \alpha_n$ を a_n の上極限とよび，$\limsup\limits_{n \to \infty} a_n$ または $\overline{\lim\limits_{n \to \infty}} a_n$ と表す．すなわち，
$$\varlimsup_{n \to \infty} a_n = \limsup_{n \to \infty} a_n = \lim_{n \to \infty} (\sup_{k \ge n} a_k) = \inf_{n \in \mathbb{N}} (\sup_{k \ge n} a_k)$$
同様に $\beta_n = \inf A_n$ とおくと，$\beta_1 \le \beta_2 \le \cdots \le \beta_n \le \cdots$ となり，数列 β_n は上に

[*8] (5.2) の $f(x)$ に対して，$x_n \in \mathbb{Q}$, $x_n' \notin \mathbb{Q}$ とすると，$\alpha \ne \alpha'$ となるが，(4.25) が成り立っていない．(7.38) の $f(x)$ に対しては，$x_0 = 0$ のときのみ，(4.25) が成り立つ．

72   第4章 実　数

有界な単調増加数列となる．よって，$\lim\limits_{n\to\infty}\beta_n$ が存在することとなる．この $\lim\limits_{n\to\infty}\beta_n$ を a_n の下極限とよび，$\liminf\limits_{n\to\infty} a_n$ または $\varliminf\limits_{n\to\infty} a_n$ と表す．

$$\varliminf_{n\to\infty} a_n = \liminf_{n\to\infty} a_n = \lim_{n\to\infty}(\inf_{k\geq n} a_k) = \sup_{n\in\mathbb{N}}(\inf_{k\geq n} a_k)$$

あらゆる有界数列は $\varlimsup\limits_{n\to\infty} a_n$ と $\varliminf\limits_{n\to\infty} a_n$ をもつ．

$$\varliminf_{n\to\infty} a_n = \lim_{n\to\infty}(\inf_{k\geq n} a_k) \leq \lim_{n\to\infty}(\sup_{k\geq n} a_k) = \varlimsup_{n\to\infty} a_n$$

例 4.14　(1)　$a_n = \dfrac{\sin\dfrac{n\pi}{2}}{n}$ に対して，$\varlimsup\limits_{n\to\infty} a_n = 0$, $\varliminf\limits_{n\to\infty} a_n = 0$ である．

$$\left\{\frac{\sin\dfrac{n\pi}{2}}{n}\right\}_{n=1,2,\cdots} = 1, 0, -\frac{1}{3}, 0, \frac{1}{5}, 0, -\frac{1}{7}, 0, \frac{1}{9}, 0, -\frac{1}{11}, 0, \frac{1}{13}, 0, \cdots$$

なので，上述の α_n, β_n は

$$\alpha_n = 1, \frac{1}{5}, \frac{1}{5}, \frac{1}{5}, \frac{1}{5}, \frac{1}{9}, \frac{1}{9}, \frac{1}{9}, \frac{1}{9}, \frac{1}{13}, \frac{1}{13}, \cdots$$

$$\beta_n = -\frac{1}{3}, -\frac{1}{3}, -\frac{1}{3}, -\frac{1}{7}, -\frac{1}{7}, -\frac{1}{7}, -\frac{1}{7}, -\frac{1}{11}, -\frac{1}{11}, -\frac{1}{11}, \cdots$$

となるが，$0 \leq \alpha_n \leq \dfrac{1}{n}$, $-\dfrac{1}{n} \leq \beta_n \leq 0$ より，$\varlimsup\limits_{n\to\infty} a_n = \lim\limits_{n\to\infty}\alpha_n = 0$, $\varliminf\limits_{n\to\infty} a_n = \lim\limits_{n\to\infty}\beta_n = 0$ となる．

(2)　例 4.11(2)の $\{c_n\}$ に対して，$\varlimsup\limits_{n\to\infty} c_n = 1$, $\varliminf\limits_{n\to\infty} c_n = 0$ である．　◇

定理 4.9　数列 $\{a_n\}$ に対して，

(1)　$\lim\limits_{n\to\infty} a_n$ が存在するとき，

$$\varliminf_{n\to\infty} a_n = \lim_{n\to\infty} a_n = \varlimsup_{n\to\infty} a_n \tag{4.26}$$

(2)　$\varliminf\limits_{n\to\infty} a_n = \varlimsup\limits_{n\to\infty} a_n$ ならば，$\lim\limits_{n\to\infty} a_n$ が存在し，(4.26)が成り立つ．

証明　(1)　$\lim\limits_{n\to\infty} a_n = \alpha$ が存在するとき，

$$^{\forall}\varepsilon > 0, \ \exists n_0 \in \mathbb{N} \ ; \ n \ge n_0 \Longrightarrow \alpha - \varepsilon < a_n < \alpha + \varepsilon$$

が成り立つ. よって $^{\forall}a \in A_{n_0} = \{a_{n_0}, a_{n_0+1}, a_{n_0+2}, \cdots\}$ は $\alpha - \varepsilon < a < \alpha + \varepsilon$ を
みたす. よって

$$\alpha - \varepsilon \le \inf A_{n_0} \le \sup A_{n_0} \le \alpha + \varepsilon$$

よって $\varliminf_{n\to\infty} a_n = \varlimsup_{n\to\infty} a_n = \alpha$ となる.

(2) $\varlimsup_{n\to\infty} a_n = \alpha$ とすると,

$$^{\forall}\varepsilon > 0, \ \exists n_1 \in \mathbb{N} \ ; \ n \ge n_1 \Longrightarrow \alpha - \varepsilon < \alpha_n = \sup A_n < \alpha + \varepsilon$$

が成り立つ. よって

$$n \ge n_1 \Longrightarrow a_n < \alpha + \varepsilon$$

同様に $\varliminf_{n\to\infty} a_n = \alpha$ より,

$$^{\forall}\varepsilon > 0, \ \exists n_2 \in \mathbb{N} \ ; \ n \ge n_2 \Longrightarrow \alpha - \varepsilon < \beta_n = \inf A_n < \alpha + \varepsilon$$

が成り立つ. よって

$$n \ge n_2 \Longrightarrow \alpha - \varepsilon < a_n$$

よって,

$$n \ge \max\{n_1, n_2\} \Longrightarrow \alpha - \varepsilon < a_n < \alpha + \varepsilon$$

よって, $\lim_{n\to\infty} a_n = \alpha$ となる. ∎

命題 4.13 (1) 数列 $a_n > 0$ に対して,

$$\lim_{n\to\infty} \frac{a_{n+1}}{a_n} < 1 \Longrightarrow \lim_{n\to\infty} a_n = 0$$

(2) 数列 $a_n > 0$ に対して, $\lim_{n\to\infty} \dfrac{a_{n+1}}{a_n}$ が存在するならば, $\lim_{n\to\infty} \sqrt[n]{a_n}$ も存在
し,

$$\lim_{n\to\infty} \sqrt[n]{a_n} = \lim_{n\to\infty} \frac{a_{n+1}}{a_n}$$

証明 $\lim_{n\to\infty} \dfrac{a_{n+1}}{a_n} = \alpha$ とする.

(1) $\qquad\qquad\quad ^{\forall}\varepsilon > 0, \ \exists n_0 \in \mathbb{N} \ ;$

$$^{\forall}n \ge n_0, \ \alpha - \varepsilon < \frac{a_{n+1}}{a_n} < \alpha + \varepsilon \qquad (4.27)$$

74 第4章 実 数

ここで $\alpha < 1$ であるから，定理 4.3 より，$\varepsilon > 0$ を $\alpha + \varepsilon < 1$ をみたすようにできるので，例 3.2(3) と同様に $\lim_{n \to \infty} a_n = 0$ となる.

(2) $\alpha > 0$ のとき. $\varepsilon > 0$ を $\alpha - \varepsilon > 0$ をみたすように選ぶ. (4.27) より，$^\forall n > n_0$ に対して，

$$(\alpha - \varepsilon)^{n - n_0} a_{n_0} < a_n < (\alpha + \varepsilon)^{n - n_0} a_{n_0}$$

よって $p = \dfrac{a_{n_0}}{(\alpha - \varepsilon)^{n_0}}$, $q = \dfrac{a_{n_0}}{(\alpha + \varepsilon)^{n_0}}$ に対して，

$$(\alpha - \varepsilon) \sqrt[n]{p} < \sqrt[n]{a_n} < (\alpha + \varepsilon) \sqrt[n]{q}$$

よって

$$\varliminf_{n \to \infty} (\alpha - \varepsilon) \sqrt[n]{p} \leq \varliminf_{n \to \infty} \sqrt[n]{a_n} \leq \varlimsup_{n \to \infty} \sqrt[n]{a_n} \leq \varlimsup_{n \to \infty} (\alpha + \varepsilon) \sqrt[n]{q}$$

例 3.2(2) より，$\lim_{n \to \infty} \sqrt[n]{p} = \lim_{n \to \infty} \sqrt[n]{q} = 1$ であるから，

$$\alpha - \varepsilon \leq \varliminf_{n \to \infty} \sqrt[n]{a_n} \leq \varlimsup_{n \to \infty} \sqrt[n]{a_n} \leq \alpha + \varepsilon$$

ここで $\varepsilon > 0$ を任意に小さくできることより，定理 4.9(2) によって，$\lim_{n \to \infty} \sqrt[n]{a_n} = \alpha$.

$\alpha = 0$ のときは (4.27) の代わりに $0 \leq \dfrac{a_{n+1}}{a_n} < \varepsilon$ として，同様の議論により，$0 \leq \sqrt[n]{a_n} < \varepsilon \sqrt[n]{q}$ となり，$\lim_{n \to \infty} \sqrt[n]{a_n} = 0$. ■

━━━━━━━━━━━━━━━━━━━━━━━━━━━━ **極限の存在性**

以上をまとめると

> 数列が極限をもつことを示すには，
> (1) はさみうちの定理を用いる
> (2) 単調増加で上に有界または単調減少で下に有界であることを示す
> (3) 区間縮小法を用いる
> (4) コーシー列であることを示す
> (5) 上極限と下極限が等しいことを示す
> のいずれかを，まず考えることになる.

4.4 数列が収束するための条件 75

命題 4.14 収束列は有界である.

証明 $a_n \to \alpha \in \mathbb{R}$ とすると

$$\exists n_0 \in \mathbb{N} \,;\, n \geq n_0 \Longrightarrow |a_n - \alpha| < \frac{1}{10}\alpha$$

よって

(i) $\quad {}^{\forall}n \geq n_0,\ \dfrac{9}{10}\alpha \leq a_n \leq \dfrac{11}{10}\alpha$

(ii) $\quad \exists M > 0 \,;\, {}^{\forall}n \leq n_0 - 1,\ |a_m| \leq M$

よって $\{a_n\}_{n=1,2,\dots}$ は有界. ■

よって

(6) 数列が非有界 $\Longrightarrow$ 極限をもたない

(7) 数列は有界だが,(1)〜(5)が使えないとき,「ある部分列は極限をもつ」として考察する

第5章

連続関数

　関数の一点での連続性の定義は第3章で述べた．グラフが繋がっているような連続関数では，定義域が有界閉区間なら，値域も有界閉区間となるだろうと直観的に思うところだが，その証明では実数を単に数直線上の点とすることはできず，実数の連続性の公理に基づいてなされる[*1]．ここではその他に，連続関数の性質や逆関数，指数関数について考察する．

5.1 連続関数の性質

=================== 右連続，左連続

定義 5.1
$$\lim_{x \to a+0} f(x) = f(a)$$
が成り立つとき，$f(x)$ は $x = a$ で右連続であるといい，
$$\lim_{x \to a-0} f(x) = f(a)$$
が成り立つとき，$f(x)$ は $x = a$ で左連続であるという．ここで $x \to a + 0$（または $x \to a - 0$）は $x > a$（または $x < a$）を保ったまま $x \to a$ とすることを意味する．すなわち，$f(x)$ が $x = a$ で右連続，または左連続であるとは，それぞれ，

　　$^{\forall}\varepsilon > 0, \ ^{\exists}\delta > 0 \, ; \, ^{\forall}x \in \mathbb{R}, \ 0 < x - a < \delta \Longrightarrow |f(x) - f(a)| < \varepsilon$

　　$^{\forall}\varepsilon > 0, \ ^{\exists}\delta > 0 \, ; \, ^{\forall}x \in \mathbb{R}, \ 0 < a - x < \delta \Longrightarrow |f(x) - f(a)| < \varepsilon$

[*1] 公理 4.1，定理 4.4，定理 4.5 の同値性については，[22]を参照されたい．

となること.

連続であることの定義(3.21)より, $f(x)$ が $x = a$ で右連続かつ左連続, すなわち

$$\lim_{x \to a-0} f(x) = f(a) = \lim_{x \to a+0} f(x) \qquad (5.1)$$

であることと, $f(x)$ が $x = a$ で連続であること $\lim_{x \to a} f(x) = f(a)$ は同値である.

——— 連続関数

$^\forall x_0 \in (a, b)$ において $f(x)$ が連続であるとき, $f(x)$ は (a, b) で連続であるという. $f(x)$ が $[a, b]$ で定義されているとき, $f(x)$ が (a, b) で連続であり, かつ $x = a$ で右連続, $x = b$ で左連続であるとき, $f(x)$ は $[a, b]$ で連続であるという. (4.1)の区間について, 区間で定義された関数 $f(x)$ が, その区間で連続であることも同様に定義される. たとえば, $[0, \infty)$ で定義された関数 $f(x)$ が $^\forall x_0 \in (0, \infty)$ で, 連続で, $x = 0$ で右連続であるとき, $f(x)$ を $[0, \infty)$ での連続関数という. $f(x)$ が区間 I で連続であるとき, $f \in C(I)$ と表す.

——— 合成関数の連続性

例 5.1 x 軸上に針金が置かれていて, 点 x での温度が $y = F(x)$ で与えられているとしよう. また一方, 温度観測機が x 軸上を動くとき, 温度観測機の時刻 t での位置が $x = f(t)$ で与えられているとする. このとき観測される温度変化 y を時間の関数 $y(t)$ としてとらえることができる.

$$y = F(x) = F(f(t)) = (F \circ f)(t)$$

において, $F \circ f$ は f と F の合成関数になっている. ◇

例 5.2 $x = t^2$ と $y = \sin x$ の合成関数 $y = \sin t^2$ を考える. $x = t^2$, $y = \sin x$ はそれぞれ $\mathbb{R}$ で連続なので,

$$t_n \to t \implies t_n^2 \to t^2$$

$$x_n \to x \implies \sin x_n \to \sin x$$

であるから, $x_n = t_n^2$, $x = t^2$ とおくと,

$$t_n \to t \implies \sin t_n^2 \to \sin t^2 \qquad\qquad ◇$$

78   第5章 連続関数

命題 5.1 $x = f(t)$ を区間 I 上の連続関数, $y = F(x)$ を区間 J 上の連続関数とする. $f(t)$ の値域 $I' = \{f(t) \in \mathbb{R} \mid x \in I\}$ は $I' \subset J$ をみたすとする. このとき, 合成関数 $y = F(f(t))$ は I で連続である.

証明 $t_0 \in I$ に対して, $x_0 = x(t_0) \in J$ とする.

$$^\forall \varepsilon_1 > 0, \ \exists \delta_1 > 0 \, ; \, ^\forall t \in I, \ |t - t_0| < \delta_1 \Longrightarrow |f(t) - f(t_0)| < \varepsilon_1$$

$$^\forall \varepsilon_2 > 0, \ \exists \delta_2 > 0 \, ; \, ^\forall x \in J, \ |x - x_0| < \delta_2 \Longrightarrow |F(x) - F(x_0)| < \varepsilon_2$$

が成り立つ. ここで, $^\forall \varepsilon_2 > 0$ に対して, $\varepsilon_1 > 0$ を $\varepsilon_1 \leq \delta_2$ をみたすように定めると, その ε_1 に応じて定められる δ_1 に対して,

$$^\forall t \in I, \ |t - t_0| < \delta_1 \Longrightarrow |F(f(t)) - F(f(t_0))| < \varepsilon_2 \qquad \blacksquare$$

命題 5.2   **A** : $f(x)$ は $x = x_0$ で連続

   B : $|f|(x)$ は $x = x_0$ で連続

において, **A** $\Longrightarrow$ **B** は成り立つが, 逆は成り立たない.

証明 (i) **B** $\Longrightarrow$ **A** の反例 :

$$f(x) = \left\{ \begin{array}{ll} 1, & x \in \mathbb{Q} \\ -1, & x \notin \mathbb{Q} \end{array} \right. \tag{5.2}$$

は $^\forall x_0 \in \mathbb{R}$ で不連続だが, $|f|(x)$ は $\mathbb{R}$ で連続であることを示す. そのために $\varepsilon_0 = 1$ に対して (3.28) が成り立つことを示せばよい. 定理 4.3 より, x_0 が有理数のときは

$$^\forall \delta > 0, \ \exists x \notin \mathbb{Q} \, ;$$
$$0 < |x - x_0| < \delta \wedge |f(x) - f(x_0)| = |-1-1| = 2 \tag{5.3}$$

x_0 が無理数のときも同様. $|f|(x)$ はもちろん $\mathbb{R}$ で連続.

(ii) **A** $\Longrightarrow$ **B** : 一般に

$$||\alpha| - |\beta|| \leq |\alpha - \beta| \tag{5.4}$$

であるから, $g(x) := |x|$ は $\mathbb{R}$ で連続. $|f|(x) = g(f(x))$ であるから, **A** $\Longrightarrow$ **B** が成り立つ. $\blacksquare$

════════════════════════ **稠密な集合と連続関数**

(5.2) の $f(x)$ は $\mathbb{Q}$ 上で一定値だが, $\mathbb{R}$ で一定にはなっていない. このことから一般に 2 つの関数 $f(x)$ と $g(x)$ が $\mathbb{Q}$ 上で $f(x) = g(x)$ をみたしていて

も，$\mathbb{R}$ 上で $f(x) = g(x)$ とは限らない．

命題 5.3 $f(x), g(x)$ は $\mathbb{R}$ 上の連続関数とする．また A を $\mathbb{R}$ で稠密な集合とする．このとき，A 上で $f(x) = g(x)$ ならば，$\mathbb{R}$ 上で $f(x) = g(x)$ となる．

証明 ${}^\forall x \in \mathbb{R}$ に対して，$\lim_{n\to\infty} x_n = x$ となる数列 $x_n \in A$ が存在する．$f(x)$, $g(x)$ は ${}^\forall x \in \mathbb{R}$ で連続であり，A 上で $f(x) = g(x)$ であるから，
$$f(x) = \lim_{n\to\infty} f(x_n) = \lim_{n\to\infty} g(x_n) = g(x) \qquad \blacksquare$$

例 5.3 $\mathbb{R}$ 上の関数 $f(x)$ が
$$ {}^\forall x, {}^\forall y \in \mathbb{Q}, \quad f(x + y) = f(x) + f(y) \tag{5.5}$$
をみたし，$\mathbb{R}$ で連続ならば，$f(x)$ は $\mathbb{R}$ 上の 1 次関数
$$ {}^\forall x \in \mathbb{R}, \quad f(x) = f(1)x \tag{5.6}$$

(i) $f(0) = f(0 + 0) = f(0) + f(0)$ より $f(0) = 0$．

(ii) ${}^\forall n \in \mathbb{N},\ f(n) = f(1)n$．

$f(k) = kf(1)$ ならば $f(k + 1) = f(k) + f(1) = (k + 1)f(1)$ であるから帰納法より得られる．

(iii) ${}^\forall n \in \mathbb{N},\ f(-n) = -nf(1)$．

$f(-n) + f(n) = f(-n + n) = f(0) = 0$ より $f(-n) = -f(n) = -nf(1)$．

(iv) ${}^\forall n \in \mathbb{N},\ f\left(\dfrac{1}{n}\right) = \dfrac{1}{n}f(1)$．

$$f(1) = f\left(n \cdot \frac{1}{n}\right) = f\left(\frac{1}{n} + \cdots + \frac{1}{n}\right) = nf\left(\frac{1}{n}\right).$$

(v) ${}^\forall x \in \mathbb{Q},\ f(x) = f(1)x$．

${}^\forall m \in \mathbb{Z}, {}^\forall n \in \mathbb{N}, f\left(\dfrac{m}{n}\right) = \dfrac{m}{n}f(1)$，なぜなら $mf(1) = f(m) = f\left(n \cdot \dfrac{m}{n}\right)$

$= nf\left(\dfrac{m}{n}\right)$．

よって命題 5.3 より，(5.6)が得られる[*2]．　◇

[*2] (5.5)において，${}^\forall y \in \mathbb{Q}$ を固定し，x の関数として，(5.5)に対して命題 5.3 を適用すると，${}^\forall x \in \mathbb{R}$ に対して(5.5)が成り立つ．さらに ${}^\forall x \in \mathbb{R}$ を固定し，y の関数として，(5.5)に対して命題 5.3 を適用すると ${}^\forall x, {}^\forall y \in \mathbb{R}$ に対して(5.5)が成り立つ．

5.2 有界閉区間上の連続関数

ここでは,「有界閉区間上の連続関数は,その値域も有界閉区間となる」ことを示す.そのために,
(A) 有界閉区間上で,連続関数は最大値と最小値をもつ
(B) 有界閉区間上で,連続関数は最大値と最小値の間の任意の値をとる
ことを示す.まず(B)を示すために,次の中間値の定理を考える.

=== 中間値の定理 ===

直観的イメージ

x-y 平面上の二点 $(a,c), (b,d)$ で,$a < b$ とし,$c \neq d$ とする.ここでは $c < d$ としておく.q は $c < q < d$ の任意の数とする.すると x 軸に平行な直線 $y = q$ によって,二点 (a,c) と (b,d) は隔離される.このとき二点 $(a,c), (b,d)$ を通る関数 $y = f(x)$ が連続であるならば,そのグラフ $y = f(x)$ は必ず直線 $y = q$ と共有点をもつ.その共有点を (p,q) とすると,$a < p < b$ である.すなわち $f(x)$ は y 軸上の区間 (c,d) 内の任意の値 q をとるような x 軸上の点 p を区間 (a,b) 内に必ず見つけることができる (図5.1).すなわち,
$$\forall q \in (c,d),\ \exists p \in (a,b)\,;\, f(p) = q \tag{5.7}$$
なお,p は1つとは限らない.$c > d$ でも同様.

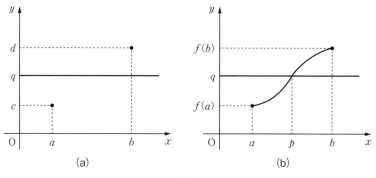

図 5.1

5.2 有界閉区間上の連続関数　*81*

定理 5.1（中間値の定理）　$f(x)$ は $[a, b]$ で連続とする．$f(a) \neq f(b)$ とする．このとき，$f(a)$ と $f(b)$ の間の任意の値 q に対して，$f(p) = q$ となる $p \in (a, b)$ が必ず存在する．

証明　$f(a) < f(b)$ として証明する．q を $f(a) < q < f(b)$ の任意の数とするとき，

$$A = \{x \in [a, b] \mid f(x) \leq q\}$$

とする．$A \subset [a, b]$ であるので，A は有界．よって実数の連続性の公理より，A は上限 $\sup A$ をもつ．$p = \sup A$ とおく．$p < b$ である．p は (5.7) をみたすことを示す[*3]．

命題 4.3 により，$a_n \in A$, $a_n \to p$ となる数列 a_n がとれる．$f(x)$ は連続なので，$f(a_n) \to f(p)$．ここで $a_n \in A$ であることより，$f(a_n) \leq q$ であるから，$f(p) \leq q$ [*4]．

一方 $^{\forall}x \in (p, b]$ に対して，$x \notin A$ なので，$f(x) > q$ である．よって $b_n \to p$ をみたす任意の数列 $b_n \in (p, b]$ に対して，$b_n \notin A$ なので，$f(b_n) > q$ であり，$f(x)$ は連続であることより，$f(b_n) \to f(p)$．よって $f(p) \geq q$．よって p は (5.7) をみたす．■

========= **関数の最大値，最小値，上限，下限**

定義 5.2　空ではない集合 $A \subset \mathbb{R}$ 上の関数 $f(x)$ に対して，

$$f(A) = \{f(x) \in \mathbb{R} \mid x \in A\} \tag{5.8}$$

を A の f による像という．このとき，

$$\max_{x \in A} f(x) := \max f(A)$$
$$\min_{x \in A} f(x) := \min f(A) \tag{5.9}$$

が存在するならば，それぞれ，$f(x)$ の A での最大値，最小値という．$f(x)$ が有界のとき，

$$\sup_{x \in A} f(x) := \sup f(A)$$
$$\inf_{x \in A} f(x) := \inf f(A) \tag{5.10}$$

[*3]　なお，この p は (5.7) をみたす p のうち最も右側（b に近い）ものである．

[*4]　命題 3.1 と同様．

82   第 5 章 連続関数

は存在し，それぞれ $f(x)$ の A での上限，下限という．

命題 4.2 より，

命題 5.4 空ではない集合 $A \subset \mathbb{R}$ 上の関数 $f(x)$ に対して，
(1) $\exists x_0 \in A \; ; f(x_0) = \sup\limits_{x \in A} f(x) \Longrightarrow f(x_0) = \max\limits_{x \in A} f(x)$
(2) $\exists x_1 \in A \; ; f(x_1) = \inf\limits_{x \in A} f(x) \Longrightarrow f(x_1) = \min\limits_{x \in A} f(x)$

命題 5.5 空ではない集合 $A \subset \mathbb{R}$ 上の関数 $f(x)$ と集合 $A' \subset A$ に対して，
(1) $\sup\limits_{x \in A'} f(x) \leq \sup\limits_{x \in A} f(x)$
(2) $\inf\limits_{x \in A'} f(x) \geq \inf\limits_{x \in A} f(x)$

証明 (1) $f(A) = \{f(x) \in \mathbb{R} \,|\, x \in A\}$, $f(A') = \{f(x) \in \mathbb{R} \,|\, x \in A'\}$ に対して，$f(A') \subset f(A)$ であるから，命題 4.5 によって証明される．(2) も同様．■

関数の連続性に関わらず，次の命題が成り立つ．

補題 5.1 空ではない集合 $A \subset \mathbb{R}$ 上の関数 $f(x)$ に対して，
(1) $f(A)$ が上に有界であるとき，A 内の数列 $x_n \in A$ が存在して，
$$\lim_{n \to \infty} f(x_n) = \sup_{x \in A} f(x) \qquad (5.11)$$
とくに A が有界であるときは，(5.11) をみたす収束列 $x_n \in A$ が存在する．
(2) $f(A)$ が下に有界であるとき，A 内の数列 $x_n' \in A$ が存在して，
$$\lim_{n \to \infty} f(x_n') = \inf_{x \in A} f(x) \qquad (5.12)$$
とくに A が有界であるときは，(5.12) をみたす収束列 $x_n' \in A$ が存在する．
(3) $f(A)$ が上下に非有界であるとき，A 内の数列 x_n が存在して，$|f(x_n)| \to \infty \; (n \to \infty)$ とできる．とくに A が有界であるときは，
$$x_n \to {}^{\exists}\alpha \in \mathbb{R} \land |f(x_n)| \to \infty \qquad (5.13)$$

証明 (1) $\beta := \sup\limits_{x \in A} f(x) = \sup f(A)$ とすると，命題 4.3 より，

$$\exists y_n \in f(A) \; ; \beta - \frac{1}{n} < y_n \leq \beta$$

よって
$$\exists x_n \in A \, ; \, y_n = f(x_n) \to \sup_{x \in A} f(x)$$

とくに A が有界なときは，ボルツァノ・ワイヤシュトラスの定理によって，x_n は収束する部分列をもつ．(2) も同様．

(3) $f(x)$ は非有界なので，(4.10), (4.11) より，$|f(x_n)| \to \infty$ をみたす数列 x_n が存在し，A が有界なとき，(1) と同様に x_n は収束する部分列をもつ． ∎

(5.13) において，$\alpha \in A$ であるならば，$f(\alpha) \in f(A) \subset \mathbb{R}$ となるので，
$$x_n \to {}^{\exists}\alpha \in A \Longrightarrow f(\alpha) \in \mathbb{R} \wedge |f(x_n)| \to \infty \tag{5.14}$$

例 5.4 $\mathbb{R} \backslash \{0\}$ 上の連続関数
$$g(x) = \frac{1}{x}$$

は有界集合 $[-1, 1] \backslash \{0\}$ で非有界であり，$\mathbb{R}$ 上の関数
$$g_p(x) = \begin{cases} \dfrac{1}{x}, & x \neq 0, \\ p, & x = 0 \end{cases}$$

は有界閉区間 $[-1, 1]$ で非有界である．$x_n \to 0$ $(n \to \infty)$ のとき，$|g(x_n)| \to \infty$，$|g_p(x_n)| \to \infty$ となる．ここで数列 x_n の極限 0 は $g(x)$ の定義域にないが，$g_p(x)$ の定義域内にはある．しかし $g_p(x)$ は $x = 0$ で不連続になっている． ◇

連続関数の有界閉区間での最大値，最小値の存在

補題 5.2 有界区間 $I \subset \mathbb{R}$ 上の連続関数 $f(x)$ に対して，

(1) $f(I)$ が上に有界であるとき，
$$x_n \in I \, ; \, \lim_{n \to \infty} f(x_n) = \sup_{x \in I} f(x)$$
$$\alpha = \lim_{n \to \infty} x_n \tag{5.15}$$

に対して，
$$\alpha \in I \Longrightarrow f(\alpha) = \max_{x \in I} f(x)$$

(2) $f(I)$ が下に有界であるとき，
$$x_n{}' \in I \, ; \, \lim_{n \to \infty} f(x_n{}') = \inf_{x \in I} f(x)$$
$$\alpha' = \lim_{n \to \infty} x_n{}' \tag{5.16}$$

84 第5章 連続関数

に対して,

$$\alpha' \in I \Longrightarrow f(\alpha') = \min_{x \in I} f(x)$$

(3) $f(I)$ が上下に非有界であるとき,

$$x_n \in I \,;\, \lim_{n \to \infty} |f(x_n)| = \infty$$

$$\alpha = \lim_{n \to \infty} x_n$$

$$(5.17)$$

に対して,

$$\alpha \notin I$$

証明 (1) 補題 5.1 より, (5.15) をみたす数列 x_n と $\alpha \in \mathbb{R}$ は存在する. $\alpha \in I$ ならば, $f(x)$ が I で連続であることより, $f(\alpha) = \lim_{n \to \infty} f(x_n) = \sup_{x \in I} f(x)$ であり, 命題 5.4 より, $f(\alpha) = \max_{x \in I} f(x)$ [*5].

(2) (1) と同様.

(3) $\alpha \in I$ ならば, $f(\alpha) \in \mathbb{R}$. よって, $f(\alpha) = \lim_{n \to \infty} f(x_n) \neq \pm \infty$. ∎

▌**定理 5.2** 有界閉区間 $[a, b]$ で, 連続関数 $f(x)$ は有界である.

証明 $f(x)$ が $I = [a, b]$ で非有界とすると, (5.17) をみたす数列 x_n がとれる. しかし $a \le x_n \le b$ より, $a \le \alpha \le b$ となり, $\alpha \notin I$ に矛盾する. ∎

▌**定理 5.3** 有界閉区間 $[a, b]$ で, 連続関数 $f(x)$ は最大値と最小値をもつ.

証明 定理 5.2 より, $f([a, b])$ は有界であり, (5.15), (5.16) の α, α' は $\alpha, \alpha' \in [a, b]$ となることより, 命題 5.4 (1), (2) より, $f(\alpha), f(\alpha')$ はそれぞれ $f(x)$ の $[a, b]$ での最大値, 最小値となる. ∎

定理 5.1, 定理 5.3 により,

▌**定理 5.4** 連続関数 $f(x)$ の定義域が有界閉区間 $I = [a, b]$ であるとき, $f([a, b])$ は有界閉区間 $\left[\min_{x \in I} f(x), \max_{x \in I} f(x) \right]$ となる.

[*5] 対偶を考えると, $\sup_{x \in I} f(x) \notin f(I) \Longrightarrow \alpha \notin I$ つまり, $\lim_{n \to \infty} f(x_n)$ が $f(I)$ からはみ出るならば, $\lim_{n \to \infty} x_n$ は定義域 I からはみ出ていなければならない.

5.3 リプシッツ連続と一様連続

定義5.3 区間 I で定義された関数 $f(x)$ がある $k > 0$ に対して,
$$^\forall x, {}^\forall x' \in I, \quad |f(x) - f(x')| \leq k|x - x'| \tag{5.18}$$
をみたすならば, $f(x)$ は I で連続である. 実際 (5.18) が成り立つならば, (3.21) が $\delta < \dfrac{\varepsilon}{k}$ に対して成り立つ. このとき, $f(x)$ は I でリプシッツ連続であるという.

(5.18) が成り立つとき, $\left|\dfrac{f(x) - f(x')}{x - x'}\right| \leq k$ となることより, グラフ $y = f(x)$ 上の任意の二点間を結ぶ直線の傾きは有界となる.

例5.5 $f(x) = \sqrt{x}$ は $^\forall r > 0$ に対して, $[r, \infty)$ でリプシッツ連続だが, $(0, \infty)$ でリプシッツ連続ではない. 実際, $^\forall x, {}^\forall x' \in [r, \infty)$ に対して,
$$0 \leq \frac{\sqrt{x} - \sqrt{x'}}{x - x'} = \frac{1}{\sqrt{x} + \sqrt{x'}} \leq \frac{1}{2r}$$
となるが, $x, x' \in (0, \infty)$ に対して, $\dfrac{1}{\sqrt{x} + \sqrt{x'}}$ は上に有界にならない. ◇

図 3.9 で, $x = x_1, x_2$ で同じ ε に対して δ は x_2 の方が x_1 の方より小さくとらなければならない. δ が小さくなるところほど連続の度合いが悪いということができる. ε によって (3.21) の δ のとり方は変わるが, x_0 によっても δ のとり方は変わる. すなわち $\delta = \delta(\varepsilon, x_0)$ である.

任意に定められた $\varepsilon > 0$ に対して $x_0 \in I$ によらず, 一定の $\delta = \delta(\varepsilon)$ について (3.21) が成り立つとき, $f(x)$ は I で一様連続であるという. 関数が一様連続であることの定義は次のように与えられる.

定義5.4 $f(x)$ が区間 I で一様連続であるとは,
$$\begin{aligned} &^\forall \varepsilon > 0, \ \exists \delta > 0; \\ &^\forall x, {}^\forall x' \in I, \ |x - x'| < \delta \Longrightarrow |f(x) - f(x')| < \varepsilon \end{aligned} \tag{5.19}$$

86　第5章　連続関数

となること.

例5.6 $y = \dfrac{1}{x}$ は $(0, 1]$ で一様連続ではない.

$x = x_1, x_2 \in (0, 1]$ に お い て $\dfrac{1}{x_1} - \dfrac{1}{x_2} = \dfrac{x_2 - x_1}{x_1 x_2}$ で あ る こ と か ら, $|x_1 - x_2|$ をいくら小さくしても, x_1, x_2 を限りなく 0 に近づかせることができるから, $\left| \dfrac{1}{x_1} - \dfrac{1}{x_2} \right|$ はいくらでも大きくなっていく. たとえば $n = 1, 2, \cdots$ に対して, $x_1 = 10^{-n}$, $x_2 = 2 \cdot 10^{-n}$ とすると, $\left| \dfrac{1}{x_1} - \dfrac{1}{x_2} \right| = \dfrac{1}{2} 10^n$ となる[*6]. x の範囲を $0 < a < b$ に対して $[a, b]$ とすると, x_1, x_2 の最小値がとれることより, $y = \dfrac{1}{x}$ は $[a, b]$ で一様連続となる.　◇

I の中で連続の度合いが最も悪い点があって, すべての $x_0 \in I$ でそれ以上連続の度合いは悪くならないならば, 一様連続となる.

命題5.6　$f(x)$ が区間 I で, リプシッツ連続ならば一様連続である.

証明　(5.18) が成り立つとき, $\forall \varepsilon > 0$ に対して, $k\delta < \varepsilon$ をみたす $\delta > 0$ に対して, (5.19) が成り立つ.　■

ただし, $f(x)$ が一様連続であっても, リプシッツ連続とは限らない. 一様連続であっても, 連続の度合いが最も悪い点が存在するとは限らない. グラフ $y = f(x)$ 上の任意の二点間を結ぶ直線の傾きが非有界であっても, 一様連続となりうる[*7].

命題5.7　(「$f(x)$ は区間 I で一様連続」の否定)　関数 $f(x)$ が区間 I で一様連続でないならば, ある $\varepsilon_0 > 0$ と数列 $a_n, b_n \in I$ が存在して,

---

[*6]　なお, y 軸が $y = \dfrac{1}{x}$ の漸近線になっていることより, 感覚的に一様連続にならないことはあらかじめ予測できた.

[*7]　例5.7, 例6.20.

$$|a_n - b_n| < \frac{1}{n} \wedge |f(a_n) - f(b_n)| \geq \varepsilon_0$$

が成り立つ.

証明 (5.19)の否定は

$$\exists \varepsilon_0 > 0 \,;\, {}^{\forall}\delta > 0, \quad \exists x, x' \in I \,;$$
$$|x - x'| < \delta \wedge |f(x) - f(x')| \geq \varepsilon_0 \tag{5.20}$$

すなわち「どんなに $\delta > 0$ を小さく選んでも, ある $x, x' \in I$ があって, $|x - x'|$ $< \delta$ でありながら, $|f(x) - f(x')| \geq \varepsilon_0$ となるような $\varepsilon_0 > 0$ が存在する.」

よって $f(x)$ が区間 I で一様連続ではないとき, $n = 1, 2, \cdots$ に対して, $\delta = \frac{1}{n}$ として, 数列 $a_n, b_n \in I$ が存在して, $|a_n - b_n| < \frac{1}{n}$ でありながら, $|f(a_n) - f(b_n)| \geq {}^{\exists}\varepsilon_0$ とできる. つまり, 点 a_n, 点 b_n は限りなく近づいていくのに, $f(a_n)$ と $f(b_n)$ との差は ε_0 より小さくならないような数列 $a_n, b_n \in I$ が存在する. ■

定理5.5 有界閉区間では, 連続関数は一様連続である.

証明 　　A:I は有界閉区間 $\wedge$ $f(x)$ は I で連続

　　B:$f(x)$ は I で一様連続

A $\Longrightarrow$ B を背理法で示す. 命題5.7のように, 2つの数列 $a_n, b_n \in I$ があって, $|a_n - b_n| < \frac{1}{n}$ かつ $|f(a_n) - f(b_n)| \geq \varepsilon_0$ となるような $\varepsilon_0 > 0$ が存在するとする. 定理4.5(ボルツァノ・ワイヤシュトラスの定理)より $\{a_n\}$ の部分列で収束するものがとれるので, それを a_{n_k} とする. $a_{n_k} \to {}^{\exists}a$ とすると, I は有界閉区間なので, $a \in I$ となる. $\{b_n\}$ の部分列 b_{n_k} は $|a_{n_k} - b_{n_k}| < \frac{1}{n_k}$ をみたすので,

$$|b_{n_k} - a| \leq |b_{n_k} - a_{n_k}| + |a_{n_k} - a| \to 0$$

より, $\lim_{k \to \infty} b_{n_k} = a$. よって,

$$\lim_{k \to \infty} |f(a_{n_k}) - f(b_{n_k})| = |f(a) - f(a)| = 0$$

これは $|f(a_n) - f(b_n)| \geq \varepsilon_0 > 0$ に矛盾する. ■

例5.7 例5.5より $f(x) = \sqrt{x}$ は $[0, 1]$ でリプシッツ連続ではないが, 一様

連続である．

$\forall \varepsilon > 0,\ 0 < x < {}^{\exists}\delta\,;\sqrt{x} < \varepsilon$ であるから，$f(x) = \sqrt{x}$ は $x = 0$ で右連続．よって定理 5.5 より，$[0,1]$ で一様連続． ◇

例 5.8 $f(x) = x\sin\dfrac{1}{x}$ に対して（図 5.2），$\displaystyle\lim_{x\to +0} f(x) = 0$ すなわち，

$$\forall \varepsilon > 0,\ \exists \delta > 0\,;\,{}^{\forall}x \in (0,\delta),\ |f(x)| < \varepsilon$$

であるから，

$$\forall x, {}^{\forall}x' \in (0,\delta),\ |f(x) - f(x')| \le |f(x)| + |f(x')| < 2\varepsilon$$

より，$f(x)$ は $(0,\delta)$ で一様連続．また $0 < \delta' < \delta$ に対して，有界閉区間 $[\delta', 1]$ で $f(x)$ は連続．よって $f(x) = x\sin\dfrac{1}{x}$ は $(0,1]$ で一様連続[*8]． ◇

命題 5.8 関数 $f(x)$ が $[a, \infty)$ $(a \in \mathbb{R})$ で連続であり，$\displaystyle\lim_{x\to\infty} f(x) = 0$ ならば，$f(x)$ は $[a, \infty)$ で一様連続である[*9]．

証明 $\displaystyle\lim_{x\to\infty} f(x) = 0$ であるから，

$$\forall \varepsilon > 0,\ \exists M > 0\,;\,x, x' > M \Longrightarrow |f(x) - f(x')| \le |f(x)| + |f(x')| < \varepsilon \tag{5.21}$$

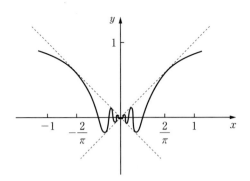

図 5.2

[*8] $f(x)$ が $[a,b], [b,c]$ で一様連続のとき，$x \in [a,b],\ x' \in [b,c]$ に対して，$|f(x) - f(x')| \le |f(x) - f(b)| + |f(b) - f(x')|$ とすることにより，$f(x)$ が $[a,c]$ で一様連続であることが示される．

[*9] 例 6.20．

よって，$f(x)$ は (M, ∞) で一様連続である．$^\forall M' > M$ に対して，有界閉区間 $[a, M']$ で $f(x)$ は一様連続である．よって，$f(x)$ は $[a, \infty)$ で一様連続である．■

5.4 逆 関 数

━━━━━━━━━━━━━━━━━━━単調増加関数，単調減少関数

定義 5.5 区間 I で関数 $f(x)$ が，$^\forall x_1, {}^\forall x_2 \in I$ に対して，
$$x_1 < x_2 \Longrightarrow f(x_1) \leq f(x_2) \tag{5.22}$$
となるとき，$f(x)$ は I で単調増加であるといい，
$$x_1 < x_2 \Longrightarrow f(x_1) \geq f(x_2) \tag{5.23}$$
となるとき，$f(x)$ は I で単調減少であるという．(5.22)よりも強い条件
$$x_1 < x_2 \Longrightarrow f(x_1) < f(x_2) \tag{5.24}$$
が成り立つとき，$f(x)$ は I で狭義単調増加であるといい，(5.23)よりも強い条件
$$x_1 < x_2 \Longrightarrow f(x_1) > f(x_2) \tag{5.25}$$
が成り立つとき，$f(x)$ は I で狭義単調減少であるという．

例 5.9 $y = x^2$ は $[0, \infty)$ で狭義単調増加，$(-\infty, 0]$ で狭義単調減少．◇

定義 5.6 $f(x)$ が $I = [a, b]$ で連続で，狭義単調増加であるとする．中間値の定理により，$^\forall y \in [f(a), f(b)]$ に対して，$y = f(x)$ をみたす $x \in [a, b]$ は存在し，$f(x)$ が狭義単調増加であることより，x はただ 1 つに定まる．このとき，
$$x = f^{-1}(y)$$
を f の 逆 関 数 と い い，定 義 域 が $[f(a), f(b)]$ で，f^{-1} に よ る 像 は $f^{-1}([f(a), f(b)]) = [a, b]$ となる．

命題 5.9 $f(x)$ が $I = [a, b]$ で連続で，狭義単調増加であるとき，$f^{-1}(x)$ も $[f(a), f(b)]$ で狭義単調増加である．

証明 $y = f(x)$ のグラフは，$y = f(x)$ をみたす点 (x, y) の集合なので，こ

のグラフを直線 $y = x$ で折り返すと，点 (y, x) の集合は，
$$\{(x, y) \mid f(a) \leq x \leq f(b),\ y = f^{-1}(x)\}$$
となる．$x_1, x_2 \in [a, b]$ に対して，$y_1 = f(x_1),\ y_2 = f(x_2)$ とするとき，
$$x_1 < x_2 \Longleftrightarrow y_1 < y_2$$
であるから，$f^{-1}(x)$ も狭義単調増加である． ∎

$f(x)$ が狭義単調減少のときも同様に f^{-1} は定義され，狭義単調減少であり，定義域は $[f(b), f(a)]$ となる．

例 5.10 $y = x^2$ の逆関数は，$[0, \infty)$ において $y = \sqrt{x}$ であり，$(-\infty, 0]$ において，$y = -\sqrt{x}$ である． ◇

============================= **逆関数の連続性**

例 5.11 $y = ax$ は $|a|$ が小さいほど，グラフの傾きが小さく，連続の度合いが良い．逆関数 $y = \dfrac{1}{a} x$ は $|a|$ が小さいほど，グラフの傾きが大きく，連続の度合いが悪くなる． ◇

補題 5.3 $I = [a, b]$ で $f(x)$ が連続で，狭義単調増加であるとし，$f(a) = \alpha$, $f(b) = \beta$ とする．

$\forall x_0 \in (a, b)$ に対して，$\varepsilon > 0$ は $[x_0 - \varepsilon, x_0 + \varepsilon] \subset (a, b)$ とする．このとき，
$$\exists \delta > 0 \,;\, [f(x_0) - \delta, f(x_0) + \delta] \subset f([x_0 - \varepsilon, x_0 + \varepsilon])$$

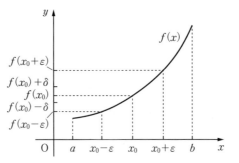

図 5.3

証明 $\alpha = \max_{x \in I} f(x)$, $\beta = \min_{x \in I} f(x)$ であり, 定理 5.4 より, $f([a,b]) = [\alpha, \beta]$. $a < x_0 < b$ のとき, 定理 4.3 より,

$$\exists \varepsilon > 0 \; ; \; a < x_0 - \varepsilon < x_0 < x_0 + \varepsilon < b$$

$f(x)$ は狭義単調増加であることより, $f(x_0 - \varepsilon) < f(x_0 + \varepsilon)$ であり, $f([x_0 - \varepsilon, x_0 + \varepsilon]) = [f(x_0 - \varepsilon), f(x_0 + \varepsilon)]$ である. ($[a,b]$ 内の任意の閉区間 A に対して, $f(A)$ は $[\alpha, \beta]$ 内の閉区間であり, 一点になることはない.) よって $f(x_0 - \varepsilon) < f(x_0) < f(x_0 + \varepsilon)$ であるから,

$$f(x_0 - \varepsilon) < f(x_0) - \delta < f(x_0) < f(x_0) + \delta < f(x_0 + \varepsilon) \quad (5.26)$$

となる $\delta > 0$ が存在する (図 5.3). ■

定理 5.6 $[a,b]$ での関数 $y = f(x)$ が狭義単調増加 (または狭義単調減少) で連続であるとし, $\alpha = f(a)$, $\beta = f(b)$ とする. このとき, $x = f^{-1}(y)$ は $[\alpha, \beta]$ (または $[\beta, \alpha]$) で連続となる.

証明 $f(x)$ は狭義単調増加とする. $y_0 \in (\alpha, \beta)$ に対して, $y_0 = f(x_0)$ とする.

$$\begin{aligned} & ^{\forall}\varepsilon > 0, \; \exists \delta > 0 \; ; \\ & |y - y_0| < \delta \Longrightarrow |f^{-1}(y) - f^{-1}(y_0)| < \varepsilon \end{aligned} \quad (5.27)$$

を示せばよい[*10]. よって

$$\begin{aligned} & ^{\forall}\varepsilon > 0, \; \exists \delta > 0 \; ; \\ & f(x_0) - \delta < y < f(x_0) + \delta \Longrightarrow x_0 - \varepsilon < f^{-1}(y) < x_0 + \varepsilon \end{aligned}$$

を示せばよい. これは (5.26) と $f^{-1}(x)$ の狭義単調増加性によって与えられる.

$y_0 = f(a)$ のときは $[x_0 - \varepsilon, x_0 + \varepsilon]$ の代わりに $[a, a + \varepsilon]$ を考えればよい. $y_0 = f(b)$ のときも同様. $f(x)$ が狭義単調減少のときも同様. ■

[*10] $y = f(x)$ が $x = x_0$ で連続であることは, (3.21) により,

$$^{\forall}\varepsilon > 0, \; \exists \delta > 0 \; ; \; |f^{-1}(y) - f^{-1}(y_0)| < \delta \Longrightarrow |y - y_0| < \varepsilon$$

となるが, (5.27) の「逆のような」命題であり, 直接的に証明を与えない. 実際, 例 5.11 のように, $f(x)$ の連続の度合いの良さが, $f^{-1}(x)$ の連続の度合いの良さに結びついていない.

逆三角関数

$y = \sin x$ の逆関数を考える（図 5.4）.

$\sin x$ は $\left[-\dfrac{\pi}{2}, \dfrac{\pi}{2}\right]$ で狭義単調増加, $\left[\dfrac{\pi}{2}, \dfrac{3\pi}{2}\right]$ で狭義単調減少. 逆関数は狭義単調な区間で別々に考える. $\sin x$ は周期 2π の周期関数なので, 逆関数 $y = \sin^{-1} x$ は $\left[-\dfrac{\pi}{2} + n\pi, \dfrac{\pi}{2} + n\pi\right]$ で別々に考える. $\sin^{-1} x$ は逆正弦関数という. $n = 0$ のとき, つまり $\left[-\dfrac{\pi}{2}, \dfrac{\pi}{2}\right]$ での逆正弦関数を $y = \mathrm{Sin}^{-1} x$ と書く. $y = \mathrm{Sin}^{-1} x$ を $\arcsin x$（アークサイン・エックス）と書くこともある.

同様に $y = \cos x$ の逆関数 $y = \cos^{-1} x$ を逆余弦関数という（図 5.5）. $[0, \pi]$

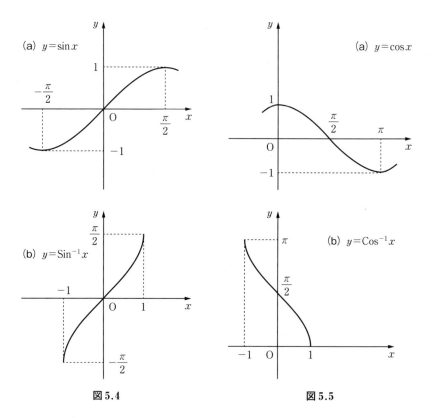

図 5.4　　　　　　　　　　図 5.5

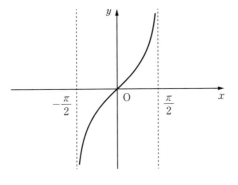

(a) $y=\tan x$

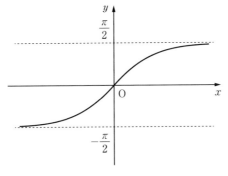

(b) $y=\mathrm{Tan}^{-1} x$

図 5.6

での逆余弦関数を $y = \mathrm{Cos}^{-1} x$ または $\arccos x$（アークコサイン・エックス）と書く．

$y = \tan x$ の逆関数 $y = \tan^{-1} x$ を逆正接関数という（図 5.6）．$\left(-\dfrac{\pi}{2}, \dfrac{\pi}{2}\right)$ での逆正接関数を $y = \mathrm{Tan}^{-1} x$ または $\arctan x$（アークタンジェント・エックス）と書く．

94   第5章　連続関数

5.5　指数関数

$3^n, 3^{-n}$ $(n \in \mathbb{N})$ は定義できるので, $x \in \mathbb{Z}$ のときは 3^x は定義できる. $3^{\frac{1}{n}}$ $(n \in \mathbb{N})$ は $y = x^n$ の逆関数 $x = \sqrt[n]{y}$ によって定義できる. $x \in \mathbb{Q}$ のとき, $x = \pm\dfrac{n}{m}$ となる $m, n \in \mathbb{N}$ があるので, $3^x := (3^{\pm n})^{\frac{1}{m}}$ と定義できる. では $3^{\sqrt{2}}$ はどのように定義すればよいか.

$n, m \in \mathbb{N}$ に対して,
$$a^{m+n} = a^m a^n, \qquad (a^m)^n = a^{mn}$$
が成り立つ. $a > 1$ のとき, a^n は狭義単調増加. すなわち, $n < m \Longrightarrow a^n < a^m$. $a^{\frac{1}{n}}$ は $y = x^n$ の逆関数 $x = \sqrt[n]{y}$ によって定義される. $x = \sqrt[n]{y}$ は狭義単調増加であるから, $a^n < a^m \Longleftrightarrow a^{\frac{1}{m}} < a^{\frac{1}{n}}$.

$x \in \mathbb{Q}$ に対して, a^x を考える. $a > 1$, $x > 0$ とする. $x < 0$ のときは $a^x = \dfrac{1}{a^{-x}}$ と定義し, $0 < a < 1$ のときは $a^x = \left(\dfrac{1}{a}\right)^{-x}$ で定義する.

$x, y \in \mathbb{Q}$ に対して,
$$a^{x+y} = a^x a^y, \qquad (a^x)^y = a^{xy}$$
$$x < y \Longrightarrow a^x < a^y$$
が成り立つ.

$a > 0$, $\forall x \in \mathbb{R}$ に対して, a^x を次のように定義する.

定義5.7　$a > 0$ とする. $\forall x \in \mathbb{R}$ に対して, $x_n \to x$ となる有理数列 $x_n \in \mathbb{Q}$ がとれることより,
$$a^x = \lim_{n \to \infty} a^{x_n}$$
と定義する.

「定義の正当性」の論証
(1)　$x_n \to x$ のとき, 数列 a^{x_n} は収束するか.
(2)　x に収束する有理数列は無数にある. 有理数列の選び方によらずに

5.5 指数関数　95

a^x の値は一意に確定するか. すなわち $^\forall x_n, \, ^\forall x_n{}' \in \mathbb{Q} \, ; x_n \to x, \, x_n{}' \to x$ に対して

$$\lim_{n \to \infty} a^{x_n} = \lim_{n \to \infty} a^{x_n{}'} \tag{5.28}$$

となるか.

以下では $a > 1$, $x > 0$ とする.

(1) $x_n \to x$ のとき, a^{x_n} はコーシー列となることを示す.

x_n はコーシー列であるので, $n, m \to \infty$ のとき, $|x_n - x_m| \to 0$ となる. このとき $|a^{x_n} - a^{x_m}| \to 0$ を示す.

$\{x_n\}$ は単調増加とは限らないが, $x_n > x_m$ と表し[*11],

$$0 < a^{x_n} - a^{x_m} = a^{x_m}(a^{x_n - x_m} - 1)$$

ここで $a^{x_m} \leq {}^\exists M$ とできる. なぜなら x_n は収束列なので, 有界. よって

$$\exists c > 0 \, ; 0 \leq x_m \leq c$$

このとき $a^{x_m} \leq a^c =: M$.

例 3.2(2) より,

$$\begin{aligned} &^\forall \varepsilon > 0, \quad \exists n_0 \in \mathbb{N} \, ; \\ &^\forall n \geq n_0, \; \left| a^{\frac{1}{n}} - 1 \right| < \frac{\varepsilon}{M} \end{aligned} \tag{5.29}$$

x_n はコーシー列であるので,

$$\begin{aligned} &^\forall \varepsilon > 0, \quad \exists n_1(\varepsilon) \in \mathbb{N} \, ; \\ &^\forall n, {}^\forall m \geq n_1, \; |x_n - x_m| < \varepsilon \end{aligned} \tag{5.30}$$

よって (5.29) の n_0 に対して, $\varepsilon = \dfrac{1}{n_0}$ とすると, $^\forall n, {}^\forall m \geq n_1\!\left(\dfrac{1}{n_0}\right)$ に対して,

$0 < x_n - x_m < \dfrac{1}{n_0}$ すなわち $1 < a^{x_n - x_m} < a^{\frac{1}{n_0}}$ であるから, $|a^{x_n - x_m} - 1| <$

$\left| a^{\frac{1}{n_0}} - 1 \right| < \dfrac{\varepsilon}{M}$, すなわち $|a^{x_n} - a^{x_m}| < \varepsilon$. よって a^{x_n} はコーシー列となり,

$\exists \alpha = \lim\limits_{n \to \infty} a^{x_n}$.

[*11]　$n < m$ か $m < n$ かを定めないとき, x_n と x_m とで大きい方を x_n とおく.

96　第5章　連続関数

(2)　$x_n \to x$, $x_n' \to x$ より，$x_n - x_n' \to 0$. よって (1) と同様に $|a^{x_n} - a^{x_n'}|$
$\to 0$. よって(5.28)が成り立つ.

定理5.7　(1)　$a > 1$ に対して，a^x は $\mathbb{R}$ で狭義単調増加.
(2)　a^x は $\mathbb{R}$ で連続である.

証明　(1)　$x, y \in \mathbb{R}$, $x < y$ に対して，数列 $x_n, y_n \in \mathbb{Q}$ が存在して，
$$x_n \to x, \qquad y_n \to y$$
$$x < \cdots < x_n < \cdots < x_1 < y_1 < \cdots < y_n < \cdots < y$$
とできる．a^x は $\mathbb{Q}$ で狭義単調増加であるから，$\displaystyle\lim_{n\to\infty} a^{x_n} < a^{x_1} < a^{y_1} < \lim_{n\to\infty} a^{y_n}$
より，$a^x < a^y$.

(2)　$a > 1$ として証明すれば十分．a^x は $\mathbb{R}$ で狭義単調増加であるから，a^{x+h}
は $h \to +0$ のとき，単調減少で，$a^{x+h} > a^x$ より下に有界であるから，
$\displaystyle\lim_{h\to+0} a^{x+h}$ は存在する．同様に $\displaystyle\lim_{h\to+0} a^{x-h}$ も存在する．$a^{x-h} < a^{x+h}$ より，
$\displaystyle\lim_{h\to+0} a^{x-h} \le \lim_{h\to+0} a^{x+h}$. 以下，$\displaystyle\lim_{h\to+0} a^{x-h} = \lim_{h\to+0} a^{x+h}$ を示す.

　$p = x - h$, $q = x + h$ とするとき，$0 < q - p = 2h < \dfrac{1}{n}$ となる $n \in \mathbb{N}$
が存在する．例3.2より，$\displaystyle\lim_{n\to\infty} a^{\frac{1}{n}} = 1$ であるから，$h \to +0$ のとき，$a^q - a^p$
$= a^p(a^{q-p} - 1) \to 0$. よって，$\displaystyle\lim_{h\to+0} a^{x-h} = \lim_{h\to+0} a^{x+h}$ より，a^x は $\forall x \in \mathbb{R}$ で
連続.　■

━━━━━━━━━━━━━━━━━━━━━━━━━━━ **対数関数**

　a^x は $\mathbb{R}$ で連続であり，$a > 1$ のとき狭義単調増加で，$0 < a < 1$ のとき狭義単調減少で，値域は $(0, \infty)$ である．よって逆関数
$$y = \log_a x, \qquad x \in (0, \infty)$$
は定められ，連続である.

例5.12　(1)　$f(x) = \left(1 + \dfrac{1}{x}\right)^x$ は $(-\infty, -1) \cup (0, \infty)$ で連続である.

(2)　$\displaystyle\lim_{x\to+\infty}\left(1 + \frac{1}{x}\right)^x = \lim_{x\to-\infty}\left(1 + \frac{1}{x}\right)^x = e$

(3) $\displaystyle\lim_{t \to 0}(1 + t)^{\frac{1}{t}} = e$ \hfill (5.31)

まず(1)について，$x \in (-\infty, -1) \cup (0, \infty)$ に対して，$1 + \dfrac{1}{x} > 0$ であり，

合成関数の連続性より，$f(x) = \left(1 + \dfrac{1}{x}\right)^x = \exp\left(x \log\left(1 + \dfrac{1}{x}\right)\right)$ は連続.

次に(2)について．e は $e = \displaystyle\lim_{n \to \infty}\left(1 + \dfrac{1}{n}\right)^n$ によって定められる実数である．

ここで n は自然数をとりながら $n \to \infty$ としている．このとき $x \in \mathbb{R}$ $(|x| > 1)$ を任意のとり方で $x \to \pm\infty$ としても $\left(1 + \dfrac{1}{x}\right)^x \to e$ となることを示す.

$x \ge 1$ に対して $n \le x < n + 1$ となる $n \in \mathbb{N}$ がとれて，

$$1 + \frac{1}{n + 1} < 1 + \frac{1}{x} \le 1 + \frac{1}{n}$$

とできる．一般に $1 < a < b \le c,\ 0 < \alpha \le \beta < \gamma$ に対して，

$$a^\alpha < b^\alpha \le b^\beta \le c^\beta < c^\gamma$$

であるから

$$\left(1 + \frac{1}{n + 1}\right)^n < \left(1 + \frac{1}{x}\right)^x < \left(1 + \frac{1}{n}\right)^{n+1}$$

ここで，

$$a_n := \left(1 + \frac{1}{n + 1}\right)^n = \left(1 + \frac{1}{n + 1}\right)^{n+1} \frac{1}{1 + \dfrac{1}{n + 1}}$$

$$b_n := \left(1 + \frac{1}{n}\right)^{n+1} = \left(1 + \frac{1}{n}\right)^n \left(1 + \frac{1}{n}\right)$$

に対して，$\displaystyle\lim_{n \to \infty} a_n = \lim_{n \to \infty} b_n = e$, すなわち，

$$^\forall \varepsilon > 0,\ \exists n_0 \in \mathbb{N} ;$$
$$^\forall n \ge n_0,\ e - \varepsilon < a_n < \left(1 + \frac{1}{x}\right)^x < b_n < e + \varepsilon$$
\hfill (5.32)

(5.32)は $n \ge n_0$ に対して，$n \le {}^\forall x < n + 1$ について成り立つことより，

(5.32)は $x \ge n_0$ に対して成り立つ．よって $\displaystyle\lim_{x \to +\infty}\left(1 + \frac{1}{x}\right)^x = e.$

$x \to -\infty$ のときは $y = -x$ とおくと，$y \to +\infty$ であり，このとき

98   第5章　連続関数

$$\left(1 + \frac{1}{x}\right)^x = \left(\frac{y}{y-1}\right)^y = \left(1 + \frac{1}{y-1}\right)^{y-1}\left(1 + \frac{1}{y-1}\right) \to e$$

(3)は，$t = \dfrac{1}{x}$ とすればよい．　◇

例 5.13　$\displaystyle\lim_{x\to 0}\frac{e^x - 1}{x} = 1$

$e^x - 1 = t$ とおくと，$x = \log(t+1)$ となることより，

$$\frac{e^x - 1}{x} = \frac{t}{\log(t+1)} = \frac{1}{\log(t+1)^{\frac{1}{t}}}$$

よって，$x \to 0 \Longleftrightarrow t \to 0$ であるから，$\log x$ の連続性と例 5.12(3) より，

$$\lim_{x\to 0}\frac{e^x - 1}{x} = \lim_{t\to 0}\frac{1}{\log(t+1)^{\frac{1}{t}}} = \frac{1}{\displaystyle\lim_{t\to 0}\log(t+1)^{\frac{1}{t}}}$$

$$= \frac{1}{\log\left(\displaystyle\lim_{t\to 0}(t+1)^{\frac{1}{t}}\right)} = \frac{1}{\log e} = 1 \qquad\qquad ◇$$

第6章

微　　分

　微分は数学にとどまらず，実に幅広い分野で利用されており，とりわけコンピュータの利用が一般的になっている中で，さまざまな現象の解析が微分方程式へのモデリングを経てなされているように，微分の概念は本質的，不可欠なものとなっている．ここでは，微分の性質や平均値の定理を中心に考察する．

6.1　微分の定義

　微分は関数の変化率を見るものである．すなわち $y = f(x)$ で x 軸上の値と y 軸上の値が関係づけられているとき，x 軸上での微小変化に対応する y 軸上の変化はどれくらいかということを考える．

定義6.1　x 軸上の二点，$x = a, b$ での $f(x)$ の平均変化率は $\dfrac{f(b) - f(a)}{b - a}$ で与えられる．$x = a$ からの微小変化 Δx を使って，$b = a + \Delta x$ とし，$\Delta x \to 0$ とするときの平均変化率の極限は

$$\lim_{\Delta x \to 0} \frac{f(a + \Delta x) - f(a)}{\Delta x} \tag{6.1}$$

で与えられる．この極限値が定まるとき，$f(x)$ は $x = a$ で微分可能という．$x = a$ で $f(x)$ が微分可能であるとき，$x \to a$ のとき，平均変化率

100 第6章 微　分

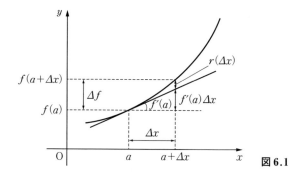

図 6.1

$\dfrac{f(x) - f(a)}{x - a}$ がある一定の値に近づくということから，$x = a$ で「一点での変化率」というものが定義される[*1]．

$$f'(a) = \lim_{h \to 0} \frac{f(a+h) - f(a)}{h} \quad (6.2)$$

を $f(x)$ の $x = a$ での微分係数という．

図 6.1 で
$$\Delta x = (a + \Delta x) - a$$
$$\Delta f = f(a + \Delta x) - f(a)$$
に対して，一般に $\Delta f \neq f'(a)\Delta x$ だが，(6.2) より $f(x)$ が $x = a$ で微分可能であるとき，

$$f'(a) = \lim_{\Delta x \to 0} \frac{\Delta f}{\Delta x} \quad (6.3)$$

ということになる．よって $\Delta x \fallingdotseq 0$ のとき，

$$\Delta f \fallingdotseq f'(a)\Delta x \quad (6.4)$$

であると考えられる[*2]．

[*1] たとえば，気体の密度は，単位体積当たりの気体の分子数で与えられるが，「一点」は大きさをもたないので，「一点での密度」というものは本来考えられず，極限操作を経て定義される．「一点での変化率」も「一点」で本来，変化は考えられず，一点とその周辺における変化と極限操作によって定義される．

6.1 微分の定義　　101

命題 6.1　関数 $f(x)$ は $x = a$ の近傍で定義され，$x = a$ で微分可能とする．このとき，

$$\Delta f = f'(a)\Delta x + o(\Delta x) \tag{6.5}$$

が成り立つ．

証明　近似式 (6.4) をより詳しく見るために

$$r(\Delta x) = \Delta f - f'(a)\Delta x$$

とおく．$r(\Delta x)$ は $y = f(x)$ のグラフを $x = a$ で接する接線で近似したときのグラフの高さの誤差を表す[*3]．上式の両辺を Δx で割ると，

$$\frac{r(\Delta x)}{\Delta x} = \frac{\Delta f}{\Delta x} - f'(a)$$

となり，(6.3) より

$$\lim_{\Delta x \to 0} \frac{r(\Delta x)}{\Delta x} = 0$$

となる．よって $\Delta x \to 0$ のとき，図 6.1 でグラフの誤差を表す $r(\Delta x)$ は x 軸上の Δx よりも速く 0 に近づき，$r(\Delta x) = o(\Delta x)$ と書くことができる．　∎

定義 6.2　(1)　(6.5) の主要部 $f'(a)\Delta x$ において[*4]，Δx を dx と書き，(6.5) の右辺から $o(\Delta x)$ を取り除いたもの

$$df = f'(a)dx \tag{6.6}$$

を $y = f(x)$ の $x = a$ における微分という．

(2)　開区間 I の各点 x で $f(x)$ が微分可能なとき，$f(x)$ は I 上で微分可能であるという．このとき $\forall a \in I$ に対して，(6.6) の微分，すなわち接線の方程式が定まる．よって $\forall a \in I$ に対して，微係数 $f'(a)$ を対応させることができる．関数 $f'(x)$ を $f(x)$ の導関数という．導関数を求めることを，単に，微分

[*2]　(6.4) からわかることは，$x = a$ からの微小変化 Δx $(\fallingdotseq 0)$ においては $y = f(x)$ のグラフはほぼ直線と思ってよいということで，$x = a$ で微分可能とは，$x = a$ を含む微小区間で，$f(x)$ はほぼ 1 次関数としてよいということになるだろう．このように本来曲線的に変化する状況を，直線変化で近似することを一般に線形近似という．$y = x^2$ は微小区間で線形近似できるのに対して，$y = |x|$ のグラフは $x = 0$ で尖っており，$x = 0$ を含むどんな小さな微小区間でも線形近似できないことを直観できる．

[*3]　(6.4) より $\Delta x \to 0$ のとき $r(\Delta x) \to 0$ となるであろうか．図 6.1 を見て，$r(\Delta x)$ を考えるとよい．

[*4]　$\Delta x \to 0$ のとき，$o(\Delta x)$ は $f'(a)\Delta x$ よりも速く 0 に近づく．

102　第6章　微　分

する，という．

すなわち微分 (6.6) は $y = f(x)$ の $x = a$ での接線における x の変化量 dx に対する y の変化量 df を表す．$x = a$ で $f(x)$ が微分可能であるためには，つまり $x = a$ で $f(x)$ に接線が引けるためには，(6.2) の極限値が定まらなければならない．$h \to 0$ のとき分母は 0 に近づくので，分子において $f(a + h) - f(a) \to 0$ でなくてはならず，(6.2) の右辺は $\dfrac{0}{0}$ の不定形ということになる．

例 6.1　$f(x) = x^n$ $(n \in \mathbb{N})$ を微分する[*5]．

$$(x^n)' = \lim_{h \to 0} \frac{(x + h)^n - x^n}{h}$$

右辺が極限値をもつためには，h で約分できればよい．$n = 2$ のとき，$(x + h)^2 - x^2 = h(2x + h)$．よって $(x^2)' = \lim_{h \to 0}(2x + h) = 2x$．$n \geq 3$ のときも，$n \in \mathbb{N}$ であれば，2項展開 (3.16) より

$$(x + h)^n = x^n + nhx^{n-1} + \frac{n(n - 1)}{2} h^2 x^{n-2} + \cdots + h^n$$

$$= x^n + \sum_{k=1}^{n} {}_nC_k h^k x^{n-k}$$

$$= x^n + h \left({}_nC_1 x^{n-1} + \sum_{k=2}^{n} {}_nC_k h^{k-1} x^{n-k} \right)$$

このように，$(x + h)^n$ を展開すると x^n 以外は h でくくることができる．よって

$$(x^n)' = \lim_{h \to 0} \left({}_nC_1 x^{n-1} + \sum_{k=2}^{n} {}_nC_k h^{k-1} x^{n-k} \right)$$

$$= nx^{n-1} \qquad\qquad \diamondsuit$$

6.2　微分の基本性質

定理 6.1　$f(x)$, $g(x)$ は x で微分可能とする．このとき，

[*5]　$r \in \mathbb{R}$ に対する x^r の微分は例 6.13．

(1) 定数 a, b に対して, $(af + bg)'(x) = af'(x) + bg'(x)$.

(2) $(fg)'(x) = f'(x)g(x) + f(x)g'(x)$.

(3) $\left(\dfrac{1}{f}\right)'(x) = -\dfrac{f'(x)}{f^2(x)}$. ただし $f(x) \neq 0$ とする.

(4) $\left(\dfrac{g}{f}\right)'(x) = \dfrac{g'(x)f(x) - g(x)f'(x)}{f^2(x)}$. ただし $f(x) \neq 0$ とする.

なお, (1)〜(4) の左辺の x での微分可能性も保証される.

証明と直観的理解のための説明 (1) $(af + bg)(x) := af(x) + bg(x)$ より,

$$
\begin{aligned}
(af + bg)'(x) &= \lim_{h \to 0} \frac{(af + bg)(x + h) - (af + bg)(x)}{h} \\
&= \lim_{h \to 0}\left(a\,\frac{f(x + h) - f(x)}{h} + b\,\frac{g(x + h) - g(x)}{h}\right) \\
&= a \lim_{h \to 0} \frac{f(x + h) - f(x)}{h} + b \lim_{h \to 0} \frac{g(x + h) - g(x)}{h} \\
&= af'(x) + bg'(x)
\end{aligned}
$$

(2) 便宜上, 独立変数 x を t に替えて説明する. 時刻 t のとき, x 軸上の点 $f(t) > 0$, y 軸上の点 $g(t) > 0$ に対して長方形 $[0, f(t)] \times [0, g(t)] = \{(x, y)\,|\,0 \le x \le f(t),\ 0 \le y \le g(t)\}$ の面積 $f(t)g(t)$ の時間変化率を考える. $S(t) = f(t)g(t)$ とすると,

$$
\begin{aligned}
(f(t)g(t))' &= \lim_{\Delta t \to 0} \frac{f(t + \Delta t)g(t + \Delta t) - f(t)g(t)}{\Delta t} \\
&= \lim_{\Delta t \to 0} \frac{S(t + \Delta t) - S(t)}{\Delta t}
\end{aligned}
\tag{6.7}
$$

となっている. ここで,

$$
S(t + \Delta t) - S(t) = A(\Delta t) + B(\Delta t) + C(\Delta t)
$$
$$
A(\Delta t) = f(t)\,(g(t + \Delta t) - g(t))
$$
$$
B(\Delta t) = (f(t + \Delta t) - f(t))\,g(t)
$$
$$
C(\Delta t) = (f(t + \Delta t) - f(t))\,(g(t + \Delta t) - g(t))
$$

と式変形できる. ここで, $A(\Delta t)$, $B(\Delta t)$, $C(\Delta t)$ は図 6.2 の中の領域の面積を表している[*6].

[*6] 定理 3.1(3) でも同様の考え方を用いた.

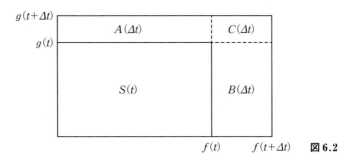

図 6.2

$$\lim_{\Delta t \to 0} \frac{S(t+\Delta t) - S(t)}{\Delta t} = \lim_{\Delta t \to 0} \frac{A(\Delta t)}{\Delta t} + \lim_{\Delta t \to 0} \frac{B(\Delta t)}{\Delta t} + \lim_{\Delta t \to 0} \frac{C(\Delta t)}{\Delta t}$$

$$\lim_{\Delta t \to 0} \frac{A(\Delta t)}{\Delta t} = f(t) \lim_{\Delta t \to 0} \frac{g(t+\Delta t) - g(t)}{\Delta t} = f(t)g'(t)$$

$$\lim_{\Delta t \to 0} \frac{B(\Delta t)}{\Delta t} = g(t) \lim_{\Delta t \to 0} \frac{f(t+\Delta t) - f(t)}{\Delta t} = g(t)f'(t)$$

$$\lim_{\Delta t \to 0} \frac{C(\Delta t)}{\Delta t} = \lim_{\Delta t \to 0} \frac{f(t+\Delta t) - f(t)}{\Delta t} \frac{g(t+\Delta t) - g(t)}{\Delta t} \cdot \Delta t$$

$$= f'(t)g'(t) \cdot 0 = 0$$

図 6.2 は $f(t), g(t)$ ともに正の増加関数としている．図はあくまで直観的にとらえるための手段であり，数学的論証（証明）にならないが，上述の式変形では $f(t), g(t)$ は微分可能であれば，それ以上の仮定は必要なく，(2) の証明になっている．

(3) 「$\left(\dfrac{1}{f(x)}\right)' = -\dfrac{f'(x)}{f^2(x)}$ を示す」という問題を $g(x) = \dfrac{1}{f(x)}$ として，

$$f(x)g(x) = 1 \Longrightarrow g'(x) = -\frac{f'(x)}{f^2(x)}$$

を示すという問題にとらえなおす．$f(x)g(x) = 1$ の両辺を微分すると $f'(x)g(x) + f(x)g'(x) = 0$．よって

$$g'(x) = -\frac{f'(x)g(x)}{f(x)} = -\frac{f'(x)}{f^2(x)}$$

となる．ただしこのとき $g(x) = \dfrac{1}{f(x)}$ が微分可能であることを仮定している．

別の角度から見て説明をしよう．

底辺の長さ $f(x)$, 高さ $\dfrac{1}{f(x)}$ の長方形は，面積を常に 1 に保ちながら変化

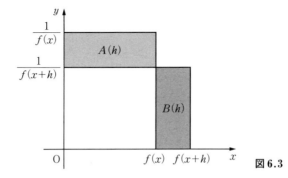

図 6.3

する．図 6.3 では $f(x)$ は正の増加関数としている．図 6.3 で $f(x)\cdot\dfrac{1}{f(x)} = f(x+h)\cdot\dfrac{1}{f(x+h)} = 1$ となっている．よって，

$$A(h) := \left(\frac{1}{f(x)} - \frac{1}{f(x+h)}\right)f(x)$$

$$B(h) := \frac{1}{f(x+h)}(f(x+h) - f(x))$$

に対して，$A(h) = B(h)$ が図 6.3 から見てとれるが，$A(h) = B(h)$ は図とは無関係に式変形から確かめられる．

よって，$A(h) = B(h)$ と

$$\lim_{h \to 0}\frac{A(h)}{h} = \lim_{h \to 0}\frac{\dfrac{1}{f(x)} - \dfrac{1}{f(x+h)}}{h}f(x) = -\left(\frac{1}{f(x)}\right)'f(x)$$

$$\lim_{h \to 0}\frac{B(h)}{h} = \lim_{h \to 0}\frac{1}{f(x+h)}\cdot\frac{f(x+h) - f(x)}{h} = \frac{1}{f(x)}f'(x)$$

によって (3) は確かめられる．ここでも $\dfrac{1}{f(x)}$ が微分可能であることを仮定している．

$\dfrac{1}{f(x)}$ の微分可能性を仮定しないときは，

$$\left(\frac{1}{f(x)}\right)' = \lim_{h \to 0}\frac{\dfrac{1}{f(x+h)} - \dfrac{1}{f(x)}}{h}$$

106　第6章　微　分

$$= \lim_{h \to 0} \frac{1}{h} \frac{f(x) - f(x+h)}{f(x+h)\,f(x)}$$

$$= \lim_{h \to 0} \frac{-1}{f(x+h)\,f(x)} \cdot \lim_{h \to 0} \frac{f(x+h) - f(x)}{h}$$

$$= - \frac{f'(x)}{f^2(x)}$$

(4)
$$\left(\frac{g(x)}{f(x)} \right)' = \left(g(x) \frac{1}{f(x)} \right)'$$

$$= g'(x) \frac{1}{f(x)} + g(x) \left(\frac{1}{f(x)} \right)'$$

$$= \frac{g'(x)\,f(x) - g(x)\,f'(x)}{f^2(x)} \qquad \blacksquare$$

例6.2　ある電車の t 秒間での移動距離が $f(t)$，ミニカーの t 秒間での移動距離が $g(t)$ であるとき，電車上でミニカーを走らせるとき，ミニカーの地面に対する速度は $(f(t) + g(t))' = f'(t) + g'(t)$ によって求められる．　◇

> 　$f(t)$, $g(t)$ のグラフがわかっているとき，$(f+g)(t)$ の接線の傾き（速度）を知りたいとき，わざわざ $f+g$ のグラフを描いて，そのグラフの接線を引いてみなくても，$f(t)$, $g(t)$ の接線の傾きを足せばよい．

例6.3　$f'(x)g(x) = (f(x)g(x))' - f(x)g'(x)$ の例
$$\sin^2 x = \sin x\,(-\cos x)'$$
$$= (-\sin x \cos x)' - (\sin x)'(-\cos x)$$

ここで $-(\sin x)'(-\cos x) = 1 - \sin^2 x$ であるから

$$\sin^2 x = \frac{1}{2}(-\sin x \cos x + x)'$$

と書くことができる．　◇

━━━━━━━━━━━━━━━━━━━━━━━━━━━ 右微分，左微分

定義6.3　$\delta > 0$ とする．$[a, a+\delta)$ で定義された関数 $f(x)$ に対して，

$$f_+{}'(a) := \lim_{h \to +0} \frac{f(a+h) - f(a)}{h}$$

が存在するとき，$f_+'(a)$ を $f(x)$ の $x = a$ での右微係数といい，$(a - \delta, a]$ で定義された関数 $f(x)$ に対して，

$$f_-'(a) := \lim_{h \to -0} \frac{f(a + h) - f(a)}{h}$$

が存在するとき，$f_-'(a)$ を $f(x)$ の $x = a$ での左微係数という．

命題 6.2 $x = a$ の近傍で定義された関数 $f(x)$ に対して，
　　$\mathbf{A} : f(x)$ は $x = a$ で微分可能である
　　$\mathbf{B} : f_+'(a),\ f_-'(a)$ が存在して，$f_+'(a) = f_-'(a)$
とするとき，$\mathbf{A}$ と $\mathbf{B}$ は同値である．このとき，$f'(a) = f_+'(a) = f_-'(a)$ となる．

証明 $\mathbf{A} \Longrightarrow \mathbf{B}$ は明らか．$\mathbf{B} \Longrightarrow \mathbf{A}$ を示す．$f_+'(a) = f_-'(a) = \alpha$ とおくと，$\mathbf{B}$ より，$^\forall \varepsilon > 0$ に対して，ある $\delta_1, \delta_2 > 0$ が存在して，

$$[0 < h < \delta_1 \ \vee \ -\delta_2 < h < 0] \Longrightarrow \left| \frac{f(a + h) - f(a)}{h} - \alpha \right| < \varepsilon$$

が成り立つ．よって，$\delta := \min\{\delta_1, \delta_2\}$ に対して，

$$0 < |h| < \delta \Longrightarrow \left| \frac{f(a + h) - f(a)}{h} - \alpha \right| < \varepsilon$$

すなわち，$f(x)$ は $x = a$ で微分可能となり，$f'(a) = \alpha$. ■

━━━━━━━━━━━━━━━━━━━━━━━━━━━━━━ **微分可能関数**

　閉区間 $[a, b]$ で定義された関数 $f(x)$ に対して，$f(x)$ が (a, b) で微分可能で，$f_+'(a),\ f_-'(b)$ が存在するとき，$f(x)$ は $[a, b]$ で微分可能であるという．(4.1)の区間について，区間で定義された関数 $f(x)$ が，その区間で微分可能であることも同様に定義される．

例 6.4 $y = e^x$ は $\mathbb{R}$ で微分可能で，$(e^x)' = e^x$.
　例 5.13 より，

$$(e^x)' = \lim_{h \to 0} \frac{e^{x+h} - e^x}{h} = e^x \lim_{h \to 0} \frac{e^h - 1}{h} = e^x \qquad \diamondsuit$$

命題 6.3 $f(x)$ が $x = a$ で微分可能ならば，$f(x)$ は $x = a$ で連続である．

108　第6章　微　分

証明　(6.5)において，$\Delta x \to 0$ とすると，右辺 $f'(a)\Delta x + o(\Delta x) \to 0$．よって $f(a + \Delta x) - f(a) \to 0$．　■

━━━━━━━━━━━━━━━━━━━━━━━━━━━━ **n 次導関数**

$f(x)$ が開区間 I で微分可能で，$f'(x)$ も微分可能なとき

$$f'' = (f')' = \frac{d}{dx}\left(\frac{d}{dx}f\right) = \frac{d^2}{dx^2}f = \frac{d^2 f}{dx^2}$$

を2次導関数という．繰り返し n 回微分できるとき，$f^{(n)} = \left(\frac{d}{dx}\right)^n f = \frac{d^n f}{dx^n}$

を n 次導関数という．n 次導関数が連続なとき，n 回連続微分可能といい，C^n 級という．

定義6.4　区間 I で連続な関数すべてからなる集合を $C(I)$ で表す．I で微分可能で，導関数が連続となる関数すべてからなる集合を $C^1(I)$ で表す．I で n 次導関数が連続となる関数すべてからなる集合を $C^n(I)$ で表す．$f \in C^\infty(I)$ と書くとき，f は何回微分しても I で連続であることを意味し，無限回連続微分可能という．

例6.5
$$f(x) = \begin{cases} x^2, & x \geq 0 \\ -x^2, & x < 0 \end{cases}$$
に対して，$f(x)$ が $x \neq 0$ で微分可能であることは明らか．また $f_+'(0) = f_-'(0) = 0$ であるから，$f(x)$ は $\mathbb{R}$ で微分可能で，$f'(x) = 2|x|$ となる．よって $f \in C^1(\mathbb{R})$ となるが，$f'(x)$ は $x = 0$ で微分不可能[*7]．◇

例6.6　$f(x) = \sin x$ のとき，$f^{(n)}(x) = \sin\left(x + \frac{n}{2}\pi\right)$．

$f'(x) = \cos x = \sin\left(x + \frac{\pi}{2}\right)$ より，$f(x) = \sin x$ の x での微係数は $f\left(x + \frac{\pi}{2}\right)$ で与えられる．よって，$f''(x) = \cos\left(x + \frac{\pi}{2}\right) = \sin\left(\left(x + \frac{\pi}{2}\right) + \frac{\pi}{2}\right)$．これを繰り返す．よって $\sin x \in C^\infty(\mathbb{R})$ となる．◇

$f^{(n)}(x)$ の $x = a$ での値を $f^{(n)}(a)$ と書くか，$f^{(n)}(x)\Big|_{x=a}$ と書く．たとえば，

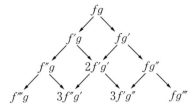

図 6.4 左へ進むとき f を微分，右に進むとき g を微分

$$\sin^{(n)}(x)\Big|_{x=0} = \sin\left(x + \frac{n}{2}\pi\right)\Big|_{x=0} = \sin\frac{n}{2}\pi$$

$f(x)g(x)$ の n 次導関数を求めたい．$n = 2, 3$ のときは，

$$(f(x)g(x))'' = (f'(x)g(x) + f(x)g'(x))'$$
$$= (f''(x)g(x) + f'(x)g'(x)) + (f'(x)g'(x) + f(x)g''(x))$$
$$= f''(x)g(x) + 2f'(x)g'(x) + f(x)g''(x)$$
$$(f(x)g(x))''' = (f''(x)g(x) + 2f'(x)g'(x) + f(x)g''(x))'$$
$$= (f'''(x)g(x) + f''(x)g'(x)) + 2(f''(x)g'(x) + f'(x)g''(x))$$
$$+ (f'(x)g''(x) + f(x)g'''(x))$$
$$= f'''(x)g(x) + 3f''(x)g'(x) + 3f'(x)g''(x) + f(x)g'''(x)$$

定理 6.1(2) と図 3.6 のパスカルの三角形を使って，図 6.4 のように考えるとよい．(左側に進むとき f を微分，右側に進むとき g を微分．)

定理 6.2 (ライプニッツの定理) 関数 $f(x), g(x)$ が区間 I で n 回微分可能であるとき，$f(x)g(x)$ も I で n 回微分可能であり，

$$\{f(x)g(x)\}^{(n)} = \sum_{k=0}^{n} {}_nC_k f^{(k)}(x) g^{(n-k)}(x) \tag{6.8}$$

証明 帰納法によってなされる．(6.8) を微分して，

$$\{f(x)g(x)\}^{(n+1)}$$
$$= \sum_{k=0}^{n} {}_nC_k f^{(k)}(x) g^{(n-k+1)}(x) + \sum_{k=0}^{n} {}_nC_k f^{(k+1)}(x) g^{(n-k)}(x)$$
$$= {}_nC_0 f^{(0)}(x) g^{(n+1)}(x) + \sum_{k=1}^{n} ({}_nC_k + {}_nC_{k-1}) f^{(k)}(x) g^{(n-k+1)}(x)$$
$$+ {}_nC_n f^{(n+1)}(x) g^{(0)}(x)$$

[*7] (6.10) の $f(x)$ は $\mathbb{R}$ で微分可能だが，$f(x) \notin C^1(\mathbb{R})$．

$$= \sum_{k=0}^{n+1} {}_{n+1}C_k f^{(k)}(x) g^{(n+1-k)}(x)$$

なお，${}_nC_k + {}_nC_{k-1} = {}_{n+1}C_k$ を用いた[*8]．■

6.3 合成関数の微分

例 6.7　例5.1の合成関数 $F \circ f$ を考える．

図6.5で，温度観測機の動きが速い（$f'(t)$ が大きい）と，針金上の温度の変化率 $F'(x)$ がそれほど大きくなくても，時間に対する観測温度の変化率 $(F \circ f)'(t)$ が大きくなる．$(F \circ f)$ の変化率が f の変化率と F の変化率の積になりそうなことが直観できる．◇

では，2つの微分可能な関数があり，それぞれ変化率がわかるとき，変化率の積によって変化率が与えられる関数はどのように作られるだろうか，ということを考えたい．単純に2つの関数を掛けても，そのようにはならない．（関数の積の微分は微分の積にはならない．）例6.2の電車とミニカーもそのようになっていない．

微分を調べることは接線の傾きを調べることなので，1次関数で調べることから始めてみる．すなわち，2つの1次関数 $y = ax$, $y = bx$ から $y' = ab$ となる関数はどのように作られるか，と考えてみよう．

例 6.7 で，$f(t) = at$, $F(x) = bx$ とすると，$y = F(f(t)) = b(at) = bat$

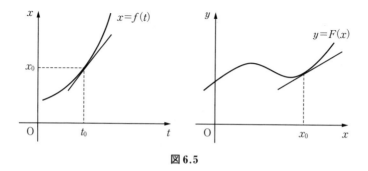

図 6.5

[*8] 直観的には図3.6のパスカルの三角形を見るとよい．

となる。ここに関数と関数を合成させるということが生じる。合成された関数 $y = bat$ は $y'(t) = ba$ になっている。

$x = f(t)$ が $t = t_0$ で微分可能で，$y = F(x)$ が $x_0 = f(t_0)$ で微分可能であるとする。$y = (F \circ f)(t)$ が $t = t_0$ で微分可能であるならば，$F \circ f$ の接線の傾きが，$f(t)$ の $t = t_0$ での接線の傾きと，$F(x)$ の $x_0 = f(t_0)$ での接線の傾きの積で与えられることは(6.6)によって与えられる。実際，

$$dx = f'(t_0)dt, \ dy = F'(x_0)dx \Longrightarrow dy = F'(x_0)f'(t_0)dt$$

$$(6.9)$$

$F \circ f$ の微分可能性は次の定理によって与えられる。

定理 6.3 $x = f(t)$ を区間 I 上の微分可能な関数，$y = F(x)$ を区間 J 上の微分可能な関数とする。$f(t)$ の値域 $I' = \{f(t) \in \mathbb{R} \mid x \in I\}$ は $I' \subset J$ をみたすとする。このとき，合成関数 $y = (F \circ f)(t) = F(f(t))$ は I で微分可能で，

$$(F \circ f)'(t) = F'(f(t)) \cdot f'(t)$$

となる。

証明 $y = (F \circ f)(t)$ を定義に従って微分し，

$$
\begin{aligned}
\frac{dy}{dt} &= \lim_{h \to 0} \frac{(F \circ f)(t+h) - (F \circ f)(t)}{h} \\
&= \lim_{h \to 0} \frac{F(f(t+h)) - F(f(t))}{h} \\
&= \lim_{h \to 0} \frac{F(f(t+h)) - F(f(t))}{f(t+h) - f(t)} \cdot \frac{f(t+h) - f(t)}{h} \\
&= \lim_{h \to 0} \frac{F(f(t+h)) - F(f(t))}{f(t+h) - f(t)} \cdot \lim_{h \to 0} \frac{f(t+h) - f(t)}{h}
\end{aligned}
$$

ここで $x = f(t)$，$\bar{x} = f(t+h)$ と書くと，$f(t)$ は連続であることより，$h \to 0$ のとき $\bar{x} \to x$ であることより，上式はさらに，

$$\frac{dy}{dt} = \lim_{\bar{x} \to x} \frac{F(\bar{x}) - F(x)}{\bar{x} - x} \cdot f'(t) = F'(x) \cdot f'(t) = F'(f(t)) \cdot f'(t) \quad \blacksquare$$

112　第6章　微　分

これを別の記号で書くと

$$\frac{dy}{dt} = \frac{dF}{dx}\frac{df}{dt} = \frac{dy}{dx}\frac{dx}{dt}$$

例 6.8　$\left(\dfrac{1}{f(x)}\right)' = -\dfrac{f'(x)}{f^2(x)}$ は合成関数の微分法によっても示される.　◇

例 6.9　例 6.3 と同様に自然数 $n \geq 2$ に対して,

$$\begin{aligned}
\sin^n x &= \sin^{n-1} x\,(-\cos x)' \\
&= (-\sin^{n-1} x\,\cos x)' - (\sin^{n-1} x)'(-\cos x) \\
&= (-\sin^{n-1} x\,\cos x)' + (n-1)\sin^{n-2} x\,\cos^2 x
\end{aligned}$$

ここで $\cos^2 x = 1 - \sin^2 x$ であるから

$$\sin^n x = \frac{1}{n}(-\sin^{n-1} x\,\cos x)' + \frac{n-1}{n}\sin^{n-2} x$$

と書くことができる.　◇

例 6.10　(1)

$$f(x) = \begin{cases} x\sin\dfrac{1}{x}, & x \neq 0 \\[2mm] 0, & x = 0 \end{cases}$$

は $x = 0$ で微分不可能[*9]. 実際,

$$f'(0) = \lim_{h \to 0}\frac{f(0+h) - f(0)}{h} = \lim_{h \to 0}\sin\frac{1}{h}$$

は存在しない. なお, $x \neq 0$ に対して, $f'(x) = \sin\dfrac{1}{x} - \dfrac{1}{x}\cos\dfrac{1}{x}$ より,
$f'(x)$ は $(0, 1]$ で非有界[*10].

(2)

$$f(x) = \begin{cases} x^2\sin\dfrac{1}{x}, & x \neq 0 \\[2mm] 0, & x = 0 \end{cases} \tag{6.10}$$

は $\mathbb{R}$ で微分可能だが, $f'(x)$ は $x = 0$ で不連続[*11].

[*9]　例 5.8 により, $x = 0$ で $f(x)$ は連続.

[*10]　なお $f'(a) = 0$ となる a は $b = \tan b$ となる $b \neq 0$ に対して, $a = \dfrac{1}{b}$ で与えられる.

[*11]　(6.10) のグラフは $y = x^2$ と $y = -x^2$ のグラフに挟まれる. 図 5.2 と比較して考えるとよい.

$$f'(0) = \lim_{h \to 0} \frac{f(0+h) - f(0)}{h} = \lim_{h \to 0} h \sin \frac{1}{h} = 0$$

より,

$$f'(x) = \begin{cases} 2x \sin \dfrac{1}{x} - \cos \dfrac{1}{x}, & x \neq 0 \\ 0, & x = 0 \end{cases}$$

となるが, $\lim_{x \to 0} f'(x)$ は存在せず, $f'(x)$ は $x = 0$ で不連続. よって (6.10) の $f(x)$ は $\mathbb{R}$ で微分可能だが, $f(x) \notin C^1(\mathbb{R})$.

(3)
$$f(x) = \begin{cases} x^3 \sin \dfrac{1}{x}, & x \neq 0 \\ 0, & x = 0 \end{cases}$$

は $\mathbb{R}$ で微分可能で, $f'(x)$ は $x = 0$ で連続. すなわち $f(x) \in C^1(\mathbb{R})$ [*12]. ◇

6.4 逆関数の微分

直線 $y = ax$ の傾きは a であり, $\dfrac{dy}{dx} = a$ である. x 軸と y 軸をとりかえたグラフは $x = \dfrac{1}{a} y$ で与えられ, 傾きは $\dfrac{1}{a}$ であり, y の微小変化に対する x の変化率 $\dfrac{dx}{dy} = \dfrac{1}{a}$ となる (図 6.6).

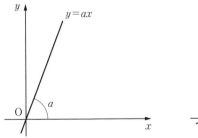 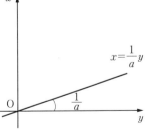

図 6.6 逆関数の微分

[*12] (2) と同様に確かめられる.

微分可能な関数 $y = f(x)$ の接線の傾きは $\dfrac{dy}{dx} = f'(x)$ で与えられるが，接線は直線なので，x 軸と y 軸をとりかえたグラフの接線の傾きも上述と同様に考えられないだろうか？

関数 $y = f(x)$ の微分 $y'(x)$ は x に対する y の変化率を見るものであり，x 軸から見たときの接線の傾きである．逆関数 $x = f^{-1}(y)$ は $y = x$ でグラフ $y = f(x)$ を折り返して得られる．すなわち，グラフ $y = f(x)$ 上の点 (x, y) を (y, x) として得られる．

よって逆関数 $x = f^{-1}(y)$ の微分 $x'(y)$ は y に対する x の変化率であり，y 軸から見たときの接線の傾きなので，図 6.7 において $x'(y) = \dfrac{1}{y'(x)}$ すなわち，
$$\frac{dx}{dy} = \lim_{\Delta y \to 0} \frac{\Delta x}{\Delta y} = \frac{1}{\lim_{\Delta x \to 0} \dfrac{\Delta y}{\Delta x}} = \frac{1}{\dfrac{dy}{dx}}$$
となるはずである．

たとえば，$y = f(x)$ の $x = x_0$ での接線の傾きが a であるとき，逆関数 $x = f^{-1}(y)$ の $y = y_0 = f(x_0)$ での接線の傾きは $\dfrac{1}{a}$ となるはずである．すなわ

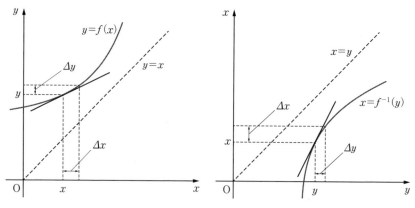

図 6.7

ち $y = f(x)$ の $x = x_0$ での接線 $y - f(x_0) = f'(x_0)(x - x_0)$ の逆関数 $x - x_0$

$= \dfrac{1}{f'(x_0)}(y - f(x_0))$ が逆関数 $x = f^{-1}(y)$ の $y = y_0 = f(x_0)$ での接線にな

るのではないか.

実際, f が微分可能であるとき, f^{-1} が微分可能であることを仮定すると,

$$f(f^{-1}(y)) = y$$

の両辺を y で微分すると合成関数の微分法より,

$$f'(f^{-1}(y))(f^{-1})'(y) = 1$$

が得られる. すなわち

$$\frac{dx}{dy} = \frac{d}{dy}f^{-1}(y) = \frac{1}{f'(x)} = \frac{1}{\dfrac{dy}{dx}} \tag{6.11}$$

逆関数の微分可能性は次の定理によって与えられる.

▍**定理 6.4** $f(x)$ は微分可能で, $f'(x) \neq 0$, 狭義単調増加(または狭義単調減少)とする. このとき逆関数 $x = f^{-1}(y)$ も微分可能で, (6.11)が成り立つ.

証明 定義に従って,

$$\frac{d}{dy}f^{-1}(y) = \lim_{k \to 0}\frac{f^{-1}(y+k) - f^{-1}(y)}{k}$$

で, $f^{-1}(y) = x$, $f^{-1}(y+k) = x + h$ とおくと右辺の分子は h となり, 分母は $k = (y+k) - y = f(x+h) - f(x)$ となる. f^{-1} は連続なので, $k \to 0$ のとき, $f^{-1}(y+k) \to f^{-1}(y)$, すなわち, $h \to 0$. よって,

$$\frac{d}{dy}f^{-1}(y) = \lim_{h \to 0}\frac{h}{f(x+h) - f(x)} = \frac{1}{\displaystyle\lim_{h \to 0}\frac{f(x+h) - f(x)}{h}} = \frac{1}{f'(x)}$$

$\blacksquare$

例 6.11 (1) $(\log|x|)' = \dfrac{1}{x}$

$x > 0$ のとき, $y = \log x$ は $x = e^y$ の逆関数で, $\dfrac{dx}{dy} = e^y = x$ であるから,

$\dfrac{dy}{dx} = \dfrac{1}{\dfrac{dx}{dy}} = \dfrac{1}{e^y} = \dfrac{1}{x}$. $x < 0$ のとき, $y = \log(-x)$ となるので, 合成関数

116　第6章　微　分

の微分法により，$\dfrac{d}{dx}\log(-x) = \dfrac{1}{-x}\cdot(-1) = \dfrac{1}{x}$.

(2)　逆関数のみたす微分方程式

　$y = e^x$ は微分方程式 $\dfrac{dy}{dx} = y$ をみたす．逆関数は $y = x$ でグラフを折り返したもの，つまり点 (x, y) を (y, x) とするので，$\dfrac{dy}{dx} = y$ のグラフを折り返すと，$\dfrac{dx}{dy} = x$ のグラフとなり，$\dfrac{dy}{dx} = \dfrac{1}{\dfrac{dx}{dy}}$ となることより，$y = \log x$ は $y' = \dfrac{1}{x}$ をみたすことがわかる．このように微分方程式 $y' = y$ の解の逆関数が存在するとき，逆関数のみたす微分方程式が $y' = \dfrac{1}{x}$ となることは $y' = y$ の解を求めなくてもわかる．　◇

$\boxed{例 6.12}$　$f'(x)g(x) + f(x)g'(x) = (f(x)g(x))'$ の例

　$\dfrac{1}{x} = (\log|x|)'$ より，

$$\begin{aligned}
\log|x| + 1 &= 1\cdot\log|x| + x\cdot\dfrac{1}{x} \\
&= x'\log|x| + x\cdot(\log|x|)' \\
&= (x\log|x|)'
\end{aligned} \tag{6.12}$$

◇

$\boxed{例 6.13}$　(対数微分法)

(1)　$r \in \mathbb{R}$ $(r \neq 0)$ に対して，$(x^r)' = rx^{r-1}$ $(x > 0)$

(2)　$(x^x)' = (\log x + 1)x^x$ $(x > 0)$

(1)　$f(x) = x^r$ とおき，両辺 $\log$ をとり，$\log f(x) = r\log x$ を微分すると，$\dfrac{f'(x)}{f(x)} = \dfrac{r}{x}$ より，$f'(x) = \dfrac{r}{x}f(x) = rx^{r-1}$. (2) も同様．　◇

$\boxed{例 6.14}$　(1)　$f(x) = \dfrac{1}{1-x}$ $(x \neq 1)$ に対して，$f^{(n)}(x) = \dfrac{n!}{(1-x)^{n+1}}$

(2)　$(\log(1-x))^{(n)} = -\dfrac{(n-1)!}{(1-x)^n}$ $(x < 1)$

(1) 帰納法を用いる. $f^{(n+1)}(x) = (f^{(n)})'(x) = \dfrac{(n+1)!}{(1-x)^{n+2}}$.

(2) $(\log(1-x))' = \dfrac{-1}{1-x}$ であるから (1) より,

$$(\log(1-x))^{(n)} = -\left(\frac{1}{1-x}\right)^{(n-1)} = -\frac{(n-1)!}{(1-x)^n} \qquad \diamondsuit$$

━━━━━━━━━━━━━━━━━━━━ 逆三角関数の微分

(1) $y = \mathrm{Sin}^{-1}\, x$ の微分. $x = \sin y$ なので

$$\frac{d}{dx}\mathrm{Sin}^{-1}\, x = \frac{dy}{dx} = \frac{1}{\dfrac{dx}{dy}} = \frac{1}{\cos y}$$

$\cos y$ を x の関数で表す. $\cos^2 y + \sin^2 y = 1$ より, $\cos^2 y = 1 - \sin^2 y = 1 - x^2$. ここで $-\dfrac{\pi}{2} \le \mathrm{Sin}^{-1}\, x \le \dfrac{\pi}{2}$ より $-\dfrac{\pi}{2} \le y \le \dfrac{\pi}{2}$. よって, $\cos y \ge 0$ なので, $\cos y = \sqrt{1 - x^2}$. よって

$$\frac{d}{dx}\mathrm{Sin}^{-1}\, x = \frac{1}{\sqrt{1 - x^2}} \tag{6.13}$$

(2) $y = \mathrm{Cos}^{-1}\, x$ の微分. $x = \cos y$ なので

$$\frac{d}{dx}\mathrm{Cos}^{-1}\, x = \frac{dy}{dx} = \frac{1}{\dfrac{dx}{dy}} = \frac{1}{-\sin y}$$

$\sin^2 y = 1 - \cos^2 y = 1 - x^2$. $0 \le \mathrm{Cos}^{-1}\, x \le \pi$ より $0 \le y \le \pi$ なので $\sin y \ge 0$. よって,

$$\frac{d}{dx}\mathrm{Cos}^{-1}\, x = \frac{-1}{\sqrt{1 - x^2}} \tag{6.14}$$

(3) $y = \mathrm{Tan}^{-1}\, x$ の微分. $x = \tan y = \dfrac{\sin y}{\cos y}$ なので, $\dfrac{dx}{dy} = \dfrac{1}{\cos^2 y}$. よっ

て $\dfrac{d}{dx}\mathrm{Tan}^{-1}\, x = \dfrac{1}{\dfrac{dx}{dy}} = \cos^2 y$. ここで, $x^2 = \dfrac{\sin^2 y}{\cos^2 y} = \dfrac{1 - \cos^2 y}{\cos^2 y}$ より,

$\cos^2 y = \dfrac{1}{1 + x^2}$. よって

$$\frac{d}{dx}\operatorname{Tan}^{-1} x = \frac{1}{1+x^2} \qquad (6.15)$$

6.5 パラメータに関する微分

例 6.15 $r > 0$ とするとき，上半円 $x^2 + y^2 = r^2$, $y > 0$ はパラメータ（媒介変数）を用いて，
$$\{(x(t), y(t)) \in \mathbb{R}^2 \mid x(t) = r\cos t,\ y(t) = r\sin t,\ 0 < t < \pi\} \qquad (6.16)$$
と表すことができる．t を時間として，$(x(t), y(t))$ を t に関する運動と思うと，t を消去して得られる運動の軌跡は
$$\{(x, y(x)) \in \mathbb{R}^2 \mid -r < x < r,\ y(x) = \sqrt{r^2 - x^2}\} \qquad (6.17)$$
で与えられる．◇

図 6.8 を見ると，x-y 平面上を点 $(x(t), y(t))$ が運動するとき，x 座標の速さ $x'(t)$ に対する y 座標の速さ $y'(t)$ の比が，軌跡 $y(x)$ の接線の傾きを与えることは直観的には明らかであろう．

定理 6.5 開区間 I で定義された関数 $x(t), y(t)$ は I 上で微分可能であり，さらに $x(t)$ は I で狭義単調増加（または狭義単調減少）で，$x'(t) \neq 0$ とする．このとき y は x の関数であり，x について微分可能で，

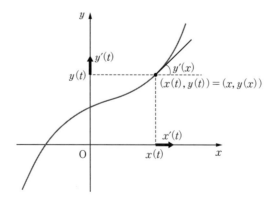

図 6.8

$$\frac{dy}{dx} = \frac{y'(t)}{x'(t)}$$

証明 $x(t)$ の逆関数 $t(x)$ が定まるので，$y = y(t(x))$ として y は x の関数とみなされる．よって合成関数と逆関数の微分法により，

$$\frac{dy}{dx} = \frac{dy}{dt}\frac{dt}{dx} = \frac{\dfrac{dy}{dt}}{\dfrac{dx}{dt}} \tag{6.18}$$

であり，$x_0 \in I$ に対して，$t_0 = t(x_0)$ とすると，$y'(x_0) = \dfrac{y'(t_0)}{x'(t_0)}$. ■

例 6.16 (6.16) の $(x(t), y(t))$ は連立微分方程式

$$\begin{cases} x'(t) = -y(t) \\ y'(t) = x(t) \end{cases} \tag{6.19}$$

の解 $(x(t), y(t))$ であり，その軌跡 $(x, y(x))$ は定理 6.5 によって，微分方程式 $y'(x) = -\dfrac{x}{y}$ $(y > 0)$ をみたす（図 6.9）．

(6.17) の接線の傾きを求めるとき，$y(x) = \sqrt{r^2 - x^2}$ を微分する代わりに，(6.16) に対して (6.18) を適用すると

$$\frac{dy}{dx} = \frac{y'(t)}{x'(t)} = \frac{r\cos t}{-r\sin t} = \frac{x}{-y} = -\frac{x}{\sqrt{r^2 - x^2}}$$

なおベクトル $(x'(t), y'(t))$ をベクトル $(x(t), y(t))$ の接線ベクトルという[*13]．
◇

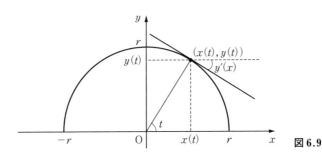

図 6.9

[*13] 図 6.8 において，ベクトル $(x(t), y(t))$ は原点から点 $(x(t), y(t))$ へのベクトルで，ベクトル $(x'(t), y'(t))$ は点 $(x(t), y(t))$ から接線方向に向かうベクトルになっている．

120　第6章　微　分

6.6　平均値の定理

補題 6.1　$f(x)$ は $[a, b]$ で連続，(a, b) で微分可能とする．このとき，$f(x)$ が $x = c \neq a, b$ で最大値または最小値をとるならば，$f'(c) = 0$. すなわち

$$\exists c \in (a, b)\,;\, f(c) = \max_{x \in [a, b]} f(x) \vee f(c) = \min_{x \in [a, b]} f(x) \Longrightarrow f'(c) = 0$$

証明　$f(x)$ が $x = c \neq a, b$ で最大値をとるとする．このとき，c の左側での平均変化率 ≥ 0，c の右側で平均変化率 ≤ 0 ということより，

$$h < 0 \Longrightarrow \frac{f(c + h) - f(c)}{h} \geq 0, \quad h > 0 \Longrightarrow \frac{f(c + h) - f(c)}{h} \leq 0$$

c で f は微分可能なので，$h \to 0$ のときの平均変化率の極限値は $h \to -0$ のときと $h \to +0$ のときで一致しなければならない．すなわち，

$$0 \leq f_-{}'(c) = f_+{}'(c) \leq 0$$

よって命題 6.2 より，

$$f'(c) = \lim_{h \to 0} \frac{f(c + h) - f(c)}{h} = 0$$

$f(x)$ が $x = c \neq a, b$ で最小値をとる場合も同様．　∎

定理 6.6（ロルの定理）　$f(x)$ は $[a, b]$ で連続，(a, b) で微分可能とする．このとき，$f(a) = f(b)$ ならば $f'(c) = 0$ となる c が $a < c < b$ で存在する．

証明　f が定数関数のときは明らか．f が定数関数でないときは，$f(x)$ は連続なので，最大値 M と最小値 m をもち，$m < M$. $f(a) = f(b) = \alpha$ とおくと，$m < \alpha$ または $\alpha < M$. $\alpha < M$ ならば $f(c) = M$ となる c が $a < c < b$ としてとれる．よって補題 6.1 より $f'(c) = 0$.

　$m < \alpha$ のとき，$a < c < b$ なる c で最小値をとり，このときも同様に証明される．　∎

---

*14　一般的に，補題 6.1 はロルの定理に含められる．

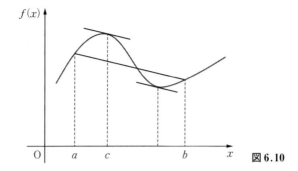
図 6.10

定理 6.7（平均値の定理） $f(x)$ が $[a,b]$ で連続かつ，(a,b) で微分可能とする．このとき
$$\exists c \in (a,b) \,;\, f(b) - f(a) = f'(c)(b-a) \quad (6.20)$$

これは $f'(c) = \dfrac{f(b) - f(a)}{b - a}$ と書くと，a, b 間の平均変化率と等しい傾きの接線が引ける c が $a < c < b$ で見つかるということを意味する（図 6.10）．また，$b = x$ と書くと
$$\exists c \in (a,x) \,;\, f(x) = f(a) + f'(c)(x-a) \quad (6.21)$$
となるが，この形はよく使う．(6.5) で見たように，一般に $f(x) \neq f(a) + f'(a)(x-a)$ である．この $f'(a)$ を $f'(c)$ に置き換えると，(6.21) が成り立つような $c \in (a,x)$ が存在する．

定理 6.7 の証明 $F(x) = f(x) - \dfrac{f(b) - f(a)}{b - a}(x - a)$ とおくと，$F(a) = F(b) = f(a)$ が成り立つ（図 6.11）．ロルの定理より，$F'(c) = 0$ となる c を $a < c < b$ で見つけることができる．(c は $F(x)$ の最大点または最小点．) $F'(x) = f'(x) - \dfrac{f(b) - f(a)}{b - a}$ より $F'(c) = f'(c) - \dfrac{f(b) - f(a)}{b - a} = 0$. ■

平均値の定理は，1 次関数との差をとることでロルの定理に帰着される．ロルの定理は，最大値，最小値の存在と補題 6.1 によって与えられる．補題 6.1 では，$f(x)$ が (a,b) 内で最大値または最小値をとるならば，そこでは傾き 0 の接線が引けるということが本質的である[*14]．

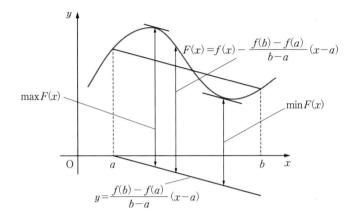

図 6.11

―――――――――――――― 平均値の定理の応用

命題 6.4 $f(x)$ は $[a,b]$ で連続, (a,b) で微分可能とする. このとき,
(1) $[{}^\forall x \in (a,b), f'(x) = 0] \Longrightarrow f(x)$ は $[a,b]$ で一定
(2) $[{}^\forall x \in (a,b), f'(x) > 0] \Longrightarrow f(x)$ は $[a,b]$ で狭義単調増加
(3) $[{}^\forall x \in (a,b), f'(x) < 0] \Longrightarrow f(x)$ は $[a,b]$ で狭義単調減少

証明 (1) $a < x \leq b$ に対して,
$$\exists c \in (a,x) ; f(x) - f(a) = f'(c)(x-a)$$
であり, $f'(c) = 0$ より, $f(x) = f(a)$. よって $f(x)$ は一定値 $f(a)$ をとる.
(2), (3) も同様. ■

命題 6.5 (1) $f(x)$ は $[a,b]$ で連続, (a,b) で微分可能とする. $f'(x)$ が有界ならば, $f(x)$ は $[a,b]$ でリプシッツ連続.
(2) $\mathbb{R}$ で $f(x)$ は微分可能で, $f'(x)$ が有界ならば, $f(x)$ は $\mathbb{R}$ でリプシッツ連続.

証明 (1) $f'(x)$ が有界であるから,
$$\exists M > 0 ; {}^\forall x \in (a,b), |f'(x)| \leq M$$
(6.20) より, ${}^\forall x, {}^\forall y \in [a,b]$ に対して,
$$\exists c \in (x,y) ; |f(x) - f(y)| \leq |f'(c)||x-y| \leq M|x-y| \quad (6.22)$$

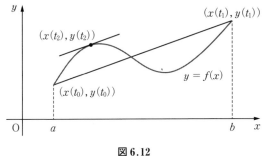

図 6.12

(2) $\forall x, \forall y \in \mathbb{R}$ に対して，$f(x)$ は $[x,y]$ で連続，(x,y) で微分可能であるから，$\forall x, \forall y \in \mathbb{R}$ に対して，(6.22) が成り立つ．■

例 6.17 パラメータ表示された曲線に関する平均値の定理

$[t_0, t_1]$ で定義された連続関数 $x(t)$, $y(t)$ は (t_0, t_1) 上で微分可能であり，さらに $x(t)$ は (t_0, t_1) で狭義単調増加（または狭義単調減少）で，$x'(t) \neq 0$ とする．以下では $x(t)$ が狭義単調増加で考える．

$x(t_0) = a$, $x(t_1) = b$ とする（図 6.12）．$x(t)$ の逆関数 $t(x)$ は狭義単調増加で微分可能．よって

$$f(x) := y(t(x)), \quad x \in [a, b]$$

とすると，$f(x)$ は $[a, b]$ で連続で，(a, b) で微分可能であり，

$$\{(x(t), y(t)) \mid t_0 \leq t \leq t_1\} = \{(x, f(x)) \mid a \leq x \leq b\}$$

定理 6.5, 定理 6.7 により，

$\exists c = x(t_2)$, $t_2 \in (t_0, t_1)$;

$$\frac{y(t_1) - y(t_0)}{x(t_1) - x(t_0)} = \frac{f(b) - f(a)}{b - a} = f'(c) = \frac{d}{dx} y(t(x)) \bigg|_{x=c} = \frac{y'(t_2)}{x'(t_2)}$$
(6.23)

(6.23) は，逆関数と合成関数の微分可能性，平均値の定理，パラメータに関する微分から構成されている．◇

定理 6.8（コーシーの平均値の定理） $f(x), g(x)$ は $[a, b]$ で連続で，(a, b) で微分可能とする．

$^\forall x \in (a,b)$, $g'(x) \neq 0$ であるとき,
$$\frac{f(b)-f(a)}{g(b)-g(a)} = \frac{f'(c)}{g'(c)} \tag{6.24}$$
となる $c \in (a,b)$ がとれる.

平均値の定理はコーシーの平均値の定理の特別な場合で，$g(x) = x$ としたものになっている．ここでは f と g の間の関数関係を必要としていない．

定理 6.8 の証明

$$F(x) = f(x) - f(a) - \frac{f(b)-f(a)}{g(b)-g(a)}(g(x)-g(a))$$

とするとき，$F(a) = F(b) = 0$ となることより，ロルの定理より，$F'(c) = 0$ となる c がとれることとなる．$F'(c) = 0$ より (6.24) が得られる．■

例 6.18 (6.24) でいくつか条件を設定してみることにしたい．まず $f(a) = g(a) = 0$ とおいてみる．さらに，$a=0$, $b=1$ とすることにする．すると (6.24) は

$$0 < {}^\exists c < 1, \quad \frac{f(1)}{g(1)} = \frac{f'(c)}{g'(c)} \tag{6.25}$$

となる．ここで $f(x), g(x) \geq 0$ の場合，具体的に $f(x) = 4x^3$, $g(x) = x^2$ で考えてみる．$f'(x) = 12x^2$, $g'(x) = 2x$ より，(6.25) は $4 = 6c$ となり，$c = \frac{2}{3}$ となる.

(6.25) は $x=1$ で，$g(x)$ に対する $f(x)$ のグラフの x 軸からの高さの比が p であるならば，$g(x)$ の接線の傾きに対する $f(x)$ の接線の傾きの比が p となるような点 c を $0 < c < 1$ で見つけることができるということになる（図 6.13）．◇

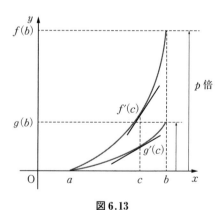

図 6.13

6.7 ロピタルの定理

(6.24) で, $f(a) = g(a) = 0$ とおくと,

$$a < {}^{\exists}c < b, \qquad \frac{f(b)}{g(b)} = \frac{f'(c)}{g'(c)} \tag{6.26}$$

$b \to a$ のとき, $a < c < b$ であるから, $c \to a$ となることにより, (6.26) より,

$$\lim_{b \to a+0} \frac{f(b)}{g(b)} = \lim_{c \to a+0} \frac{f'(c)}{g'(c)} \tag{6.27}$$

同様に (6.23) で, $(x(t_0), y(t_0)) = (0, 0)$ とおくと,

$$\lim_{t_1 \to t_0+0} \frac{y(t_1)}{x(t_1)} = \lim_{t_2 \to t_0+0} \frac{y'(t_2)}{x'(t_2)}$$

となる. (図 6.12 を見てみるとよい.)

定理 6.9 (ロピタルの定理)

(1) $\left(x = a \text{ で } \dfrac{0}{0} \text{ の不定形} \right)$

$f(x), g(x)$ が a の近傍で連続で, a 以外で微分可能で, $g'(x) \neq 0$ $(x \neq a)$ とする. $f(a) = g(a) = 0$ で $\displaystyle\lim_{x \to a} \frac{f'(x)}{g'(x)}$ が存在するとき,

$$\lim_{x \to a} \frac{f(x)}{g(x)} = \lim_{x \to a} \frac{f'(x)}{g'(x)}$$

(2) $\left(x \to \infty \text{ で } \dfrac{0}{0} \text{ の不定形} \right)$

$f(x), g(x)$ が (a, ∞) で微分可能で, $g'(x) \neq 0$ とする. $x \to \infty$ のとき, $f(x), g(x) \to 0$ とする. $\displaystyle\lim_{x \to \infty} \frac{f'(x)}{g'(x)}$ が存在するとき,

$$\lim_{x \to \infty} \frac{f(x)}{g(x)} = \lim_{x \to \infty} \frac{f'(x)}{g'(x)} \tag{6.28}$$

(3) $\left(x \to a + 0 \text{ で } \dfrac{\infty}{\infty} \text{ の不定形} \right)$

$f(x), g(x)$ は (a, b) で微分可能で, $g'(x) \neq 0$ とする. $x \to a + 0$ のとき, $f(x), g(x) \to \infty$ とする. $\displaystyle\lim_{x \to a+0} \frac{f'(x)}{g'(x)}$ が存在するとき,

126　第6章　微　分

$$\lim_{x \to a+0} \frac{f(x)}{g(x)} = \lim_{x \to a+0} \frac{f'(x)}{g'(x)} \qquad (6.29)$$

(4)　$\left(x \to \infty \ \text{で} \ \dfrac{\infty}{\infty} \ \text{の不定形}\right)$

　$f(x), g(x)$ が (a, ∞) で微分可能で，$g'(x) \neq 0$ とする．$x \to \infty$ のとき，

$f(x), g(x) \to \infty$ とする．$\displaystyle\lim_{x \to \infty} \frac{f'(x)}{g'(x)}$ が存在するとき，(6.28)が成り立つ．

証明　(1)　a の近傍において，コーシーの平均値の定理を用いる．a のある
近傍内の点 x に対して，$a < t < x$ または $x < t < a$ をみたすある t に対して，

$$\frac{f(x) - f(a)}{g(x) - g(a)} = \frac{f'(t)}{g'(t)}$$

が成り立つ．$x \to a$ のとき $t \to a$ となり，

$$\lim_{x \to a} \frac{f(x)}{g(x)} = \lim_{x \to a} \frac{f(x) - f(a)}{g(x) - g(a)} = \lim_{t \to a} \frac{f'(t)}{g'(t)}$$

(2)　$x > 0$ に対して，$\dfrac{1}{x} = y$ とおき，$x(y) = \dfrac{1}{y}$ と表す．$x \to \infty$ のとき

$y \to +0$．$F(y) = (f \circ x)(y) = f\left(\dfrac{1}{y}\right)$，$G(y) = (g \circ x)(y) = g\left(\dfrac{1}{y}\right)$ とおくと，

$\displaystyle\lim_{y \to +0} F(y) = 0$，$\displaystyle\lim_{y \to +0} G(y) = 0$．$F(0) = G(0) = 0$ と定義する．(1) より

$\displaystyle\lim_{y \to +0} \frac{F(y)}{G(y)} = \lim_{y \to +0} \frac{F'(y)}{G'(y)}$ となり，

$$\lim_{y \to +0} \frac{F'(y)}{G'(y)} = \lim_{y \to +0} \frac{(f \circ x)'(y)}{(g \circ x)'(y)} = \lim_{y \to +0} \frac{f'\left(\dfrac{1}{y}\right)}{g'\left(\dfrac{1}{y}\right)} = \lim_{x \to \infty} \frac{f'(x)}{g'(x)}$$

よって(6.28)が得られる．

(3)　(i)　$\displaystyle\lim_{x \to a+0} \frac{f'(x)}{g'(x)} =: \alpha \in \mathbb{R}$ のとき．

　$\alpha \geq 0$ であり，

$$^\forall \varepsilon > 0, \ \exists c \in (a, b) \ ; \ ^\forall t \in (a, c), \ \alpha - \varepsilon < \frac{f'(t)}{g'(t)} < \alpha + \varepsilon \qquad (6.30)$$

コーシーの平均値の定理より，$^\forall x \in (a, c)$ に対して，

$$\exists t \in (x, c) \ ; \ \frac{f(x) - f(c)}{g(x) - g(c)} = \frac{f'(t)}{g'(t)}$$

よって (6.30) より, $^\forall x \in (a, c)$ に対して,

$$\alpha - \varepsilon < \frac{f(x) - f(c)}{g(x) - g(c)} < \alpha + \varepsilon \tag{6.31}$$

となる. $\lim_{x \to a+0} f(x) = \infty$, $\lim_{x \to a+0} g(x) = \infty$ であるから, x が十分 a に近いとき, $0 < \frac{f(c)}{f(x)} < \varepsilon$, $0 < \frac{g(c)}{g(x)} < \varepsilon$ とできる.

一般に $0 < \varepsilon < 1$, $0 < r < \varepsilon$, $0 < s < \varepsilon$ に対して, $0 < 1 - \varepsilon < 1 - r$, $1 < \frac{1}{1-s} < \frac{1}{1-\varepsilon}$ であるから

$$1 - \varepsilon < \frac{1 - r}{1 - s} < \frac{1}{1 - \varepsilon}$$

とできることより,

$$\gamma < \frac{p - u}{q - v} = \frac{p}{q} \cdot \frac{1 - \dfrac{u}{p}}{1 - \dfrac{v}{q}} < \delta$$

であるとき, $0 < r := \dfrac{u}{p} < \varepsilon$, $0 < s := \dfrac{v}{q} < \varepsilon$ ならば,

$$\gamma(1 - \varepsilon) < \frac{p}{q} < \frac{\delta}{1 - \varepsilon}$$

となる. よって (6.31) より,

$$(\alpha - \varepsilon)(1 - \varepsilon) < \frac{f(x)}{g(x)} < \frac{\alpha + \varepsilon}{1 - \varepsilon}$$

よって (6.29) が得られる.

(ii) $\alpha = \infty$ のとき.

$\lim_{x \to a+0} \dfrac{f'(x)}{g'(x)} = \infty$ より, $a < {}^\forall x < {}^\exists c < b$ に対して, $f'(x) \neq 0$. また

$\lim_{x \to a+0} \dfrac{f'(x)}{g'(x)} = \infty$ より, $\lim_{x \to a+0} \dfrac{g'(x)}{f'(x)} = 0$ であるから, (i) が適用され,

$\lim_{x \to a+0} \dfrac{g(x)}{f(x)} = 0$ すなわち $\lim_{x \to a+0} \dfrac{f(x)}{g(x)} = \infty$.

(4) (2) と同様に証明される. ■

128　第6章　微　分

例6.19　(1)　$\left(x \to +0 \text{ で } \dfrac{\infty}{\infty} \text{ の不定形}\right)$

(i)　$\displaystyle\lim_{x\to+0} x\log x = \lim_{x\to+0} \frac{\log x}{\dfrac{1}{x}} = \lim_{x\to+0} \frac{\dfrac{1}{x}}{-\dfrac{1}{x^2}} = -\lim_{x\to+0} x = 0$

(ii)　$p > 0$ に対して,

$$\lim_{x\to+0} x^p \log\sin x = \lim_{x\to+0} \frac{\log\sin x}{x^{-p}}$$

$$= \lim_{x\to+0} \frac{\dfrac{\cos x}{\sin x}}{-px^{-p-1}}$$

$$= -\frac{1}{p} \lim_{x\to+0} \frac{x}{\sin x} \cdot x^p \cos x = 0$$

(2)　$\left(x \to \infty \text{ で } \dfrac{\infty}{\infty} \text{ の不定形}\right)$

　$p > 0$ のとき

$$\lim_{x\to\infty} \frac{\log x}{x^p} = \lim_{x\to\infty} \frac{\dfrac{1}{x}}{px^{p-1}} = \frac{1}{p} \lim_{x\to\infty} \frac{1}{x^p} = 0$$

これより $\log x$ はどんな x^p $(p > 0)$ よりも遅く無限大になることがわかる.

$\diamondsuit$

例6.20　$f(x) = \dfrac{1}{x}$ は $\displaystyle\lim_{x\to\infty} f(x) = \lim_{x\to\infty} f'(x) = 0$ である. ここでは,

$$\lim_{x\to\infty} f(x) = 0 \wedge \lim_{x\to\infty} f'(x) \neq 0$$

となる $f(x)$ の例を考える.

(1)　まず $f(x) = \dfrac{\sin x}{x}$ を考えてみる. $(0, \infty)$ で $0 \leq \left|\dfrac{\sin x}{x}\right| \leq \dfrac{1}{x}$ であること

より, $\displaystyle\lim_{x\to\infty} \frac{\sin x}{x} = 0$ となる. しかし $f'(x) = \left(\dfrac{\sin x}{x}\right)' = -\dfrac{1}{x^2}\sin x +$

$\dfrac{1}{x}\cos x$ より, $\displaystyle\lim_{x\to\infty} f'(x) = 0$ である[*15].

─────────

[*15]　図6.14において, $x \to \infty$ のとき, 接線の傾きが0に近づいていく. $y = f(x)$ のグラフが x 軸を横切る点と点の間隔は一定で 2π であることに注意する.

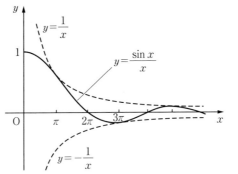

図 6.14

(2) そこで $f(x) = \dfrac{\sin x^2}{x}$ を考える．明らかに $\displaystyle\lim_{x\to\infty} \dfrac{\sin x^2}{x} = 0$.

$$f'(x) = \left(\dfrac{\sin x^2}{x}\right)' = -\dfrac{1}{x^2}\sin x^2 + \dfrac{1}{x}\cdot 2x\cos x^2 \quad (6.32)$$

より $\displaystyle\lim_{x\to\infty} f'(x)$ は存在しない．しかし $f'(x)$ は有界で，

$${}^\forall \varepsilon > 0,\ \exists M > 0 ; {}^\forall x \in \mathbb{R},\ x \geq M \Longrightarrow |f'(x)| < 2 + \varepsilon$$

ここで，$x > 0$ で $\sin x^2 = 0$ となる x は $x = \sqrt{2n\pi}$ $(n \in \mathbb{N})$ だが，区間 $[\sqrt{2n\pi}, \sqrt{2(n+1)\pi}]$ の長さ $l_n = \sqrt{2(n+1)\pi} - \sqrt{2n\pi}$ は $\displaystyle\lim_{n\to\infty} l_n = 0$ となっている．

なお，ロピタルの定理より，$\displaystyle\lim_{x\to +0} \dfrac{\sin x^2}{x} = \lim_{x\to +0} 2x\cos x^2 = 0$ であり，(6.32) より $\displaystyle\lim_{x\to +0}\left(\dfrac{\sin x^2}{x}\right)' = -1 + 2 = 1$ であるから，命題 6.5 より，$f(x) = \dfrac{\sin x^2}{x}$ は $(0, \infty)$ でリプシッツ連続．

(3) $f(x) = \dfrac{\sin x^3}{x}$ とすると，$f'(x)$ は $[1, \infty)$ で非有界となり，リプシッツ連続ではないが，命題 5.8 によって，一様連続である．(なお，$\displaystyle\lim_{x\to +0} f(x) = 0$, $\displaystyle\lim_{x\to +0} f'(x) = 0$ より，$(0, 1]$ でリプシッツ連続．) ◇

6.8 関数の極値

定義6.5 $f(x)$ が点 a で極小（極大）であるとは，a のある近傍内の $^{\forall}x \neq a$ で $f(x) \geq f(a)$ （$f(x) \leq f(a)$）となることをいう．このとき $f(a)$ を極小値（極大値）といい，$x = a$ を極小点（極大点）という．$f(x) > f(a)$ （$f(x) < f(a)$）となるとき，狭義の極小（狭義の極大）という．極小値，極大値をまとめて極値という．

定理6.10 $f(x)$ は a の近傍で微分可能とする．このとき，$f(x)$ が $x = a$ で極値をとるならば，$f'(a) = 0$ である．

証明 $x = a$ で $f(x)$ が極小となるとき．a の左側，$a + h$（$h < 0$）で，$f(a + h) \geq f(a)$．a の右側，$a + h$（$h > 0$）で，$f(a + h) \geq f(a)$．よって

$$f_{-}'(a) = \lim_{h \to -0} \frac{f(a+h) - f(a)}{h} \leq 0$$

$$f_{+}'(a) = \lim_{h \to +0} \frac{f(a+h) - f(a)}{h} \geq 0$$

$f(x)$ が a で微分可能ならば，左右の微係数は等しい．よって，極小点 a で微分可能なとき $f'(a) = 0$ となる．これは極大点のときも同じ（図6.15）．■

しかし，$f'(a) = 0$ だからといって極値をとるとはいえない．

例6.21 $y = x^3$ は $y'(0) = 0$ だが，$x = 0$ で極値をとらない．◇

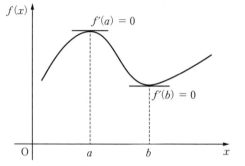

図6.15

6.9 開区間でのロルの定理　　*131*

定理 6.11　$f(x)$ が a のある近傍で C^2 級で，$f'(a) = 0$ かつ $f''(a) > 0$ $(f''(a) < 0)$ なら a で狭義の極小（極大）．

証明　$f''(a) > 0$ とする．$f''(x)$ は a で連続であるから，命題 3.6 より，
$$\exists \delta > 0 \,;\, a - \delta < {}^\forall x < a + \delta, \ f''(x) > 0$$
よって命題 6.4 より，$(a - \delta, a + \delta)$ で $f'(x)$ は狭義単調増加．$f'(a) = 0$ なので，
$${}^\forall x \in (a - \delta, a), \ f'(x) < 0 \Longleftrightarrow f(x) \text{ は狭義単調減少}$$
$${}^\forall x \in (a, a + \delta), \ f'(x) > 0 \Longleftrightarrow f(x) \text{ は狭義単調増加}$$
よって
$${}^\forall x \in (a - \delta, a) \cup (a, a + \delta), \ f(x) > f(a)$$
より，$f(x)$ は a で狭義の極小．$f''(a) < 0$ のときも同様．■

例 6.22　関数 $f(x)$, $g(x)$ がともに極値をとらないときでも，$fg(x)$ は極値をとりうる．すなわち開区間 I で定義された微分可能な関数 $f(x)$, $g(x)$ に対して，
$$[{}^\forall x \in I, \ f'(x) \neq 0 \wedge g'(x) \neq 0] \wedge [\exists x_0 \in I \,;\, (fg)'(x_0) = 0]$$
たとえば，$f(x) = e^x$, $g(x) = -\dfrac{1}{x}$ は $(0, \infty)$ でともに単調増加で極値をもたないが，$\left(e^x\left(-\dfrac{1}{x}\right)\right)' = e^x \dfrac{-x+1}{x^2}$ であり，$x = 1$ で $fg(x)$ は極大となる．ここで $(fg)'(x) = f'(x)g(x) + f(x)g'(x)$ において，$f(x), f'(x), g'(x) > 0$ だが $g(x) < 0$ になっている．また $f(x) = e^x$, $g(x) = x^2$ はともに極大値をとらないが，$(e^x x^2)' = e^x x(x+2)$ であり，$x = -2$ で $fg(x)$ は極大となる．これは $x < 0$ において，$f'(x) > 0$ だが $g'(x) < 0$ になっている．◇

6.9　開区間でのロルの定理

応用問題の一つとして，開区間でのロルの定理に証明を与えよう．そのためにまず $[a, \infty)$ でのロルの定理を考える．

定理 6.12（定理 6.6 の系）　$f(x)$ は $[a, \infty)$ で連続，(a, ∞) で微分可能とす

132　第6章　微　分

る．このとき，$f(a) = \lim_{x \to \infty} f(x)$ ならば $f'(c) = 0$ となる $c \in (a, \infty)$ が存在する．

　証明は次の定理 6.13 と補題 6.2 によって定理 6.6 と同様に与えられる．

定理 6.13（定理 5.3 の系）　$f \in C([a, \infty))$ に対して，$\lim_{x \to \infty} f(x) = f(a)$ ならば，$f(x)$ は $[a, \infty)$ で最大値と最小値をもつ．

証明　$f(x)$ が定数であるときは自明なので，$f(x)$ は一定値ではないとする．すなわち $\lim_{x \to \infty} f(x) = f(a) = \alpha$ とおき，$\exists c \in (a, \infty) \,;\, f(c) > \alpha$ とする．$p = f(c) - \alpha > 0$ に対して，

$$\exists M > a \,;\, {}^\forall x \geq M, \ |f(x) - \alpha| < \frac{p}{2}$$

よって

$$\sup_{x \in [M, \infty)} f(x) \leq \alpha + \frac{p}{2} < f(c)$$

一方，有界閉区間 $[a, M]$ で $\max_{x \in [a, M]} f(x)$ は存在し，$\max_{x \in [a, M]} f(x) \geq f(c)$ より $\max_{x \in [a, M]} f(x) = \max_{x \in [a, \infty)} f(x)$.

　$f(d) < \alpha$ となる $d \in (a, \infty)$ が存在しなければ，$\min_{x \in [a, \infty)} f(x) = \alpha$ であり，d が存在するときも同様に $\min_{x \in [a, \infty)} f(x)$ は存在する．　■

補題 6.2（補題 6.1 の系）　$f(x)$ は $[a, \infty)$ で連続，(a, ∞) で微分可能とする．このとき，$f(x)$ が $x = c \in (a, \infty)$ で最大値または最小値をとるならば，$f'(c) = 0$.

　証明は補題 6.1 と同様．$\mathbb{R}$ 上では同様に次の定理が証明される．（証明は各自試みよ．）

定理 6.14　$f \in C(\mathbb{R})$ に対して，$\lim_{x \to -\infty} f(x) = \lim_{x \to \infty} f(x) \in \mathbb{R}$ とする．このとき，

(1)　$f(x)$ は $\mathbb{R}$ で少なくとも最大値と最小値のいずれかをもつ．

(2) $f(x)$ が $\mathbb{R}$ で微分可能ならば, $f'(c) = 0$ となる $c \in \mathbb{R}$ が存在する.

$f \in C((a, b))$ が $\displaystyle\lim_{x \to a+0} f(x) = \lim_{x \to b-0} f(x) \in \mathbb{R}$ をみたすとき, 同様の定理が成り立つ.

第7章

リーマン積分

　ニュートン，ライプニッツ等による微分積分学の誕生以前から，放物線と直線に囲まれる図形の面積を求めるような問題はあった．この面積は今ではたちどころに求められるが，積分（原始関数）が使えないと計算は随分大変になる[*1]．ある関数のグラフと x 軸，2 直線 $x = a$，$x = b$ に挟まれる領域の面積を求めるとき，関数を棒グラフで近似することで面積を求めようとするのが，リーマン積分とよばれるものである．しかしながら，この方法で面積を定めることができない関数もあり，リーマン積分可能な関数とはどんな関数か，ということを考えていきたい．

7.1　関数の面積を棒グラフの面積で近似する

　$f(x)$ は $[a, b]$ で定義された有界な関数とする．$[a, b]$ で $f(x) \geq 0$ であるとき，$f(x)$ と x 軸上の区間 $[a, b]$ に挟まれる領域

$$S_f[a, b] = \{(x, y) \in \mathbb{R}^2 \mid x \in [a, b],\ 0 \leq y \leq f(x)\}$$

に対して，本書では $S_f[a, b]$ の面積を関数 $y = f(x)$ の $[a, b]$ での面積とよび，$|S_f[a, b]|$ と表すことにする（図 7.1）．

　この章では $|S_f[a, b]|$ をリーマン積分によって定義していきたい．$[a, b]$ で $f(x) < 0$ となりうるときは，$f(x)$ が有界ということより，ある $m > 0$ に対

[*1]　[2] を参照のこと．

して $f(x) + m \geq 0$, $\forall x \in [a, b]$ とできるので, $g(x) = f(x) + m$ に対して, $|S_g[a, b]| - m(b - a)$ を $f(x)$ の面積とよぶ.

a と b が指定されないときや, a と b を特に指示しなくてもわかるときは, 単に「関数 $f(x)$ の面積」とよぶことにしたい[*2].

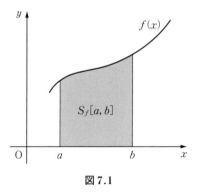

図 7.1

優棒グラフと劣棒グラフ

リーマン積分の定義は複雑なので, ここでは考え方の方針を述べたい.

面積は図形の広がり, 大きさを表すものだが, その数値を定めるとき, 基本となる概念は,「長方形は, 底辺の長さが a, 高さが b のとき, 面積を ab とする」ということである. すると, 棒グラフの面積も定められるようになる. 棒グラフの底辺の長さが 1 ずつで, 高さが $a_1, a_2, \cdots, a_n$ であるとき, 面積は $a_1 \cdot 1 + a_2 \cdot 1 + \cdots + a_n \cdot 1 = a_1 + a_2 + \cdots + a_n$ で与えられる.

$f(x)$ の面積を棒グラフで近似してみよう (図 7.2). 底辺の区間 $[a, b]$ をい

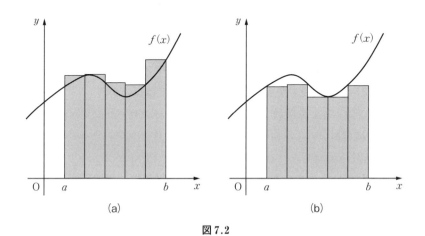

図 7.2

[*2] 直観的理解を助けるために, しばしばこの言葉を用いる.

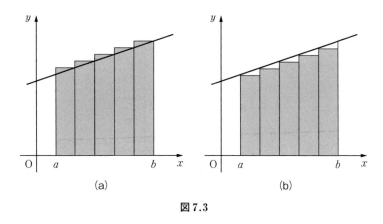

図 7.3

くつかに分割して棒グラフを作る．分割は等分割である必要はないのだが，とりあえず今は n 等分割してみよう．

棒グラフの高さをどのように定めればよいか．実はこれは非常に重要な問題になる．

今はとりあえず，大きな棒グラフと小さな棒グラフを考える．図 7.2 のように，図形を上からなるべくぴったり覆うような棒グラフを「優棒グラフ」とよび，図形からはみ出さず，図形によってなるべくぴったり覆われる棒グラフを「劣棒グラフ」とよぶことにする[*3]．

図形の面積は 2 つの棒グラフの面積の中間のある値になるはずである．分割を細かくすればするほど，大きい棒グラフ（優棒グラフ）と小さい棒グラフ（劣棒グラフ）の面積の差が小さくなっていくのではないか？

そこで，$f(x)$ を 1 次関数 $f(x) = \alpha x + \beta$ $(\alpha, \beta > 0)$ としてみる．実はこのとき図形は台形なので，面積はわかるのだが，棒グラフによる近似を考えてみる（図 7.3）．

$\alpha > 0$ にしているので，$f(x)$ は分割した各小区間の左側で最小値，右側で最大値をとる．今の場合，台形の面積がわかるので，棒グラフの面積の，台形

[*3] 「優棒グラフ」，「劣棒グラフ」は本書だけの言葉であり，次節のリーマン積分を理解するためだけのものなので，厳密な定義などはしないこととしたい．

の面積からの誤差が計算できる．分割点が多くなればなるほど，誤差が小さくなる，つまり近似が良くなることがわかる．

次に α が大きい場合と小さい場合を考える．たとえば，$\alpha = 0.2$ と $\alpha = 2$ のときを考えると，次の図のようになる．

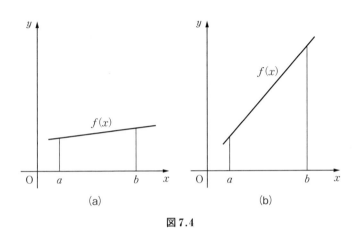

図 7.4

(a) の $\alpha = 0.2$ のときは図形はすでに長方形に近い．(底辺 $[a, b]$ はあまり長くないとする．) これは区間 $[a, b]$ で $f(x)$ の最大値と最小値の差が小さいことによる．$\alpha = 0.2$ と $\alpha = 2$ のそれぞれの場合で，$[a, b]$ を n 等分割して，優棒グラフを作る．台形からはみ出る部分が誤差を与える．傾きが大きくなるほど，はみ出るようになる．a, b, β が定められているとき，誤差を ε 未満にするには n をどれくらい大きくとればよいか．それは α によって異なり，α が大きくなるほど，n は大きくとらなければならないようになる．

たとえば，関数 $y = \alpha x + 1$ の $[1, 3]$ での誤差を $E_n(\alpha)$ とすると，台形と棒グラフの面積がわかるので，$E_n(\alpha)$ は具体的に求められる（図 7.5）．誤差 $\varepsilon = 0.01$ とするとき，

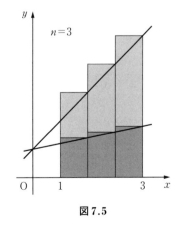

図 7.5

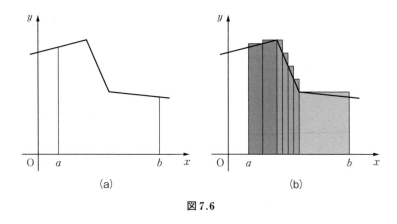

図 7.6

$E_{n_1}(0.2) < 0.01$ をみたす最小の n_1 と $E_{n_2}(2) < 0.01$ をみたす最小の n_2 に対して，$n_1 < n_2$ である．

図 7.6 では，傾きの絶対値が大きいところほど，分割を細かくとると，優棒グラフの近似が良くなることがわかる．すなわち，

> 分割を細かくとることによって，各小区間で $f(x)$ の最大値と最小値の差を小さくできれば，各小区間で見れば，大体長方形とみなすことができるだろう．

ということになる[*4]．

最後に分割を無限に細かくするという極限操作を行うことにより，誤差を限りなく 0 に近づけることができるとき，極限値を面積と定めることができるであろう．そのためには，分割を無限に細かくしていったとき，優棒グラフと劣棒グラフの面積の極限値が存在して，一致しないと，はさみうちの定理が使えないこととなる．優棒グラフと劣棒グラフに挟まれる棒グラフを考えるとき，傾きが大きいほど，同じ分割でも，棒グラフの高さの自由度が大きくなる．つまり，それだけ棒グラフの「高さ」が定まらないということになる．

[*4] 各小区間での $f(x)$ の最大値と最小値の存在性はここでは議論しない．

分割の細かさと近似の精度

次に $y = \sin x + 2$ の $[0, 2\pi]$ での面積を考えよう．これまでと同様に $[0, 2\pi]$ を n 等分割して，優棒グラフと劣棒グラフを考える．高校数学の知識により，本当は面積はわかるが，それを A とおくと，優棒グラフと劣棒グラフの面積の A との誤差が計算できる．すると許容される誤差 ε が与えられると，n をどれくらい大きくすればよいかわかる．次に $y = \sin 2x + 2$，$y = \sin 4x + 2$，$y = \sin 8x + 2, \cdots$ の $[0, 2\pi]$ での面積を考えてみる．周期が π，$\dfrac{1}{2}\pi$，$\dfrac{1}{4}\pi, \cdots$ となり，いわゆる高周波になっていく．それぞれで優棒グラフと劣棒グラフを考える．$y = \sin x + 2$ と $y = \sin 8x + 2$ の $[0, 2\pi]$ を 8 等分割したときの劣棒グラフは図 7.7 のようになる．

このように $y = \sin 8x + 2$ では 8 等分割は近似が悪い．それは各小区間で最小値が 1 となるからである．このように $y = \sin mx + 2$（$m > 0$）で，m

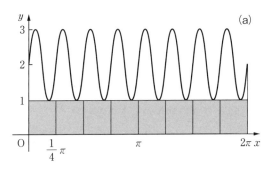

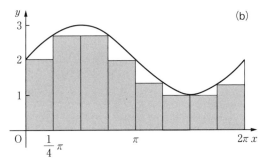

図 7.7

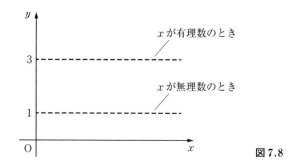

図 7.8

が大きいほど，分割を細かくしてやらないと，近似が良くならない．m が大きいほど高周波で，周期は短くなる．次に

$$f(x) = \begin{cases} 3, & x \in \mathbb{Q} \\ 1, & x \notin \mathbb{Q} \end{cases} \qquad (7.1)$$

を考えてみる（図 7.8）[*5]．

(7.1) の $[0, 2\pi]$ での面積を定めることはできるであろうか．分割をどんなに細かくしても，各区間は必ず有理数と無理数をともにもつ．(定理 4.3.) よって，分割をどんなに細かくしても，劣棒グラフ，優棒グラフの各小区間での高さは常に 1 または 3 になり，2 つの棒グラフの面積の差は分割を細かくしても小さくならない．このとき，分割をどんなに細かくしても，優棒グラフと劣棒グラフに挟まれる棒グラフの高さが定まらない[*6]．

例 7.1 黒板に数直線上の区間 $[0, a]$ を書いて，この区間 $[0, a]$ に向かって，ダーツを投げることを考える．ダーツは必ず $[0, a]$ のある一点に命中するものとする．つまり $[0, a]$ のある一点に命中する確率は 1 であるとする．ここでダーツの先端は点であるとするのでダーツは一点にのみ命中するとする．$\left[0, \frac{a}{2}\right]$ の中の一点に命中する確率は $\frac{1}{2}$ であり，$\left[\frac{a}{5}, \frac{4}{5}a\right]$ の一点に命中する確率は $\frac{3}{5}$ である．

[*5] 本当は $m \to \infty$ としたときの $y = \sin mx + 2$ の面積を考えたいのだが，代わりに (7.1) を考えたい．(7.1) は $y = \sin mx + 2$ とは無関係のものである．

[*6] この問題を抜本的に解決するのがルベーグ積分である．

では，$[0, a]$ の中の有理数に命中する確率はいくらだろうか．そのためには $[0, a] \cap \mathbb{Q}$ の長さがわかればよい．さらに，$[0, a]$ の中の有理数に命中すれば 3 点，無理数に命中すれば 1 点とするとき，期待値を求めようとすると，(7.1) に対して，$\int_0^a f(x)\,dx$ がわからなくてはならない．(7.1) の積分を定めることはできるだろうか[*7]．◇

7.2 リーマン積分の定義

これまでの考察を踏まえて，一般的な $f(x)$ についてリーマン積分の定義を述べていく．

基本的な方針

図 7.2 のように，$[a, b]$ を n 等分割したときの優棒グラフの面積を S_n，劣棒グラフの面積を s_n とする．S_n, s_n は $s_n \leq S_n$ をみたす数列である．S_n, s_n がそれぞれ極限値 S, s をもつとき，$s \leq S$ となる．$s = S$ が証明できるとき，はさみうちの定理により，$f(x)$ の $[a, b]$ での面積 A は $A = s = S$ と定められる．$s = S$ となるには，$S_n - s_n \to 0$ を示せばよい．$S_n - s_n$ は図 7.2 で，優棒グラフと劣棒グラフの面積の差を表す．$S_n - s_n \to 0$ となるには，各小区間で $f(x)$ の最大値と最小値が存在するとき，最大値と最小値の差が 0 に近づいていけばよい．$s < S$ のときは，この方法では A を定めることはできない．ただし，そもそも S, s が存在するかどうか調べなくてはならない．また図 7.6 のように分割は等分割以外も考える必要がある．

[*7] 1 つの点は長さをもたないので，たとえば区間 $[0, 2]$ の中の点 $x = 1$ に命中する確率は 0 である．このことに違和感を感じる人が少なくないかもしれない．ここではダーツの先端は点であるとしているので，$x = 1.001$ や $x = 0.99999$ は命中したことにはならず，現実のダーツとは異なる．$x = 1.0000\cdots$ に命中する確率は 0.

リーマン積分可能とは

まず関数 $f(x)$ は $[a, b]$ で有界であるとする．すなわち，

$$^\exists m \leq f(x) \leq {}^\exists M, \quad {}^\forall x \in [a, b] \tag{7.2}$$

とする．次のように $f(x)$ を棒グラフで近似する．まず区間 $[a, b]$ を細かく分割する．

$$a = x_0 < x_1 < x_2 < \cdots < x_n = b \tag{7.3}$$

とし，$[a, b]$ を小区間 $[x_0, x_1], [x_1, x_2], \cdots, [x_{n-1}, x_n]$ に分割する．この分割に名前をつけて，Δ とよぶ．

$$|\Delta| := \max\{x_i - x_{i-1} \mid i = 1, 2, \cdots, n\}$$

を Δ の大きさとよぶ．$|\Delta|$ は分割の小区間の長さの最大値である．各小区間 $[x_{i-1}, x_i]$ を底辺とする長方形を作る．長方形の高さを，ある $\xi_i \in [x_{i-1}, x_i]$ での $f(\xi_i)$ とする．このとき分割 Δ を決めても棒グラフの高さは ξ_i の選び方で異なる．ξ_i は代表点とよばれる（図7.9）．

$\xi = (\xi_1, \xi_2, \xi_3, \cdots, \xi_n)$ は代表点のとり方を表す．分割 Δ と代表点のとり方 ξ が定まると，棒グラフが定まり，その面積は長方形の面積の和

$$I(\Delta, \xi) := \sum_{i=1}^{n} f(\xi_i)(x_i - x_{i-1})$$

で与えられ，リーマン和とよばれる．

定義7.1 $|\Delta| \to 0$ となるように分割点 x_n を増やしていく．このとき，代表点のとり方 ξ によらずに，ある α に対して，

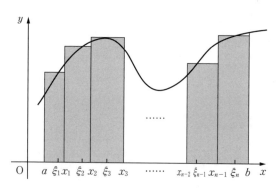

図 7.9

$$I(\Delta, \xi) \to \alpha$$

となるとき，$f(x)$ は $[a, b]$ でリーマン積分可能であるといい，α を $f(x)$ の $[a, b]$ での定積分といい，

$$\int_a^b f(x)\,dx$$

で表す．すなわち

$$\int_a^b f(x)\,dx := \lim_{|\Delta| \to 0} I(\Delta, \xi) \qquad (7.4)$$

である．(7.4) を ε-δ 論法で述べると，

任意の $\varepsilon > 0$ に対して，ある $\delta > 0$ があって，$|\Delta| < \delta$ ならば，代表点の
とり方 ξ によらずに

$$|I(\Delta, \xi) - \alpha| < \varepsilon$$
$$\alpha := \int_a^b f(x)\,dx \qquad (7.5)$$

なお，形式的に

$$\int_b^a f(x)\,dx = -\int_a^b f(x)\,dx, \qquad \int_a^a f(x)\,dx = 0$$

と定義する．

例7.2 (7.1) の $f(x)$ はリーマン積分可能ではない．というのは，どんなに $|\Delta|$ を小さくしても各区間は必ず有理数と無理数をともにもつ（定理 4.3）ので，代表点 ξ_i をすべて有理数にするときや，すべて無理数にするときで，

$$I(\Delta, \xi) = \begin{cases} 3(b - a), & \xi_i \in \mathbb{Q} \\ b - a, & \xi_i \notin \mathbb{Q} \end{cases}$$

となり，極限値 (7.4) は代表点のとり方 ξ で変わるからである． ◇

例7.3 $f(x) = \sin 100x + 2$ の $[0, 1]$ のリーマン和を考えてみよう．区間 $[0, 1]$ を均等に長さ $\frac{1}{10}$ の小区間に分割すると，$|\Delta| = \frac{1}{10}$ だが，棒グラフの面積 $I(\Delta, \xi)$ は代表点のとり方 ξ によって大きく異なる．高校数学の定積分の計算によって，$\alpha = \frac{1}{100}(1 - \cos 100) + 2$ となるが，各小区間 $[x_{i-1}, x_i]$ での $f(x)$ の最小値，最大値は，1, 3 なので，$I(\Delta, \xi) = 1, 3$ となる代表点のと

144 第7章 リーマン積分

り方 ξ があり，$|I(\Delta, \xi) - \alpha|$ も求められる．$|\Delta| = \dfrac{1}{100}, \dfrac{1}{1000}, \cdots$ としてい

くと，各区間で最小値と最大値が近づいていくので，$|I(\Delta, \xi) - \alpha|$ も小さく

なっていくであろう．では $g(x) = \sin 1000x + 2$ に対してはどうかというと，

$|\Delta| < \delta$ をより小さくしないと，(7.5) の ε は小さくならないことがわかる．

なぜなら，$|\Delta| = \dfrac{1}{100}$ でも，各小区間 $[x_{i-1}, x_i]$ で $f(x)$ は最小値 1，最大値 3

をとってしまうからである．それでも $|\Delta| = \dfrac{1}{10000}, \dfrac{1}{100000}, \cdots$ としていく

ことで，ε を任意に小さくできるならば，$g(x)$ はリーマン積分可能となる．

しかし，(7.1) の $f(x)$ はどんなに δ を小さくしても，ξ によって $I(\Delta, \xi)$ は大

きく異なる．　$\diamondsuit$

命題 7.1　(1)　$f(x)$ が一点 $c \in [a, b]$ で $f(c) > 0$，$x \neq c$ で $f(x) = 0$ の

とき，$f(x)$ は $[a, b]$ で積分可能で，$\displaystyle\int_a^b f(x)\,dx = 0$.

(2)　$c \in [a, b]$ に対して，

$$f(x) = \begin{cases} \alpha, & a \leq x \leq c \\ \beta, & c < x \leq b \end{cases}$$

とすると，$f(x)$ は $[a, b]$ で積分可能で，

$$\int_a^b f(x)\,dx = \alpha(c - a) + \beta(b - c)$$

(3)　$f(x)$ は $[a, b]$ で積分可能とする．$c \in [a, b]$ に対して，

$$g(x) = \begin{cases} f(x), & x \neq c \\ \alpha, & x = c \end{cases}$$

とする．ただし，$\alpha \neq f(c)$ とする．このとき，$g(x)$ は $[a, b]$ で積分可能で，

$$\int_a^b g(x)\,dx = \int_a^b f(x)\,dx$$

証明　(1)　c が代表点でないときは，$I(\Delta, \xi) = 0$．c が代表点に含まれてい

るとき，c を含む区間を $[x_{i-1}, x_i]$ とすると，$I(\Delta, \xi) = f(c)(x_i - x_{i-1}) > 0$

だが，$|\Delta| \to 0$ のとき $I(\Delta, \xi) \to 0$ となる．このように有限個の点で 0 でなく，

それ以外で 0 の関数は積分可能で，積分値は 0.

(2)　c を含む区間を $[x_{i-1}, x_i]$ とすると，$x \in [x_{i-1}, x_i]$ に対して，$I(\Delta, \xi) =$

$\alpha(x_{i-1} - a) + f(x)(x_i - x_{i-1}) + \beta(b - x_i)$ であるから，$|\Delta| \to 0$ のとき $I(\Delta, \xi) \to \alpha(c - a) + \beta(b - c)$ となる．

(3) $f(x)$ のリーマン和を $I_f(\Delta, \xi)$，$g(x)$ のリーマン和を $I_g(\Delta, \xi)$ とする．$c \in [x_{i-1}, x_i]$ とすると，

$$I_g(\Delta, \xi) = I_f(\Delta, \xi) + (g(\xi_i) - f(\xi_i))(x_i - x_{i-1})$$

$$\lim_{|\Delta| \to 0} (g(\xi_i) - f(\xi_i))(x_i - x_{i-1}) = 0$$

より，

$$\lim_{|\Delta| \to 0} I_g(\Delta, \xi) = \lim_{|\Delta| \to 0} I_f(\Delta, \xi) \qquad \blacksquare$$

7.3 定積分の基本性質 1

定積分の単調性

命題 7.2 (1) $f(x)$ が $[a, b]$ で積分可能で，$f(x) \geq 0$ ならば $\displaystyle\int_a^b f(x)dx \geq 0$ である．

(2) $f(x)$，$g(x)$ が $[a, b]$ で積分可能で，$f(x) \leq g(x)$ ならば

$$\int_a^b f(x)dx \leq \int_a^b g(x)dx$$

証明 (1) 任意の代表点 ξ_i に対して $f(\xi_i) \geq 0$ であることにより，常にリーマン和 $I(\Delta, \xi) \geq 0$ となる．

(2) $f(x)$，$g(x)$ に対して，同一の分割 Δ，同一の代表点のとり方 ξ を考え，$f(x)$ のリーマン和を $I_f(\Delta, \xi)$，$g(x)$ のリーマン和を $I_g(\Delta, \xi)$ とすると，$I_f(\Delta, \xi) \leq I_g(\Delta, \xi)$ が成り立つ．$f(x)$，$g(x)$ は $[a, b]$ で積分可能なので，分割 Δ，代表点のとり方 ξ によらずに $|\Delta| \to 0$ としたときのリーマン和の極限 $\displaystyle\int_a^b f(x)dx$，$\displaystyle\int_a^b g(x)dx$ は定まっているので，

$$\int_a^b f(x)dx = \lim_{|\Delta| \to 0} I_f(\Delta, \xi) \leq \lim_{|\Delta| \to 0} I_g(\Delta, \xi) = \int_a^b g(x)dx \qquad \blacksquare$$

関数がリーマン積分可能であることが仮定されているときは，自分が都合のいいように勝手に定めた分割 Δ，代表点のとり方 ξ に対して，

146　第7章　リーマン積分

$$\lim_{|\Delta|\to 0} I(\Delta, \xi) = \alpha \text{ は存在し，} \alpha \text{ は } \Delta, \xi \text{ によらず一意に定まる．}$$

━━━ 面積の足し算

$x^2 + x^3$ の $[0,1]$ での面積は x^2 の $[0,1]$ での面積と x^3 の $[0,1]$ での面積を足せばよい，というのは当たり前のようで当たり前ではない．「関数の面積」というものがわからないので，棒グラフの面積の極限を考えた．x^2, x^3，$x^2 + x^3$ それぞれ別々に棒グラフを考え，極限をとって面積を決める．面積の足し算はどうなるだろうか（図7.10）．

　　$[0,1]$ を長さ $\dfrac{1}{n}$ の小区間に等分割する．それを Δ_n とする．代表点は各小区間の中心とする．すると $x^2, x^3, x^2 + x^3$ のリーマン和は n だけで決まるので，それぞれ a_n, b_n, c_n とする．$n \to \infty$ のとき，$|\Delta_n| \to 0$ となるので $a_n \to a$ のとき，a は x^2 の面積，$b_n \to b$ のとき，b は x^3 の面積，$c_n \to c$ のとき，c は $x^2 + x^3$ の面積となる．（$x^2, x^3, x^2 + x^3$ は連続で，リーマン積分可能である．（定理7.5.））　$a + b = c$ は当たり前だろうか．

棒グラフは長方形だから，面積の足し算ができるので，$a_n + b_n = c_n$ となる．（Δ_n も代表点もそれぞれ同じにしているので，棒グラフを足すだけでよい．）よって

$$\lim_{n\to\infty}(a_n + b_n) = \lim_{n\to\infty} a_n + \lim_{n\to\infty} b_n \tag{7.6}$$

より $a + b = c$ を得る．これは，2つの長方形が，底辺の長さ p，高さが q_1, q_2 のとき，この2つを縦に重ねると，高さが $q_1 + q_2$ となり，$pq_1 + pq_2 = p(q_1 + q_2)$ となるが，これを棒グラフに適用して，極限操作を行い，x^2 と x^3 の和の面積を得る．

定理7.1（定積分の線形性）　$f(x), g(x)$ は $[a, b]$ で積分可能とする．任意の定数 α, β に対して，$(\alpha f + \beta g)(x)$ も $[a, b]$ で積分可能となり，

$$\int_a^b (\alpha f + \beta g)(x)\,dx = \alpha \int_a^b f(x)\,dx + \beta \int_a^b g(x)\,dx \tag{7.7}$$

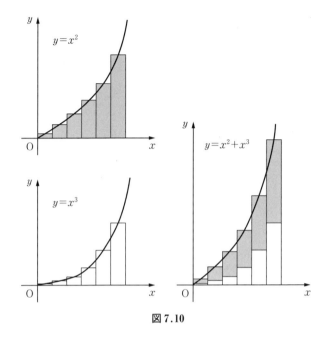

図 7.10

証明 関数 $\alpha f + \beta g$ は
$$(\alpha f + \beta g)(x) = \alpha f(x) + \beta g(x)$$
で定義される．$f(x)$ のリーマン和を $I_f(\Delta, \xi)$, $g(x)$ のリーマン和を $I_g(\Delta, \xi)$, $(\alpha f + \beta g)(x)$ のリーマン和を $I(\Delta, \xi)$ とする．$\lim_{|\Delta| \to 0} I_f(\Delta, \xi)$, $\lim_{|\Delta| \to 0} I_g(\Delta, \xi)$ が存在するとき

$$I(\Delta, \xi) = \sum_{i=1}^{n} (\alpha f + \beta g)(\xi_i)(x_i - x_{i-1})$$
$$= \sum_{i=1}^{n} (\alpha f(\xi_i) + \beta g(\xi_i))(x_i - x_{i-1})$$
$$= \alpha \sum_{i=1}^{n} f(\xi_i)(x_i - x_{i-1}) + \beta \sum_{i=1}^{n} g(\xi_i)(x_i - x_{i-1})$$
$$= \alpha I_f(\Delta, \xi) + \beta I_g(\Delta, \xi)$$

によって $\lim_{|\Delta| \to 0} I(\Delta, \xi)$ も存在し，
$$\lim_{|\Delta| \to 0} I(\Delta, \xi) = \alpha \lim_{|\Delta| \to 0} I_f(\Delta, \xi) + \beta \lim_{|\Delta| \to 0} I_g(\Delta, \xi) \qquad \blacksquare$$

148 第7章 リーマン積分

7.4 リーマン積分可能条件 1

=======劣リーマン和と優リーマン和

定義 7.1 をみたすための条件を詳しく見てみよう.

(A) 代表点のとり方によってリーマン和はどうなるか.

(B) 分割を細かくするとリーマン和はどうなるか.

に分けて考える.

はじめに (A) を考える. まず分割を固定して, 代表点のとり方を考える. Δ を (7.3) で与える.

定義 7.2
$$m_i = \inf_{x_{i-1} \leq x \leq x_i} f(x), \qquad M_i = \sup_{x_{i-1} \leq x \leq x_i} f(x) \tag{7.8}$$

とする. (7.2) より m_i, M_i は存在する[*8]. このとき

$$s(\Delta, f) := \sum_{i=1}^{n} m_i (x_i - x_{i-1}), \qquad S(\Delta, f) := \sum_{i=1}^{n} M_i (x_i - x_{i-1})$$

$$\tag{7.9}$$

とおく. $s(\Delta, f)$ を劣リーマン和または下リーマン和, $S(\Delta, f)$ を優リーマン和または上リーマン和という[*9].

以下, 略して,

$$s(\Delta) := s(\Delta, f), \qquad S(\Delta) := S(\Delta, f)$$

と書く. 任意の代表点のとり方 ξ に対して,

$$s(\Delta) \leq I(\Delta, \xi) \leq S(\Delta) \tag{7.10}$$

が成り立つ.

例 7.4 関数 $f(x)$ が $[a, b]$ で連続であるならば,

[*8] $f(x)$ が連続なら, inf は min に, sup は max にできる. $f(x)$ は連続でなくてもよいのだが, わかりにくいときは, 連続だと思って考えてみるとよい.

[*9] $f(x)$ が連続なら劣リーマン和 $s(\Delta, f)$ は分割 Δ での棒グラフで代表点のとり方 ξ による最小で, 優リーマン和 $S(\Delta, f)$ は最大. $f(x)$ が連続でないときは, 一般に $I(\Delta, \xi)$ の最小値, 最大値をとるような ξ があるとは限らない.

$$\exists\,\bar{\xi}=(\bar{\xi}_1,\bar{\xi}_2,\bar{\xi}_3,\cdots,\bar{\xi}_n),\quad \exists\,\tilde{\xi}=(\tilde{\xi}_1,\tilde{\xi}_2,\tilde{\xi}_3,\cdots,\tilde{\xi}_n);$$
$$f(\bar{\xi}_i)=\max_{x_{i-1}\leq x\leq x_i}f(x),\quad f(\tilde{\xi}_i)=\min_{x_{i-1}\leq x\leq x_i}f(x) \tag{7.11}$$

であることより，任意の代表点のとり方 ξ に対して，
$$I(\Delta,\tilde{\xi})=s(\Delta)\leq I(\Delta,\xi)\leq S(\Delta)=I(\Delta,\bar{\xi})$$
が成り立つ．◇

しかし，$f(x)$ の連続性が仮定されないときは分割の各小区間で最大値，最小値が存在するとは限らないので，以下のように考える．

sup の定義により，$\forall \varepsilon>0$ に対して，(7.8) の M_i について代表点のとり方 $\bar{\xi}$ で，
$$M_i-\varepsilon<f(\bar{\xi}_i)\leq M_i$$
となるものがとれる（図 7.11）.

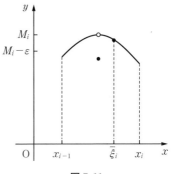

図 7.11

このことから
$$\sum_{i=1}^n M_i(x_i-x_{i-1})-\sum_{i=1}^n \varepsilon(x_i-x_{i-1})<\sum_{i=1}^n f(\bar{\xi}_i)(x_i-x_{i-1})$$
すなわち $\forall \varepsilon>0$ に対して，代表点のとり方 $\bar{\xi}$ が存在して，
$$S(\Delta)-\varepsilon(b-a)<I(\Delta,\bar{\xi})$$
同様に inf の定義により，(7.8) の m_i について代表点のとり方 $\tilde{\xi}$ で
$$m_i\leq f(\tilde{\xi}_i)<m_i+\varepsilon$$
となるものがとれ，
$$s(\Delta)+\varepsilon(b-a)>I(\Delta,\tilde{\xi})$$
よって，以下の命題が成り立つ．

命題 7.3 関数 $f(x)$ は $[a,b]$ で有界であるとする．任意の分割 Δ と $\forall \varepsilon>0$ に対して，代表点のとり方 $\bar{\xi},\tilde{\xi}$ が存在して，
$$I(\Delta,\tilde{\xi})-\varepsilon(b-a)<s(\Delta)\leq I(\Delta,\xi)\leq S(\Delta)<I(\Delta,\bar{\xi})+\varepsilon(b-a)$$
$$\tag{7.12}$$
が成り立つ．ここで代表点のとり方 ξ は任意でよい．

150　第7章　リーマン積分

次に(B)について．分割を限りなく細かくすることを考える．

命題7.4　関数 $f(x)$ は $[a,b]$ で有界であるとする．
(1)　関数 $f(x)$ が $[a,b]$ でリーマン積分可能であるならば，$\lim\limits_{|\varDelta|\to 0} s(\varDelta)$，$\lim\limits_{|\varDelta|\to 0} S(\varDelta)$ は存在し，

$$\int_a^b f(x)dx = \lim_{|\varDelta|\to 0} s(\varDelta) = \lim_{|\varDelta|\to 0} S(\varDelta) \tag{7.13}$$

が成り立つ．
(2)　$\lim\limits_{|\varDelta|\to 0} s(\varDelta)$，$\lim\limits_{|\varDelta|\to 0} S(\varDelta)$ が存在し，

$$\lim_{|\varDelta|\to 0} s(\varDelta) = \lim_{|\varDelta|\to 0} S(\varDelta) \tag{7.14}$$

ならば，$f(x)$ は $[a,b]$ でリーマン積分可能で，(7.13)が成り立つ．

証明　(1)　定義7.1が成り立っているとする．すなわち

$$^\forall \varepsilon > 0, \ \exists \delta > 0 ; |\varDelta| < \delta \Longrightarrow \alpha - \varepsilon < I(\varDelta, \xi) < \alpha + \varepsilon$$

$$\tag{7.15}$$

とする．このとき，(7.12)より，

$$\alpha - \varepsilon - \varepsilon(b-a) < s(\varDelta) < \alpha + \varepsilon$$
$$\alpha - \varepsilon < S(\varDelta) < \alpha + \varepsilon + \varepsilon(b-a)$$

$\varepsilon > 0$ は任意であるから，(7.13)が成り立つ．
(2)　(7.10) に極限操作 $|\varDelta| \to 0$ を行うことによって，(7.4)を考える．(7.14)が成り立つならば，はさみうちの定理によって，$\lim\limits_{|\varDelta|\to 0} I(\varDelta, \xi)$ は存在し，

$$\lim_{|\varDelta|\to 0} I(\varDelta, \xi) = \lim_{|\varDelta|\to 0} s(\varDelta) = \lim_{|\varDelta|\to 0} S(\varDelta)$$

が成り立つ．よって(7.13)が成り立つ．■

以下，$f(x)$ が $[a,b]$ でリーマン積分可能でなくても，$\lim\limits_{|\varDelta|\to 0} s(\varDelta)$，$\lim\limits_{|\varDelta|\to 0} S(\varDelta)$ は存在することを示す[*10]．

[*10]　命題7.4(2)で「$\lim\limits_{|\varDelta|\to 0} s(\varDelta)$，$\lim\limits_{|\varDelta|\to 0} S(\varDelta)$ が存在する」という仮定は不要となる．

7.4 リーマン積分可能条件1 *151*

== **分割の細分**

1つの分割 Δ があるとき，分割点をさらに追加して得られる新しい分割を Δ の細分という．Δ' が Δ の細分であるとき，

$$s(\Delta) \le s(\Delta'), \qquad S(\Delta) \ge S(\Delta') \tag{7.16}$$

が命題5.5によって与えられる[*11]．2つの分割 Δ，$\overline{\Delta}$ があるとき，$\tilde{\Delta}$ を Δ の細分かつ $\overline{\Delta}$ の細分となるようにとると，

$$s(\Delta), s(\overline{\Delta}) \le s(\tilde{\Delta}), \qquad S(\tilde{\Delta}) \le S(\Delta), S(\overline{\Delta})$$

よって(7.10)に注意すると，$s(\Delta) \le s(\tilde{\Delta}) \le S(\tilde{\Delta}) \le S(\overline{\Delta})$．すなわち，任意の2つの分割 $\Delta, \overline{\Delta}$ に対して，

$$s(\Delta) \le S(\overline{\Delta}) \tag{7.17}$$

となる．

例7.5 2^n 等分割 Δ_n を考えると，Δ_{n+1} は Δ_n の細分であり，$s(\Delta_n)$，$S(\Delta_n)$ をそれぞれ数列 s_n，S_n で表すと，(7.2)により，s_n は単調増加で上に有界，S_n は単調減少で下に有界なので，s_n，S_n はそれぞれ極限をもつ．

$$\lim_{n \to \infty} s_n = s_\infty, \qquad \lim_{n \to \infty} S_n = S_\infty \tag{7.18}$$

とすると，(7.10)より $s_n \le S_n$ であるから，$s_\infty \le S_\infty$ である．すなわち

$$s_1 \le s_2 \le \cdots \le s_\infty \le S_\infty \le \cdots \le S_2 \le S_1$$

となる．ここで $s_\infty = S_\infty$ かもしれないし，$s_\infty < S_\infty$ かもしれない．$s_\infty = S_\infty$ ならば，はさみうちの定理によって，$\displaystyle\lim_{n \to \infty} I(\Delta_n, \xi)$ は ξ によらずに，一意に定まる． ◇

== **下積分と上積分**

しかし一般的には，あらゆる分割を考える．

定義7.3 $$s := \sup_\Delta s(\Delta), \qquad S := \inf_\Delta S(\Delta) \tag{7.19}$$

とすると，s は劣リーマン和のあらゆる分割 Δ を考えたときの上限，S は優リ

[*11] 小区間 $[x_{i-1}, x_i]$ に新たな分割点 $\bar{x}_i$ をつけて，$[x_{i-1}, \bar{x}_i]$，$[\bar{x}_i, x_i]$ に分けたときの棒グラフの変化を考えるとよい．

152   第7章　リーマン積分

ーマン和のあらゆる分割 Δ を考えたときの下限．(7.2)が仮定されているので，公理4.1（実数の連続性の公理）よりs, S は必ず存在する[*12]．s, S をそれぞれ，$f(x)$ の $[a, b]$ での下積分，上積分という．

(7.17)より
$$s \leq S \tag{7.20}$$
が成り立つ．

なお(7.18)に対して，$s_\infty \leq s$，$S \leq S_\infty$ であるから，$s_\infty = S_\infty$ ならば $s = S$ となる．

定理 7.2（ダルブーの定理）　$f(x)$ が $[a, b]$ で有界であるとき，
$$\lim_{|\Delta| \to 0} s(\Delta) = s, \qquad \lim_{|\Delta| \to 0} S(\Delta) = S \tag{7.21}$$
が成り立つ．

　この定理によって，$\lim_{|\Delta| \to 0} s(\Delta)$，$\lim_{|\Delta| \to 0} S(\Delta)$ は存在し，いかなる分割 Δ に対しても，$|\Delta| \to 0$ とするとき，必ず劣リーマン和 $s(\Delta)$ は下積分 s に近づき，優リーマン和 $S(\Delta)$ は上積分 S に近づく．よって，2^n 等分割に対しても，$s_\infty = s$，$S_\infty = S$ となるので，$s_\infty < S_\infty$ であるならば $s < S$ となる．

定理 7.2 の証明　(7.21)を示すために，
$$\forall \varepsilon > 0, \ \exists \delta > 0 ; |\Delta| < \delta \Longrightarrow S(\Delta) - S < \varepsilon \tag{7.22}$$
を示す．$s - s(\Delta) < \varepsilon$ も同様に示される．

(7.19)より，$\forall \varepsilon > 0$ に対して，分割 $\tilde{\Delta}$ が存在して，
$$S \leq S(\tilde{\Delta}) < S + \frac{\varepsilon}{2} \tag{7.23}$$
よって以下，
$$\exists \delta > 0 ; |\Delta| < \delta \Longrightarrow S(\Delta) \leq S(\tilde{\Delta}) + \frac{\varepsilon}{2} \tag{7.24}$$

[*12]　分割の仕方は無限にあるので，$s(\Delta)$，$S(\Delta)$ の値も無限にある．ここでは inf を min にしたり，sup を max にしたりできない．$s(\Delta) = s$ や $S(\Delta) = S$ を達成する分割 Δ が存在するとは限らない．

を示せば，(7.23), (7.24) より (7.22) が得られる．

(7.23) をみたす分割 $\tilde{\Delta}$ を

$$\tilde{\Delta} : a = \tilde{x}_0 < \tilde{x}_1 < \tilde{x}_2 < \cdots < \tilde{x}_k = b$$

とする．$S(\tilde{\Delta})$ は

$$S(\tilde{\Delta}) = \sum_{j=1}^{k} \widetilde{M}_j (\tilde{x}_j - \tilde{x}_{j-1}), \qquad \widetilde{M}_j = \sup_{\tilde{x}_{j-1} \le x \le \tilde{x}_j} f(x) \qquad (7.25)$$

で与えられる．

$$\delta < \min_{1 \le j \le k} (\tilde{x}_j - \tilde{x}_{j-1}) \qquad (7.26)$$

とする．

$$\Delta : a = x_0 < x_1 < x_2 < \cdots < x_n = b$$

を $|\Delta| < \delta$ をみたす任意の分割とする．(7.26) によって，$\tilde{\Delta}$ の各小区間 $[\tilde{x}_{j-1}, \tilde{x}_j]$ に対して，$(\tilde{x}_{j-1}, \tilde{x}_j)$ の中に Δ の分割点が少なくとも一点存在しなくてはならない．すなわち，Δ の分割点によって

$$x_{s-1} < \tilde{x}_{j-1} \le x_s < x_{s+1} \le x_{h-1} < \tilde{x}_j \le x_h$$

とできる．よって，$[x_{s-1}, x_h]$ での優リーマン和となるような，(7.9) の $S(\Delta, f)$ の右辺の項の一部に対して，

$$\sum_{i=s}^{h} M_i (x_i - x_{i-1}) \le M_s (x_s - x_{s-1}) + \widetilde{M}_j (\tilde{x}_j - \tilde{x}_{j-1}) + M_h (x_h - x_{h-1})$$

$$\le 2 \sup_{x \in [a, b]} f(x) \cdot \delta + \widetilde{M}_j (\tilde{x}_j - \tilde{x}_{j-1})$$

この不等式に対して，すべての j について和をとると，(7.2) より，

$$S(\Delta) \le \sum_{j=1}^{k} (2M\delta + \widetilde{M}_j (\tilde{x}_j - \tilde{x}_{j-1}))$$

$$= 2kM\delta + S(\tilde{\Delta})$$

よって δ をさらに $2kM\delta < \dfrac{\varepsilon}{2}$ をみたすようにとれば，(7.24) が得られる．∎

命題 7.4 とダルブーの定理によって[*13]，

定理 7.3 $f(x)$ が $[a, b]$ で積分可能であることと $s = S$ は同値である．このとき，

[*13] 定理 7.2 は命題 7.4 の前に証明することができ，そうすれば命題 7.4 は直接，定理 7.3 となったが，教育的配慮により，あえてこのような形式をとった．

154 第7章 リーマン積分

$$\int_a^b f(x)dx = s = S$$

━━━━━━━━━━━━━━━━━━━━━━━━━━━━━ 振 動 量

定義7.4 $[a, b]$ での有界な関数 $f(x)$ と区間 $A \subset [a, b]$ に対して,

$$v(f, A) := \sup\{|f(x) - f(x')| \mid x, x' \in A\} \qquad (7.27)$$

を A における $f(x)$ の振動量という. 命題 4.8 によって,

$$v(f, A) = \sup_{x \in A} f(x) - \inf_{x \in A} f(x) \qquad (7.28)$$

分割 Δ の各 $[x_{i-1}, x_i]$ における $f(x)$ の振動量 $v(f, [x_{i-1}, x_i])$ を単に v_i と書く. このとき, (7.8) の m_i, M_i に対して,

$$S(\Delta) - s(\Delta) = \sum_{i=1}^{n} (M_i - m_i)(x_i - x_{i-1}) = \sum_{i=1}^{n} v_i(x_i - x_{i-1}) \quad (7.29)$$

よって, 命題 7.4 より,

定理7.4 関数 $f(x)$ がリーマン積分可能であることは

$$\lim_{|\Delta| \to 0} (S(\Delta) - s(\Delta)) = \lim_{|\Delta| \to 0} \sum_{i=1}^{n} v_i(x_i - x_{i-1}) = 0 \qquad (7.30)$$

と同値となる.

なお,

$$\lim_{|\Delta| \to 0} (S(\Delta) - s(\Delta)) = 0$$
$$\Longleftrightarrow {}^{\forall}\varepsilon > 0, \ \exists\delta > 0 ; \qquad (7.31)$$
$$|\Delta| < \delta \Longrightarrow S(\Delta) - s(\Delta) < \varepsilon$$

図 7.12 の優棒グラフと劣棒グラフの差の面積 $\sum_{i=1}^{n} v_i(x_i - x_{i-1})$ が $|\Delta|$ → 0 のとき, 0 に近づくことが, $f(x)$ がリーマン積分可能であることと同値.

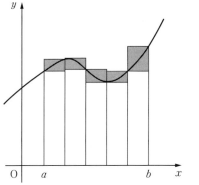
図 7.12

━━━━━━━━━━━━━━━━━━━━━━━━━━━━━━━━━連続関数の積分可能性

連続関数は $|\Delta| \to 0$ のとき，各小区間での最小値と最大値の差が 0 に近づいていき，図 7.12 のグレー部分の小長方形の高さはそれぞれ 0 に近づくことにより，小長方形の面積の総和は 0 に近づき，$f(x)$ は積分可能となる．

定理 7.5 $[a, b]$ で連続な関数 $f(x)$ は積分可能である．

証明 定理 5.5 により，$f(x)$ は $[a, b]$ で一様連続となるので，
$$^\forall \varepsilon > 0,\ \exists \delta > 0\,;\,|x - x'| < \delta \Longrightarrow |f(x) - f(x')| < \varepsilon$$
よって $|\Delta| < \delta$ のとき，$^\forall \xi_i, {}^\forall \xi_i' \in [x_{i-1}, x_i]$ について $|f(\xi_i) - f(\xi_i')| < \varepsilon$ であり，各 $[x_{i-1}, x_i]$ で連続関数は最小値，最大値をとるので，(7.8) と (7.11) において，$M_i = f(\bar{\xi}_i)$，$m_i = f(\tilde{\xi}_i)$ より，

$$\begin{aligned}
S(\Delta) - s(\Delta) &= \sum_{i=1}^{n}(M_i - m_i)(x_i - x_{i-1}) \\
&= \sum_{i=1}^{n}(f(\bar{\xi}_i) - f(\tilde{\xi}_i))(x_i - x_{i-1}) \qquad (7.32)\\
&< \varepsilon \sum_{i=1}^{n}(x_i - x_{i-1}) = \varepsilon(b - a)
\end{aligned}$$

よって $s = S$. ∎

156 第7章 リーマン積分

7.5 定積分の基本性質2

========================= 積分区間の分割と結合

定理7.6 $a < b < c$ とする. $f(x)$ は $[a, c]$ で有界とする.

(1) $f(x)$ が $[a, c]$ で積分可能ならば, $f(x)$ は $[a, b]$, $[b, c]$ においても積分可能であり,

$$\int_a^c f(x)dx = \int_a^b f(x)dx + \int_b^c f(x)dx \tag{7.33}$$

が成り立つ.

(2) $f(x)$ が $[a, b]$, $[b, c]$ で積分可能ならば, $f(x)$ は $[a, c]$ で積分可能となり, (7.33)が成り立つ.

証明[*14] (1) (7.31)をみたす $[a, c]$ の分割 Δ が存在する. Δ に b を分割点として付け加えた分割を Δ' とする. Δ' は Δ の細分なので,

$$S(\Delta') - s(\Delta') < \varepsilon \tag{7.34}$$

が成り立つ.

$$\Delta' : a = x_0 < \cdots < x_m = b < x_{m+1} < \cdots < x_n = c,$$
$$\Delta_1 : x_0 < \cdots < x_m, \quad \Delta_2 : x_m < x_{m+1} < \cdots < x_n$$

とすると, Δ_1, Δ_2 はそれぞれ $[a, b]$, $[b, c]$ の分割となる.

$$S(\Delta') = S(\Delta_1) + S(\Delta_2)$$
$$s(\Delta') = s(\Delta_1) + s(\Delta_2) \tag{7.35}$$

において, (7.34)より

$$\{S(\Delta_1) - s(\Delta_1)\} + \{S(\Delta_2) - s(\Delta_2)\} < \varepsilon$$

であるから,

$$S(\Delta_1) - s(\Delta_1) < \varepsilon, \quad S(\Delta_2) - s(\Delta_2) < \varepsilon$$

よって $f(x)$ は $[a, b]$, $[b, c]$ において積分可能.

リーマン和を分けて,

$$\sum_{i=1}^n f(\xi_i)(x_i - x_{i-1}) = \sum_{i=1}^m f(\xi_i)(x_i - x_{i-1}) + \sum_{i=m+1}^n f(\xi_i)(x_i - x_{i-1})$$

[*14] 一般に $\exists \lim_{n \to \infty} a_n \wedge \exists \lim_{n \to \infty} b_n \Longrightarrow \exists \lim_{n \to \infty}(a_n + b_n)$ だが, 逆は成り立たない. 積分は極限で定義されるので, (1) が (2) より本質的な問題である. (1) は $a_n, b_n \geq 0 \wedge \lim_{n \to \infty}(a_n + b_n) = 0 \Longrightarrow \lim_{n \to \infty} a_n = \lim_{n \to \infty} b_n = 0$ を用いる.

$$=: I(\Delta_1, \xi) + I(\Delta_2, \xi)$$

$|\Delta'| \to 0$ のとき，$|\Delta_1|, |\Delta_2| \to 0$ となり，右辺の2つの極限値が存在するので

$$\lim_{|\Delta'| \to 0} I(\Delta', \xi) = \lim_{|\Delta_1| \to 0} I(\Delta_1, \xi) + \lim_{|\Delta_2| \to 0} I(\Delta_2, \xi)$$

(2) $f(x)$ が $[a, c]$ で積分可能ならば，(1) より (7.33) が成り立つ．$f(x)$ が $[a, b], [b, c]$ で積分可能であることより，

$$S(\Delta_1) - s(\Delta_1) < \frac{\varepsilon}{2}, \quad S(\Delta_2) - s(\Delta_2) < \frac{\varepsilon}{2}$$

Δ_1, Δ_2 から作られる $[a, c]$ の分割 Δ' に対して，(7.35) が成り立つことより，(7.34) が成り立つ．■

================ $f(x)$ と $|f|(x)$ の積分可能性

定義 7.5 $f(x)$ に対して，

$$f^+(x) = \begin{cases} f(x), & f(x) \geq 0 \text{ のとき} \\ 0, & f(x) < 0 \text{ のとき} \end{cases}$$
$$f^-(x) = \begin{cases} 0, & f(x) \geq 0 \text{ のとき} \\ -f(x), & f(x) < 0 \text{ のとき} \end{cases} \quad (7.36)$$

とする（図 7.13）．

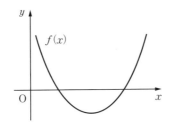
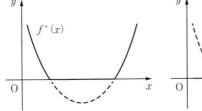
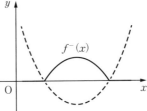

図 7.13

このとき，

$$\begin{aligned} &f^+(x) \geq 0, \quad f^-(x) \geq 0 \\ &f(x) = f^+(x) - f^-(x) \\ &|f|(x) = f^+(x) + f^-(x) \\ &f^+(x) = \frac{1}{2}(|f|(x) + f(x)) \\ &f^-(x) = \frac{1}{2}(|f|(x) - f(x)) \end{aligned} \tag{7.37}$$

一般に，$|f|(x)$ が $[a,b]$ で積分可能であっても，$f(x)$ は $[a,b]$ で積分可能であるとは限らない．実際,

$$f(x) = \begin{cases} x, & x \in \mathbb{Q} \\ -x, & x \notin \mathbb{Q} \end{cases} \tag{7.38}$$

は反例になっている（図 7.14）．

命題 7.5 $f(x)$ は $[a,b]$ で積分可能とする．このとき $|f|(x)$ も $[a,b]$ で積分可能となり,

$$\left| \int_a^b f(x)\,dx \right| \leq \int_a^b |f|(x)\,dx$$

証明 $f^+(x), f^-(x)$ が積分可能であるならば,

$$\begin{aligned} \left| \int_a^b f(x)\,dx \right| &= \left| \int_a^b f^+(x)\,dx - \int_a^b f^-(x)\,dx \right| \\ &\leq \int_a^b f^+(x)\,dx + \int_a^b f^-(x)\,dx = \int_a^b |f|(x)\,dx \end{aligned} \tag{7.39}$$

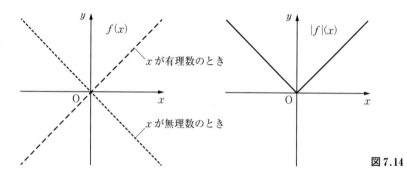

図 7.14

7.5 定積分の基本性質2　　*159*

命題5.2より，$f(x)$ が連続ならば，$|f|(x)$ も連続となり，$|f|(x)$ は積分可能となる．しかし一般的には，$|f|(x)$ が積分可能であることを示す必要がある．なお，(7.39)において，$f^+(x)$, $f^-(x)$ が積分可能であることは(7.37)より，$|f|(x)$ が積分可能であることによって与えられる．以下$|f|(x)$ が積分可能であることを示す．

分割 Δ に対して，

$$m_i' := \inf_{x_{i-1} \leq x \leq x_i} |f|(x), \qquad M_i' := \sup_{x_{i-1} \leq x \leq x_i} |f|(x)$$

$$s(\Delta, |f|(x)) = \sum_{i=1}^{n} m_i'(x_i - x_{i-1}), \qquad S(\Delta, |f|(x)) = \sum_{i=1}^{n} M_i'(x_i - x_{i-1})$$

であり，(5.4)より，

$$\begin{aligned} \alpha_i &:= \sup\{||f|(x) - |f|(x')| \mid x, x' \in [x_{i-1}, x_i]\} \\ &\leq \sup\{|f(x) - f(x')| \mid x, x' \in [x_{i-1}, x_i]\} =: \beta_i \end{aligned} \qquad (7.40)$$

であるから，(7.29)より，(7.9)の $s(\Delta, f)$, $S(\Delta, f)$ に対して，

$$S(\Delta, |f|(x)) - s(\Delta, |f|(x)) = \sum_{i=1}^{n} \alpha_i(x_i - x_{i-1})$$

$$\leq \sum_{i=1}^{n} \beta_i(x_i - x_{i-1})$$

$$= S(\Delta, f) - s(\Delta, f)$$

が得られる．よって，$f(x)$ が積分可能であることより，$\lim_{|\Delta| \to 0} (S(\Delta, f) - s(\Delta, f)) = 0$ であるから，$\lim_{|\Delta| \to 0} (S(\Delta, |f|(x)) - s(\Delta, |f|(x))) = 0$ となり，$|f|(x)$ が積分可能であることが得られる．　■

(7.40)は各 $[x_{i-1}, x_i]$ において，$|f|(x)$ の振動量が $f(x)$ の振動量以下になることを表している．(7.38)や $f(x) = \sin x$ について，優棒グラフと劣棒グラフを考えてみると，直観的に理解できる[15].

---

[15]　$f(x) = \sin x$ と $|f|(x) = |\sin x|$ について，区間 $[-0.1, 0.1]$ で，優棒グラフと劣棒グラフの差を考えてみればよい．

160   第7章 リーマン積分

━━━━━━━━━━━━━━ **関数の積の積分可能性**

命題 7.6　有界な関数 $f(x)$, $g(x)$ は $[a, b]$ で積分可能とする．このとき $fg(x)$ も $[a, b]$ で積分可能となる．

証明　分割 Δ の各 $[x_{i-1}, x_i]$ において，${}^{\forall}x, {}^{\forall}x' \in [x_{i-1}, x_i]$ に対して，

$$f(x)g(x) - f(x')g(x') = f(x)(g(x) - g(x')) + (f(x) - f(x'))g(x')$$

であるから，

$$\sup\{|f(x)g(x) - f(x')g(x')| \mid x, x' \in [x_{i-1}, x_i]\}$$
$$\leq \sup|f(x)|\cdot\sup\{|g(x) - g(x')| \mid x, x' \in [x_{i-1}, x_i]\}$$
$$+ \sup|g(x)|\cdot\sup\{|f(x) - f(x')| \mid x, x' \in [x_{i-1}, x_i]\}$$

$$\tag{7.41}$$

よって，

$$S(\Delta, fg) - s(\Delta, fg)$$
$$\leq \sup|f(x)|\cdot(S(\Delta, g) - s(\Delta, g)) + \sup|g(x)|\cdot(S(\Delta, f) - s(\Delta, f))$$
$$\leq M\{(S(\Delta, g) - s(\Delta, g)) + (S(\Delta, f) - s(\Delta, f))\}$$
$$M = \max\{\sup|f(x)|, \sup|g(x)|\}$$

最後に両辺で $|\Delta| \to 0$ とすればよい．■

　(7.41) は $f(x)$ と $g(x)$ の振動量が小さければ，$fg(x)$ の振動量も小さくなることを示している．

7.6　リーマン積分可能条件２

　定理 7.4 によって，関数がリーマン積分可能であることと，図 7.12 のグレー部分の小長方形の面積の総和を表す (7.29) が $|\Delta| \to 0$ のとき 0 に収束することが同値であることがわかった．以下ではそのための条件をより詳しく考察する．

━━━━━━━━ **単調増加または単調減少な関数の積分可能性**

例 7.6　$[a, b]$ で $f(x)$ が狭義単調増加で連続であるとき，$f^{-1}(y)$ も $[c, d] := [f(a), f(b)]$ で狭義単調増加で連続．よって $f^{-1}(y)$ も当然，積分可能である．しかし $f^{-1}(y)$ の積分可能性を次のように考えたい．

7.6 リーマン積分可能条件2

$[a,b]$ の分割 Δ の分割点 x_i に対して，$[c,d]$ の分割 Δ' を分割点 $y_i = f(x_i)$ で定めると（図7.15），

$$S(\Delta, f) - s(\Delta, f) = \sum_{i=1}^{n}(y_i - y_{i-1})(x_i - x_{i-1})$$
$$= S(\Delta', f^{-1}) - s(\Delta', f^{-1})$$

$f(x), f^{-1}(y)$ はそれぞれ $[a,b], [c,d]$ で一様連続で，

$$\forall \delta' > 0, \exists \delta > 0 \,;\, |\Delta| < \delta \implies |\Delta'| < \delta'$$
$$\forall \delta > 0, \exists \delta' > 0 \,;\, |\Delta'| < \delta' \implies |\Delta| < \delta$$

よって

$$\lim_{|\Delta| \to 0}(S(\Delta, f) - s(\Delta, f)) = 0 \iff \lim_{|\Delta'| \to 0}(S(\Delta', f^{-1}) - s(\Delta', f^{-1})) = 0$$

なおここで，

$$\sum_{i=1}^{n}(y_i - y_{i-1})(x_i - x_{i-1}) \leq \min\{|\Delta'|(b-a), |\Delta|(d-c)\} \quad (7.42)$$

◇

連続関数以外で，積分可能条件(7.30)をみたす関数にはどういう関数があるか，ということを考えたい．

y 方向の変化を与える x 方向の変化が小さいほど，連続の度合いが悪化する．また $y = \sin mx$ は m が大きいほど，積分可能性の度合いが悪化することを見た．連続の度合いが悪化するほど，積分可能性の度合いが悪化する可能性が考えられる．しかし例7.6の発想によって，次の命題が示される．

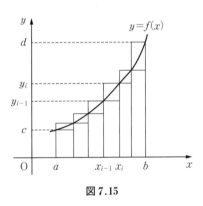

図 7.15

命題7.7 $[a,b]$ で単調増加または単調減少な関数 $f(x)$ は $[a,b]$ でリーマン積分可能である．

証明 $f(x)$ は単調増加とする．$a < x < b$ に対して $f(a) \leq f(x) \leq f(b)$ より，$f(x)$ は有界．以下(7.30)を示す．

162 第7章 リーマン積分

$$\sum_{i=1}^{n} v_i(x_i - x_{i-1}) = \sum_{i=1}^{n} (f(x_i) - f(x_{i-1}))(x_i - x_{i-1})$$

$$\leq |\Delta| \sum_{i=1}^{n} (f(x_i) - f(x_{i-1})) \qquad (7.43)$$

$$= |\Delta|(f(b) - f(a))$$

より，(7.30) が成り立つ．単調減少な関数 $f(x)$ に対しても同様に証明される． ∎

この命題により，有界な $f(x)$ が $[a, b]$ 内に無数の不連続点をもっていても，単調増加または単調減少であるならば，リーマン積分可能となることがわかる．

なお，(7.32) では (7.42) の右辺で $|\Delta'|(b - a)$ を用い，(7.43) では，逆関数は存在するとは限らないが，逆関数が存在するとき，(7.42) の右辺の $|\Delta|(d - c)$ を用いていると考えることができる．

例7.7 (1) $[a, b]$ 上の関数 $f(x)$ が，$[a, b]$ を有限個の小区間に分割するとき，各小区間で単調増加または単調減少となるとき，$f(x)$ は区分的に単調増加または単調減少であるという．命題 7.7 と定理 7.6 により，$[a, b]$ で有界で区分的に単調増加または単調減少な関数 $f(x)$ は積分可能である．
(2) $[a, b]$ で有界で単調増加または単調減少な関数 $f(x)$ は積分可能であるが，$f(a)f(b) < 0$ のとき，$|f|(x)$ は単調増加または単調減少とは限らないが，積分可能である． ◇

━━━━━━━━━━━━━ 有界変動関数の積分可能性

図 7.12 のグレー部分の小長方形の面積の総和を表す (7.29) が $|\Delta| \to 0$ のとき 0 に収束するには，定理 7.5，命題 7.7 では次のように考えた．
(1) 各小長方形の高さが $|\Delta| \to 0$ のとき 0 に収束するとき．

$$\lim_{|\Delta| \to 0} \max_{i=1, 2, \cdots, n} (M_i - m_i) = 0$$

$$\implies S(\Delta) - s(\Delta)$$

$$\leq \max_{i=1, 2, \cdots, n} (M_i - m_i) \sum_{i=1}^{n} (x_i - x_{i-1})$$

7.6 リーマン積分可能条件 2   *163*

$$= \max_{i=1, 2, \cdots, n} (M_i - m_i) \cdot (b - a) \to 0$$

(2)　$|\Delta| \to 0$ としても，各小長方形の高さの総和が有界にとどまるとき．

$$\exists C > 0 \; ; \; {}^{\forall}\Delta, \; \sum_{i=1}^{n} (M_i - m_i) \leq C$$

$$\Longrightarrow S(\Delta) - s(\Delta)$$

$$\leq \max_{i=1, 2, \cdots, n} (x_i - x_{i-1}) \sum_{i=1}^{n} (M_i - m_i)$$

$$\leq C |\Delta| \to 0$$

例 7.8　(7.1) の $f(x)$ に対して，分割 (7.3) を考えると，$\sum_{i=1}^{n} (M_i - m_i) = 2n$ であるから，分割点が増えるほど，$\sum_{i=1}^{n} (M_i - m_i)$ は増大する．　◇

定義 7.6　区間 $[a, b]$ の任意の分割 Δ を (7.3) で表すとき，$[a, b]$ 上の関数 $f(x)$ に対して，

$$V(\Delta, f) := \sum_{i=1}^{n} |f(x_i) - f(x_{i-1})|$$

が有界であるとき，$f(x)$ は $[a, b]$ で有界変動であるといい，

$$V_{[a, b]}(f) := \sup_{\Delta} V(\Delta, f)$$

を $f(x)$ の $[a, b]$ での変動量という．

命題 7.8　区間 $[a, b]$ 上の有界変動関数 $f(x)$ は有界である．

証明　${}^{\forall}x \in [a, b]$ に対して，分割

$$\overline{\Delta} : a = x_1 < x < x_3 = b$$

とすると，

$$V(\overline{\Delta}, f) = |f(x) - f(a)| + |f(b) - f(x)|$$

$$\leq V_{[a, b]}(f)$$

よって

$$|f(x)| \leq |f(a)| + |f(x) - f(a)|$$

$$\leq |f(a)| + V_{[a, b]}(f)$$

164   第7章　リーマン積分

右辺は x によらないので，$f(x)$ は有界.   ■

定理 7.7　区間 $[a, b]$ 上の有界変動関数 $f(x)$ は積分可能である.

証明　命題 7.3 より，
$$S(\Delta) - s(\Delta) < I(\Delta, \bar{\xi}) - I(\Delta, \tilde{\xi}) + 2\varepsilon(b - a)$$
とできる. ここで，
$$I(\Delta, \bar{\xi}) - I(\Delta, \tilde{\xi}) = \sum_{i=1}^{n} (f(\bar{\xi}_i) - f(\tilde{\xi}_i))(x_i - x_{i-1})$$
$$\leq |\Delta| \sum_{i=1}^{n} (f(\bar{\xi}_i) - f(\tilde{\xi}_i))$$
であり $(f(\bar{\xi}_i) \geq f(\tilde{\xi}_i))$，$\bar{\xi}_i, \tilde{\xi}_i$ $(i = 1, 2, \cdots, n)$ による分割を考えると
$$\sum_{i=1}^{n} (f(\bar{\xi}_i) - f(\tilde{\xi}_i)) \leq V_{[a, b]}(f)$$
であるから，$\displaystyle\lim_{|\Delta| \to 0} (S(\Delta) - s(\Delta)) = 0$.   ■

━━━━━━━━━━━━━━━━━━━━━━━━ **有界変動関数の性質**

命題 7.9　関数 $f(x)$ は $[a, b]$ で有界変動であるとする.

(1)　$^{\forall}c \in (a, b)$ に対して，
$$V_{[a, b]}(f) = V_{[a, c]}(f) + V_{[c, b]}(f)$$
(2)　$V_{[a, x]}(f)$ は x について単調増加. すなわち
$$a \leq x < x' \leq b \Longrightarrow V_{[a, x]}(f) \leq V_{[a, x']}(f)$$
(3)　$f(x)$ は 2 つの単調増加関数の差で書ける. すなわち
$$f(x) = V_{[a, x]}(f) - \alpha(x)$$
と表すとき，$\alpha(x)$ は単調増加である.

証明　(1)　c を分割点にもつ $[a, b]$ の分割の集まりは，あらゆる $[a, b]$ の分割の集まりの部分集合なので，命題 4.5 より，
$$V_{[a, c]}(f) + V_{[c, b]}(f) \leq V_{[a, b]}(f)$$
一方，$[a, b]$ の分割 Δ に分割点 c を付け加えた分割を Δ_c とすると，Δ_c は Δ の細分であるから，
$$V(\Delta, f) \leq V(\Delta_c, f) \leq V_{[a, c]}(f) + V_{[c, b]}(f)$$

7.7 一点における振動量と不連続関数の積分可能性 165

より,
$$V_{[a,b]}(f) \leq V_{[a,c]}(f) + V_{[c,b]}(f)$$

(2) (1)より明らか.

(3) $a \leq x < x' \leq b$ に対して,
$$V_{[a,x']}(f) - V_{[a,x]}(f) = V_{[x,x']}(f) \geq f(x') - f(x)$$
であるから,
$$\alpha(x') = V_{[a,x']}(f) - f(x') \geq V_{[a,x]}(f) - f(x) = \alpha(x) \qquad ■$$

7.7 一点における振動量と不連続関数の積分可能性

$f(x)$ が $x = a$ のみで不連続であるとする. このとき, (5.1)は成り立たない. 任意の分割 Δ に対して, $a \in [x_{i_0-1}, x_{i_0}]$ となる i_0 が存在する. このとき, $|\Delta| \to 0$ とすると, $|x_{i_0} - x_{i_0-1}| \to 0$ となっても, $|M_{i_0} - m_{i_0}|$ は0に近づかない[*16]. しかし長方形 $[x_{i_0-1}, x_{i_0}] \times [M_{i_0}, m_{i_0}]$ の面積は $|\Delta| \to 0$ のとき0に収束し, $S(\Delta) - s(\Delta) \to 0$ となる. では $f(x)$ が $[a, b]$ で可算無限個の不連続点 a_n $(n \in \mathbb{N})$ をもつときはどうなるだろうか.

以下は発展的な内容なので証明はせず, 定理を紹介するだけにとどめる.

定義7.7 $x \in [a, b]$, $\delta > 0$ に対して,
$$U_\delta(x) := (x - \delta, x + \delta) \cap [a, b]$$
とする. $[a, b]$ 上の有界な関数 $f(x)$ に対して, $x_0 \in [a, b]$ における $f(x)$ の振動量を
$$v(f; x_0) = \lim_{n \to \infty} v(f, U_{\frac{1}{n}}(x_0))$$
で与える. なお, (7.27)で定義される右辺の $v(f, U_{\frac{1}{n}}(x_0))$ は n について単調減少で下に有界であることより右辺の極限は存在する.

例7.9
$$f(x) = \begin{cases} \sin\dfrac{1}{x}, & x \neq 0 \\ 0, & x = 0 \end{cases} \qquad (7.44)$$

[*16] このことにより, 不連続関数の積分を考えるためには, 定義域を分割するよりも値域を分割すべきである, と考えることができる. 実際, ルベーグ積分では値域を分割する.

166   第7章　リーマン積分

に対して，$v(f;0) = 2$である．　◇

定理 7.8　$[a, b]$ 上の有界な関数 $f(x)$ に対して，$f(x)$ が $x_0 \in [a, b]$ で連続であることと $v(f;x_0) = 0$ は同値である[*17].

定理 7.9　$[a, b]$ 上の有界な関数 $f(x)$ に対して，
$$E_n = \left\{ x_0 \in [a, b] \,\middle|\, v(f;x_0) \geq \frac{1}{n} \right\}$$
とする．このとき，$f(x)$ が $[a, b]$ で積分可能であることと以下は同値である．

　$^\forall n \in \mathbb{N}$, $^\forall \varepsilon > 0$ に対して，有限個の閉区間
$$[a_1, b_1], \cdots, [a_m, b_m] \subset [a, b]$$
が存在して，
$$E_n \subset [a_1, b_1] \cup \cdots \cup [a_m, b_m]$$
$$\sum_{i=1}^{m} (b_i - a_i) < \varepsilon$$

この定理の系として，次の定理が得られる[*18].

定理 7.10　$[a, b]$ 上の有界な関数 $f(x)$ に対して，
$$D = \{ x_0 \in [a, b] \mid f(x) \text{ は } x_0 \text{ で不連続} \}$$
とする．このとき，$f(x)$ が $[a, b]$ で積分可能であることと以下は同値である．

　$^\forall \varepsilon > 0$ に対して，高々可算個の開区間
$$(a_1, b_1), \cdots, (a_k, b_k) \cdots \subset [a, b]$$
が存在して，
$$D \subset (a_1, b_1) \cup \cdots \cup (a_k, b_k) \cup \cdots$$
$$\sum_{k=1}^{\infty} (b_k - a_k) < \varepsilon$$

定理 7.10 の意味　開区間の和集合 $I := \bigcup_{k=1}^{\infty} (a_k, b_k)$ の「長さ」は ε 未満であり，

―――――――――
[*17]　証明は[5].
[*18]　この2つの定理の証明は[9].

7.7 一点における振動量と不連続関数の積分可能性　167

$D \subset I$ より D の「長さ」も ε 未満. 一般に集合 A に対して,

$$^{\forall}\varepsilon > 0, \quad \exists I = \bigcup_{k=1}^{\infty} (a_k, b_k) \,;\, A \subset I \wedge \sum_{k=1}^{\infty} (b_k - a_k) < \varepsilon$$

となるとき, A は零集合であるという. $f(x)$ の不連続点の集合が零集合であることと積分可能であることは同値.

第8章

連続関数の定積分

　　ここでは連続関数に対して成り立つ定積分の性質を考察する．連続関数の面積は原始関数によって与えられることによって，連続関数の面積を求めることは，棒グラフを作って分割を細かくする作業から，原始関数を求める作業に置き換えられることとなる．原始関数を求めるための技術である部分積分と置換積分を学ぶ．

8.1　積分の平均値定理

$\int_0^{2\pi} \sin x \, dx = 0$ のように $\int_a^b f(x)dx = 0$ だからといって，$f(x) \equiv 0$ とはならない．では $f(x) \geq 0$ $({}^{\forall}x \in [a, b])$ かつ $\int_a^b f(x)dx = 0$ ならば $f(x) \equiv 0$ かというと，命題 7.1(1) のような場合がある．

> **命題 8.1**　$f(x)$ は $[a, b]$ で連続とする．$f(x) \geq 0$ $({}^{\forall}x \in [a, b])$ かつ $\int_a^b f(x)dx = 0$ ならば
>
> $${}^{\forall}x \in [a, b], \ f(x) = 0$$

対偶を考える．
　$\mathbf{A}_1 : f(x)$ は $[a, b]$ で連続で，$f(x) \geq 0$
　$\mathbf{A}_2 : \int_a^b f(x)dx = 0$

B: $^\forall x \in [a,b]$, $f(x) = 0$

とすると，$\mathbf{A}_1$ は $f(x) = \sin x$ や命題 7.1(1) の状況を否定している．命題 8.1 は $\mathbf{A}_1 \wedge \mathbf{A}_2 \Longrightarrow \mathbf{B}$ になっている．「逆」が正しいことは明らかなので，$\mathbf{A}_1 \wedge \mathbf{A}_2 \Longleftrightarrow \mathbf{B}$ が成り立つ．すなわち $\mathbf{A}_1$ が成り立っているときは $\mathbf{A}_2$ と $\mathbf{B}$ は同値となる．命題 8.1 は $\mathbf{A}_1 \wedge \mathbf{A}_2 \Longrightarrow \mathbf{B}$ なので，対偶は $\overline{\mathbf{B}} \Longrightarrow \overline{\mathbf{A}_1 \wedge \mathbf{A}_2}$ となるが，例 2.3 より，命題 8.1 を証明するために，$\overline{\mathbf{B}} \wedge \mathbf{A}_1 \Longrightarrow \overline{\mathbf{A}_2}$ を示す．

命題 8.2 $f(x)$ は $[a,b]$ で連続で $f(x) \geq 0$ とする．このとき，ある $c \in [a,b]$ で $f(c) > 0$ ならば
$$\int_a^b f(x)\,dx > 0$$

直観的イメージ

命題 7.1(1) の関数は不連続なので，この関数を連続になるように，かつ，なるべく面積を小さくするように，つまりグラフの高さが小さくなるようにグラフを繋げても，必ずグラフと x 軸の間に長方形を作ることができる．よってグラフの面積は 0 にはならない（図 8.1）．

証明 $f(c) =: \alpha > 0$ とする．$f(x)$ は連続であることより，命題 3.6 と同様に，任意の $\varepsilon > 0$ に対して $\delta > 0$ をうまく選べば，
$$c - \delta < x < c + \delta \Longrightarrow f(x) > \alpha - \varepsilon$$
たとえば $\varepsilon = \dfrac{1}{3}\alpha$ とすると $\alpha - \varepsilon = \dfrac{2}{3}\alpha$ となり，命題 3.6 と同様に，底辺の

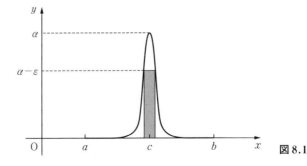

図 8.1

長さ δ, 高さ $\dfrac{2}{3}\alpha$ の長方形が作られ,

$$\int_{c-\delta}^{c+\delta} f(x)dx \geq \int_{c-\delta}^{c+\delta} \frac{2}{3}\alpha dx = \frac{4}{3}\alpha\delta > 0$$

よって $f(x) \geq 0$ より

$$\int_a^b f(x)dx = \int_a^{c-\delta} f(x)dx + \int_{c-\delta}^{c+\delta} f(x)dx + \int_{c+\delta}^b f(x)dx \geq \frac{4}{3}\alpha\delta > 0. \blacksquare$$

定理 8.1（積分の平均値定理） $f(x)$ は $[a,b]$ で連続とする．このとき，次をみたす $\xi \in (a,b)$ が存在する．

$$\frac{1}{b-a}\int_a^b f(x)dx = f(\xi) \tag{8.1}$$

(8.1) は

$$\int_a^b f(x)dx = f(\xi)(b-a)$$

で，右辺は底辺の長さ $b-a$, 高さ $f(\xi)$ の長方形の面積なので, (8.1) の $f(\xi)$ は $f(x)$ の $[a,b]$ での平均値になっている．この定理は平均値を与える ξ が (a,b) 内に必ずとれるということを示している．ξ は 1 つとは限らない．

区間 I での $f(x)$ の定積分を $\displaystyle\int_I f(x)dx$ と書くことにする．図 8.2 において,

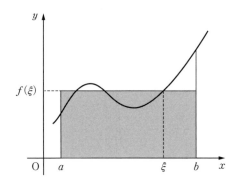

図 8.2

$$A = \{x \in [a, b] \mid f(x) \geq f(\xi)\}$$
$$B = [a, b] \backslash A$$

とする. (8.1) より,

$$0 = \int_a^b (f(x) - f(\xi))\,dx$$
$$= \int_A (f(x) - f(\xi))\,dx + \int_B (f(x) - f(\xi))\,dx$$

よって図 8.2 において,

$$\int_A (f(x) - f(\xi))\,dx = \int_B (f(\xi) - f(x))\,dx$$

定理 8.1 の証明　$f(x)$ が連続であることより,

$$m = \min_{x \in [a,b]} f(x), \qquad M = \max_{x \in [a,b]} f(x) \tag{8.2}$$

が存在する.

$m = M$ のときは $f(x)$ は一定値関数となり, 自明.

$m < M$ のとき. $f(x)$ は連続なので, 中間値の定理より $m < {}^{\forall}\alpha < M$ に対して, $\alpha = f(\xi)$ となる ξ が存在する. よって,

$$m < \frac{1}{b-a} \int_a^b f(x)\,dx < M \tag{8.3}$$

を示せば, $\alpha = \dfrac{1}{b-a} \displaystyle\int_a^b f(x)\,dx$ に対して, $\alpha = f(\xi)$ となる ξ が存在することとなる. 以下 (8.3) を示す.

$m \leq f(x) \leq M$ であり, また $m < f(c) < M$ となる $c \in [a, b]$ がある.

$$f_m(x) = f(x) - m, \qquad f_M(x) = M - f(x)$$

とすると,

$$f_m(x) \geq 0, \qquad f_m(c) > 0$$
$$f_M(x) \geq 0, \qquad f_M(c) > 0$$

となり, 命題 8.2 より,

$$\int_a^b f_M(x)\,dx > 0, \qquad \int_a^b f_m(x)\,dx > 0$$

となることより,

$$\int_a^b m\,dx < \int_a^b f(x)\,dx < \int_a^b M\,dx$$

172   第8章　連続関数の定積分

すなわち，(8.3) が成り立ち，中間値の定理より，(8.1) をみたす $\xi \in (a, b)$ が見つかる．■

命題 8.3　$x \in \mathbb{R}$ のある近傍で，関数 $f(x)$ は連続であるとする．このとき，
$$\lim_{h \to 0} \frac{1}{h} \int_x^{x+h} f(t)dt = f(x) \tag{8.4}$$
が成り立つ．

証明　定理 8.1（積分の平均値定理）より，
$$\frac{1}{h} \int_x^{x+h} f(t)dt = f(\xi)$$
となる $\xi \in (x, x+h)$（$h > 0$ のとき）または，$\xi \in (x+h, x)$（$h < 0$ のとき）が見つかる．

$h \to 0$ のとき，$\xi \to x$ となるので，$f(x)$ が連続であることより，$\lim_{h \to 0} f(\xi) = f(x)$．■

なお，不連続点をもつ関数には積分の平均値定理は成り立たない（図 8.3）．

定理 8.2（コーシーの平均値定理（積分形））　$f(x), g(x)$ は $[a, b]$ で連続とする．$g(x)$ は $[a, b]$ で $g(x) \geq 0$ とする．このとき，
$$\exists \xi \in (a, b) \,;\, \int_a^b f(x)g(x)dx = f(\xi) \int_a^b g(x)dx \tag{8.5}$$

この定理で $g(x) \equiv 1$ とすると，積分の平均値定理となる．また，$\int_a^b g(x)dx = b - a$ とすると，$g(x)$ は平均値が 1 となる関数だが，このとき
$$\int_a^b f(x)g(x)dx = (b-a)f(\xi)$$
となり，右辺は積分の平均値定理のときと同じになる．$g(x)$ の平均値が 1 のとき，$g(x)$ を重み関数といい，$\int_a^b f(x)g(x)dx$ を $f(x)$ の加重平均という[*1]．

定理 8.2 の証明　$\int_a^b g(x)dx > 0$ としてよい．(8.2) に対して，$mg(x) \leq$

———————
[*1]　コーシーの平均値定理（積分形）は，後出のテーラー展開で用いる．

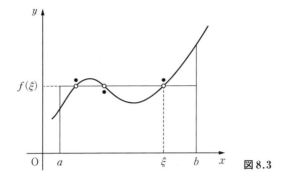

図 8.3

$f(x)g(x) \leq Mg(x)$ が成り立ち，積分の平均値定理の証明と同様に，
$$m\int_a^b g(x)dx < \int_a^b f(x)g(x)dx < M\int_a^b g(x)dx$$
が得られ，中間値の定理より (8.5) が成り立つ． ■

8.2 原始関数と微積分の基本定理

高さ $a > 0$，底辺の長さ $x > 0$ の長方形の面積 $S(x) = ax$ の x に関する変化率はもちろん $S'(x) = a$ で与えられる（図 8.4）．このことは長さの単位を 1 mm とするとき，x が 1 mm 増えると面積が $a\,\mathrm{mm}^2$ 増えることを意味する．すなわち，長方形の面積の底辺の長さの微小変化に対する変化率は高さで与えられる．

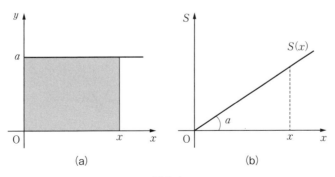

図 8.4

例 8.1 (1) $a \neq b$ に対して，
$$f(x) = \begin{cases} a, & 0 \leq x \leq x_0 \\ b, & x > x_0 \end{cases}$$
の $[0, x]$ における面積 $S(x)$ は
$$S(x) = \int_0^x f(t)dt = \begin{cases} ax, & 0 \leq x \leq x_0 \\ b(x - x_0) + ax_0, & x > x_0 \end{cases}$$
で与えられる（図 8.5）．

$S(x)$ は x_0 で微分できない．しかし，$x \neq x_0$ に対して，
$$\frac{d}{dx}\int_0^x f(t)dt = f(x)$$
が成り立っている．

(2) 図 8.6 のように連続関数 $f(x)$ が区間 $[0, x_0]$ で高さ a，区間 $[x_1, x_2]$ で高さ b であるとき，グラフ $y = f(x)$ の区間 $[0, x]$ での面積 $S(x) = \int_0^x f(t)dt$ の x に関する変化率は，$f(x)$ が一定な区間においては，グラフ $y = f(x)$ の高さによって与えられる．$f(x)$ が $x = x_0, x_1$ で微分不可能であるとき，

(i) $S(x)$ は $[x_0, x_1]$ で微分可能だろうか．

(ii) $S(x)$ が $[x_0, x_1]$ で微分可能であるならば，$S'(x) = f(x)$ は成り立つであろうか．

(iii) $S'(x) = f(x)$ をみたす $S(x)$ は $f(x)$ の面積を与えるだろうか．すなわ

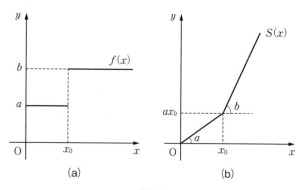

図 8.5

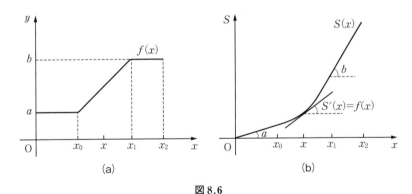

図 8.6

ち $S(x) = \int_0^x f(t)dt$ ではない $S(x)$ で,$S'(x) = f(x)$ をみたすものは存在するだろうか. ◇

定理 8.3 (1) $[a, b]$ で有界な $f(x)$ は積分可能とする.このとき,$S(x) = \int_a^x f(t)dt$ は $[a, b]$ でリプシッツ連続である.特に $x < x'$ である $x, x' \in [a, b]$ に対して,$M_{[x,x']} := \sup_{x \leq t \leq x'} |f(t)|$ とするとき,

$$\left| \frac{S(x') - S(x)}{x' - x} \right| \leq M_{[x,x']} \leq M_{[a,b]}$$

(2) $f(x)$ は $[a, b]$ で連続とする.$p \in (a, b)$ とする.このとき $\forall x \in (a, b)$ に対して

$$\frac{d}{dx} \int_p^x f(t)dt = f(x) \tag{8.6}$$

証明する前に,定理の意味を考えてみよう.

例 8.2 (1) 例 8.1(1) の $f(x)$ に対して,

$$\lim_{x \to x_0 - 0} \frac{S(x_0) - S(x)}{x_0 - x} = a \neq b = \lim_{x \to x_0 + 0} \frac{S(x) - S(x_0)}{x - x_0}$$

$x < x_0 < x'$ のとき,$\dfrac{S(x') - S(x)}{x' - x} = \dfrac{1}{x' - x} \int_x^{x'} f(t)dt$ に対して,$f(x)$ が連続でないので,積分の平均値定理は使えない.

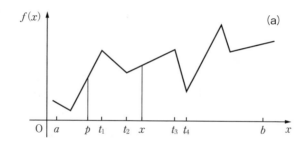

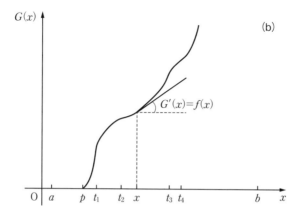

図 8.7

(2) 図 8.7 のように連続関数 $f(x)$ は $f(x) > 0$ とする.
$$G(x) := \int_p^x f(t)dt \tag{8.7}$$
は $x > p$ のとき, $f(x)$ の $[p, x]$ での面積を与えるが, 連続関数 $f(x)$ が微分可能でなくても, $G(x)$ は微分可能になり, $G'(x) = f(x)$. $G(p) = 0$ であり, x が x 軸上右に移動していくとき, 面積が増加していくので, $G(x)$ は増加関数である. ($f(x) < 0$ になると, $G(x)$ は減少する.) 図 8.7 の $f(x)$ は区分的に 1 次関数で, $\alpha x + \beta$ の α が正負を繰り返している. よって, $G(x)$ は区分的に 2 次関数 $\frac{1}{2}\alpha x^2 + \beta x + \gamma$ となっており, 下に凸, 上に凸を繰り返す. $x = t_i$ $(i = 1, 2, \cdots)$ で $G(x)$ は微分可能で, 接線の傾きは $G'(t_i) = f(t_i)$. ◇

8.2 原始関数と微積分の基本定理 *177*

定理 8.3 の意味

$f(x)$ が微分不可能な点でも $G(x)$ は微分可能となる. $G(x)$ の接線の傾きは $f(x)$ のグラフの高さで与えられる. $f(x)$ がある点で突然, 変化率が変わっても, $f(x)$ の $[p, x]$ での面積 $G(x)$ の変化率は突然, 急激に変化しない.

定理 8.3 の証明 (1) $x' > x$ に対して,

$$|S(x') - S(x)| = \left| \int_x^{x'} f(t)\,dt \right|$$

$$\leq \int_x^{x'} |f(t)|\,dt$$

$$\leq M_{[x,x']}(x' - x)$$

$$\leq M_{[a,b]}|x' - x|$$

$x' < x$ のときも同様.

(2)
$$\frac{d}{dx}\int_p^x f(t)\,dt = G'(x)$$

$$= \lim_{h \to 0} \frac{G(x+h) - G(x)}{h}$$

$$= \lim_{h \to 0} \frac{\displaystyle\int_p^{x+h} f(t)\,dt - \int_p^x f(t)\,dt}{h} \qquad (8.8)$$

$$= \lim_{h \to 0} \frac{1}{h}\int_x^{x+h} f(t)\,dt$$

よって, 命題 8.3 より, (8.6) が成り立つ. ∎

━━━━━━━━━━━━━━━━━━━━━━━━━━━━━━ **原 始 関 数**

(8.7) の $G(x)$ は (8.6) より

$$G'(x) = f(x)$$

をみたす. $a \leq p$ とするとき, $x \geq p$ について,

$$H(x) := \int_a^x f(x)\,dx = \int_a^p f(x)\,dx + G(x) \qquad (8.9)$$

とすると, $H(x)$ のグラフは $G(x)$ のグラフを y 軸方向に $f(x)$ の $[a, p]$ での

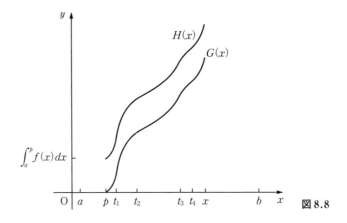

図 8.8

面積の値だけ平行移動したものになる．$H(x)$ も $H'(x) = f(x)$ をみたす．$G(x)$ と $H(x)$ の違いは，$f(x)$ の面積を x 軸上のどの点から測りはじめるのかということだけなので互いに y 軸方向に平行移動したものになる．

図 8.7 の $f(x)$ に対して，$G(x)$ と $H(x)$ の関係は図 8.8 のようになる．

ある区間で

$$F'(x) = f(x) \tag{8.10}$$

となるとき $F(x)$ を $f(x)$ の原始関数という．$f(x)$ の原始関数が 2 つあって，$F_1(x), F_2(x)$ とすると，$F_1'(x) = f(x)$, $F_2'(x) = f(x)$ より $(F_1 - F_2)'(x) = 0$．すなわち $(F_1 - F_2)(x)$ は命題 6.4 より，一定値関数となり，

$$F_2(x) = F_1(x) + C \quad (C：任意定数)$$

と書ける．定理 8.3 より $\int_p^x f(t)dt$ は $f(x)$ の原始関数になっているので，連続関数 $f(x)$ のあらゆる原始関数は

$$\int_p^x f(t)dt + C \tag{8.11}$$

と書くことができる．この C を積分定数という．ここで p は $f(x)$ の定義域なら任意の点でよい．(8.9) において，$C(a) = \int_a^p f(x)dx$ とすると，$C(a)$ は積分定数であり，どこから面積を測りはじめるかで生じる，$G(x)$ からの y 軸方向のずれを表す．ただし，(8.11) の C は，どこから面積を測りはじめるか

8.2 原始関数と微積分の基本定理　　179

とは無関係な任意の実数である．実際，$f(x) \geq 0$, $^\forall x \in \mathbb{R}$ に対して，原始関数 $F(x) < 0$ $(^\forall x \in \mathbb{R})$ は存在しうる．

例 8.3

$$f(x) = \begin{cases} \cos x, & |x| \leq \dfrac{\pi}{2} \\[2mm] 0, & |x| > \dfrac{\pi}{2} \end{cases}$$

$$F(x) = \begin{cases} -1, & x > \dfrac{\pi}{2} \\[2mm] \sin x - 2, & |x| \leq \dfrac{\pi}{2} \\[2mm] -3, & x < -\dfrac{\pi}{2} \end{cases}$$

に対して $F'(x) = f(x)$ が成り立つ．◇

　$f(x)$ の原始関数を

$$\int f(x)\,dx$$

と書き，$f(x)$ の不定積分ともいう．

定理 8.4（微積分の基本定理）　$f(x)$ は区間 I で連続とする．$F(x)$ が $f(x)$ の原始関数であるとき，$^\forall a, ^\forall b \in I$ に対して

$$\int_a^b f(x)\,dx = F(b) - F(a) \tag{8.12}$$

証明　(8.11) と (7.33) より，

$$F(b) - F(a) = \left(\int_p^b f(t)\,dt + C \right) - \left(\int_p^a f(t)\,dt + C \right) = \int_a^b f(x)\,dx \qquad \blacksquare$$

　定理 8.1（積分の平均値定理）$\implies$ 命題 8.3 $\implies$ 定理 8.3 $\implies$ 定理 8.4（微積分の基本定理）．

　命題 8.3 が本質的な特徴を表している．

　微積分の基本定理の証明では，積分の平均値定理が本質的に不可欠であり，積分の平均値定理の証明では，中間値の定理が本質的であり，中間値の定理では，実数の連続性の公理が本質的になっている[*2].

180　第8章　連続関数の定積分

微分の公式から積分の公式を得る

　連続関数の面積は原始関数によって与えられる.

　定理8.4によって, 連続関数に対しては, 面積を求めるために棒グラフ
を作って分割を細かくする作業は必要なく, 原始関数を求めればよいこと
となった. $f(x)$ の面積を求めるには (8.10) のように, 微分すると $f(x)$
になるような $F(x)$ を求めることになる. よって微分の公式が積分（面
積）の公式になる.

例8.4　$r \neq 0$ に対して, $(x^r)' = rx^{r-1}$ より, rx^{r-1} の原始関数は x^r だが,
$r - 1 = \alpha$ とおき,

$$\left(\frac{1}{\alpha + 1} x^{\alpha+1} \right)' = x^\alpha$$

より x^α の原始関数は $\dfrac{1}{\alpha + 1} x^{\alpha+1}$ となる. ただし $\alpha \neq -1$. ◇

　これまでにさまざまな関数の積分公式が求められている[*3].

例8.5　$\dfrac{1}{1 + x^2}$ の定積分

(6.15) より,

$$\int \frac{1}{1 + x^2} \, dx = \text{Tan}^{-1} x$$

であるので, $[0, x]$ での定積分は

$$\int_0^x \frac{1}{1 + t^2} \, dt = \left[\text{Tan}^{-1} t \right]_{t=0}^{t=x} = \text{Tan}^{-1} x$$

となる. このように $y = \dfrac{1}{1 + x^2}$ の $[0, x]$ の面積は $y = \text{Tan}^{-1} x$ で与えられ

る. 図8.9より $y = \dfrac{1}{1 + x^2}$ の面積が x とともにどのように変化していくか

前ページの[*2]　数列の極限から微積分の基本定理に至るまで, 微分積分学の理論は実数の連続性
の公理に基づいて展開される. 微分積分学は理論的には, 実数の定義と実数の連続性
の公理から解説されるべきものである.

[*3]　ハンドブック（[7]など）には膨大な積分公式があるが, 中にはテーラー展開の項別積分
による級数などで与えられているものもある.

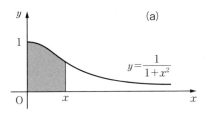

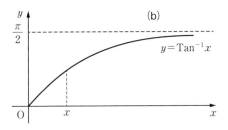

図 8.9

がわかり，$x \to \infty$ のとき $\dfrac{\pi}{2}$ に近づくことがわかる．◇

例 8.6 $n, m = 1, 2, \cdots$ に対して，

$$\int_0^{2\pi} \cos nx \cdot \cos mx \, dx = \begin{cases} \pi, & n = m \\ 0, & n \neq m \end{cases}$$

$$\int_0^{2\pi} \sin nx \cdot \sin mx \, dx = \begin{cases} \pi, & n = m \\ 0, & n \neq m \end{cases} \quad (8.13)$$

$$\int_0^{2\pi} \cos nx \cdot \sin mx \, dx = 0$$

これらは $(\sin kx)' = k \cos kx,\ (\cos kx)' = -k \sin kx$ と

$$\cos nx \cdot \cos mx = \frac{1}{2}(\cos(n+m)x + \cos(n-m)x)$$

$$\sin nx \cdot \sin mx = -\frac{1}{2}(\cos(n+m)x - \cos(n-m)x)$$

$$\cos nx \cdot \sin mx = \frac{1}{2}(\sin(n+m)x + \sin(m-n)x)$$

によって与えられる[*4]．($n = m$ のとき，$\cos(n-m)x$ の原始関数は $x + C$ で

[*4] (8.13)はフーリエ級数展開で用いられる．

あり，$\sin(m-n)x$ の原始関数は $0 + C$ であることに注意する．）◇

微分の総和は変化量を与える

$f'(x)$ の原始関数は $f(x) + C$ であるので，(8.12) より，

定理 8.5 $f'(x)$ が $[a, b]$ で連続であるとき，
$$\int_a^b f'(x)\,dx = f(b) - f(a) \tag{8.14}$$

よって微分可能な $f(x)$ に対して，
$$f(x) = f(0) + \int_0^x f'(t)\,dt$$
により，$f(x)$ は $f(0)$ と $[0, x]$ での変化率 f' の総和によって与えられる[*5]．

(8.14) を視覚的に理解する

図 8.10 のように微分可能な $f(x)$ が $[0, x_1]$ で 1 次関数，$[x_2, x_3]$ で一定値，$[x_4, x_5]$ で 1 次関数のとき，$f(x)$ と $\int_0^x f'(t)\,dt$ のグラフを見ると，$a = 0$，b

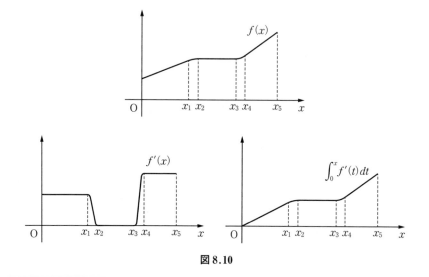

図 8.10

[*5] x 軸上の動点の時刻 t での位置が $x(t)$ で与えられるとき，初期点 $x(0)$ からの移動距離 $x(t) - x(0)$ は速度 $x'(t)$ の $[0, t]$ での総和で与えられる．

$= x$ に対して，(8.14) が成り立っているように見える．

$$\int_a^b f'(x)\,dx = \int_a^b \lim_{h \to 0} \frac{f(x+h) - f(x)}{h}\,dx$$

の右辺で $\lim_{h \to 0}$ と積分の順序交換

$$\int_a^b \lim_{h \to 0} \frac{f(x+h) - f(x)}{h}\,dx = \lim_{h \to 0} \int_a^b \frac{f(x+h) - f(x)}{h}\,dx \tag{8.15}$$

が証明できるので[*6]，

$$\int_a^b \frac{f(x+h) - f(x)}{h}\,dx = \frac{1}{h}\left(\int_{a+h}^{b+h} f(x)\,dx - \int_a^b f(x)\,dx\right)$$
$$= \frac{1}{h}\left(\int_b^{b+h} f(x)\,dx - \int_a^{a+h} f(x)\,dx\right) \tag{8.16}$$

であるから，命題 8.3 により (8.14) が得られる．

なお，(8.16) より (8.15) の右辺は $F(h) = \int_{a+h}^{b+h} f(x)\,dx$ に対して，

$$\lim_{h \to 0} \frac{F(h) - F(0)}{h} = F'(0)$$

と表すことができるが，$F(h)$ は積分区間 $[a, b]$ を h 平行移動した定積分であり，積分区間のずれ h を $h \to 0$ としたとき，$F'(0) = f(b) - f(a)$ が得られる（図 8.11）．すなわち，(8.14) は

$$\int_a^b f'(x)\,dx = F'(0)$$

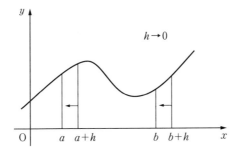

図 8.11

[*6] (8.15) を確かめるためには関数列の一様収束の議論が必要となる．

184　第 8 章　連続関数の定積分

によって与えられる．ただし，$f(x)$ は $[a, b]$ を含む開区間で定義されているものとした．

不連続関数のリーマン積分と原始関数

例 8.7　$(-1, 1)$ で関数 $f(x)$ を

$$f(x) = \begin{cases} 1, & x = 0 \\ 0, & x \neq 0 \end{cases} \tag{8.17}$$

で定める．このとき，命題 7.1 により，$f(x)$ は $(-1, 1)$ で積分可能で，$\int_{-1}^{1} f(x)dx = 0$．しかし，$f(x)$ は $(-1, 1)$ で原始関数をもたない．実際，$F(x)$ を $f(x)$ の原始関数とすると，(8.10) が成り立ち，$F(x)$ は $(-1, 1)$ で微分可能ということより，連続関数となる．(8.17) より，$x \neq 0$ で $F'(x) = 0$ であるので，ある定数 C_1, C_2 に対して，

$$F(x) = \begin{cases} C_1, & x \in (-1, 0) \\ C_2, & x \in (0, 1) \end{cases}$$

となるが，$F(x)$ は $x = 0$ で連続でなければならないので，

$$F(0) = \lim_{x \to -0} F(x) = \lim_{x \to +0} F(x)$$

より，$C_1 = C_2$．このとき，$F'(0) = 0$ となるが，これは (8.17) より，$F'(0) \neq f(0)$ となり，$F(x)$ が $f(x)$ の原始関数であることに矛盾する．　◇

逆に，$f(x)$ は $[a, b]$ で有界で，原始関数をもっていても，リーマン積分可能とはならない例が知られている．$([3]$ の付録参照．$)$

> 不連続関数では，リーマン積分可能であっても，原始関数が存在するとは限らないし，原始関数が存在しても，リーマン積分可能とは限らない．

8.3　部分積分と置換積分

関数の面積を求めるために，原始関数を求めることとなった．つまり，その関数がどんな関数の導関数になっているかを知りたい．それが簡単ではないの

8.3 部分積分と置換積分 *185*

で，部分積分と置換積分という技法を用いる．

━━━━━━━━━━━━━━━━━━━━━━━━━━━**部分積分**

例 6.12 で見たように，関数 $h(x)$ がある $f(x), g(x)$ に対して
$$h(x) = f'(x)g(x) + f(x)g'(x) \tag{8.18}$$
と書けるとき，$f'(x)g(x) + f(x)g'(x) = (f(x)g(x))'$ より，
$$\int h(x)\,dx = f(x)g(x) + C$$
と書ける．よって，(6.12) より
$$\int (\log|x| + 1)\,dx = x\log|x| + C$$
を得る．よって $\log|x|$ の原始関数は
$$\log|x| = (\log|x| + 1) - 1 = (x\log|x|)' - x' = (x\log|x| - x)'$$
によって得られる．

次に例 6.3 で見たように，ある関数 $h(x)$ が
$$h(x) = f'(x)g(x) \tag{8.19}$$
と書けることに気づくことによって
$$\begin{aligned} h(x) &= f'(x)g(x) \\ &= (f(x)g(x))' - f(x)g'(x) \end{aligned} \tag{8.20}$$
とし，
$$\int h(x)\,dx = f(x)g(x) - \int f(x)g'(x)\,dx \tag{8.21}$$
を得る．これを例 6.3 に用いると，
$$\int \sin^2 x\,dx = \frac{1}{2}(-\sin x\cos x + x)$$
を得る．

(8.20) は $h(x)$ の原始関数を求めていない．(8.21) は $h(x) = f'(x)g(x)$ となるとき，$h(x)$ の原始関数を求める代わりに $\tilde{h}(x) = f(x)g'(x)$ の原始関数を求めることに問題を置き換えたことになる．

186　第8章　連続関数の定積分

(8.21) より部分積分の公式

$$\int f'(x)g(x)\,dx = f(x)g(x) - \int f(x)g'(x)\,dx \qquad (8.22)$$

を得る. (8.14) より

$$\int_a^b (f(x)g(x))'\,dx = f(b)g(b) - f(a)g(a) = \Big[f(x)g(x)\Big]_a^b$$

となることより,

定理 8.6　$f(x), g(x) \in C^1([a,b])$ に対して,

$$\int_a^b f'(x)g(x)\,dx = \Big[f(x)g(x)\Big]_a^b - \int_a^b f(x)g'(x)\,dx \qquad (8.23)$$

が成り立つ.

例 8.8　例 6.9 より, $n \geq 2$ に対して,

$$\int_0^{\frac{\pi}{2}} \sin^n x\,dx = \frac{1}{n}\Big[-\sin^{n-1} x \cos x\Big]_0^{\frac{\pi}{2}} + \frac{n-1}{n}\int_0^{\frac{\pi}{2}} \sin^{n-2} x\,dx$$

$I_n = \displaystyle\int_0^{\frac{\pi}{2}} \sin^n x\,dx$ に対して,

$$I_n = \frac{n-1}{n} I_{n-2}$$

が成り立つ. $I_0 = \dfrac{\pi}{2}$, $I_1 = 1$ より,

$$I_{2n} = \frac{2n-1}{2n} \cdot \frac{2n-3}{2n-2} \cdots \frac{1}{2} \cdot \frac{\pi}{2} = \frac{(2n-1)!!}{(2n)!!} \frac{\pi}{2}$$

$$I_{2n+1} = \frac{2n}{2n+1} \cdot \frac{2n-2}{2n-1} \cdots \frac{2}{3} \cdot 1 = \frac{(2n)!!}{(2n+1)!!} \qquad \diamond$$

━━━━━━━━━━━━━━━━━━━━━━━━━━━━ **置換積分**

$y = F(x)$, $x = \varphi(t)$ の合成関数 $y(t) = F(\varphi(t))$ の微分

$$y'(t) = \frac{dy}{dt} = \frac{dF}{dx}\frac{dx}{dt} = F'(\varphi(t))\varphi'(t) \qquad (8.24)$$

より, $F'(\varphi(t))\varphi'(t)$ の原始関数は $F(\varphi(t))$, すなわち

$$\int F'(\varphi(t))\varphi'(t)\,dt = F(\varphi(t)) + C$$

ここで $F(x) = \displaystyle\int f(x)\,dx$ を上式に代入する. $F'(x) = \left(\displaystyle\int f(x)\,dx\right)' = f(x)$ で

あることより，置換積分

$$\int f(\varphi(t))\varphi'(t)\,dt = \int f(x)\,dx + C \qquad (8.25)$$

を得る.（ここで右辺 $x = \varphi(t)$ に注意すること.）

定積分での置換積分は (8.14) より，

定理 8.7 $\varphi(t)$ は $[a, b]$ で微分可能で，$\varphi'(t)$ は $[a, b]$ で連続とする．$f(x)$ は $[c, d]$ で連続とする．$^\forall t \in [a, b]$ に対して，$c \leq \varphi(t) \leq d$ とする．$x_1 = \varphi(a)$，$x_2 = \varphi(b)$ とおく．このとき，

$$\int_a^b f(\varphi(t))\varphi'(t)\,dt = \int_{x_1}^{x_2} f(x)\,dx \qquad (8.26)$$

が成り立つ．

(8.26) を直観的に理解する

x 軸上の動点の時刻 t での位置が $x(t)$ で与えられるとき，時間の微小変化 dt に対する位置の微小変化 dx は微分の定義によって，

$$dx = x'(t)\,dt \qquad (8.27)$$

で与えられる．ここで $x'(t)$ は時刻 t での動点の速度を表す．$t = a$ から $t = b$ までの動点の移動距離は微積分の基本定理より，

$$\int_{x(a)}^{x(b)} dx = x(b) - x(a) = \int_a^b x'(t)\,dt \qquad (8.28)$$

で与えられる．(8.28) は (8.27) の両辺の $t = a$ から $t = b$ までの総和を表している．このように (8.27) は t 軸上の微小な長さ dt と x 軸上の微小な長さ dx との関係を表す（図 8.12）．

x 軸上で連続関数 $f(x)$ が定義されているとき，置換積分によって，

$$\int_{x(a)}^{x(b)} f(x)\,dx = \int_a^b f(x(t))x'(t)\,dt \qquad (8.29)$$

が成り立つ（図 8.13）．

(8.29) は $t = a$ から $t = b$ まで動点が速

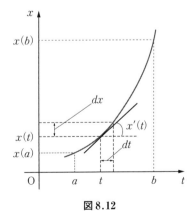

図 8.12

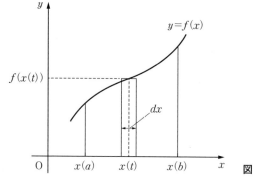

図 8.13

度 $x'(t)$ で運動するときの $f(x(t))$ の積分量を与える．

例 8.9 (1)
$$\int \frac{f'(x)}{f(x)}\,dx = \log|f(x)| + C$$

(2) $1 < a < b$ に対して，

$$\int_a^b \frac{1}{x\log x}\,dx = \int_a^b \frac{\frac{1}{x}}{\log x}\,dx = \int_a^b \frac{(\log x)'}{\log x}\,dx$$
$$= \int_{\log a}^{\log b} \frac{1}{t}\,dt = \Big[\log t\Big]_{t=\log a}^{t=\log b} = \log\log b - \log\log a \quad \diamondsuit$$

　定理 8.4 の意味を説明する際，「微分の公式が積分（面積）の公式になる」と述べた．このことは関数の積の微分を示す定理 6.1(2) から部分積分 (8.22) が得られ，合成関数の微分 (8.24) から置換積分 (8.25) が得られることにおいても同様である．

第9章

広義積分

この章では，$\alpha > 0$ に対して

$$\int_0^1 \frac{1}{x^\alpha} dx \qquad (9.1)$$

$$\int_1^\infty \frac{1}{x^\alpha} dx \qquad (9.2)$$

を定義していきたい．(9.1), (9.2)はそれぞれ図 9.1(a), (b)のグレー部分の面積を求めることに対応する．グレー部分の図形をある円の中に閉じ込めようとしてもできない．このような図形は非有界領域だといわれる．ここでは，非有界領域の面積になるような積分を考える．非有界領域の図形の面積は無限大となるときもあるが，有限なときもある．

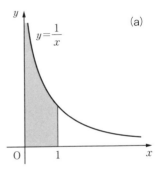

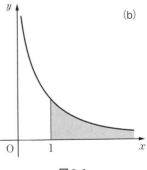

図 9.1

9.1 広義積分の定義

定義 9.1　(1)　$f(x)$ が有界区間 $(a, b]$ で連続で，$\lim_{x \to a+0} f(x) = \pm\infty$ のとき．$f(x)$ は $0 < {}^\forall \varepsilon < b - a$ について，$[a + \varepsilon, b]$ で連続で，最

190 第9章 広義積分

大値と最小値をもち, $\int_{a+\varepsilon}^{b} f(x)dx$ は定積分となる. このとき $F(x)$ が $f(x)$ の原始関数であるとき,

$$\int_a^b f(x)\,dx := \lim_{\varepsilon \to +0} \int_{a+\varepsilon}^b f(x)\,dx$$
$$= \lim_{\varepsilon \to +0}(F(b) - F(a+\varepsilon)) \tag{9.3}$$

と定義する.

(2) $f(x)$ が $[a, \infty)$ で連続であるとき. $^{\forall}b > a$ について, 有界閉区間 $[a, b]$ で $\int_a^b f(x)dx$ は定積分となるので,

$$\int_a^\infty f(x)\,dx := \lim_{b \to \infty} \int_a^b f(x)\,dx$$
$$= \lim_{b \to \infty}(F(b) - F(a)) \tag{9.4}$$

と定義する.

 (9.3), (9.4) を広義積分といい, (9.3), (9.4) の極限が存在するとき, 広義積分は収束するといい, そうでないとき, 広義積分は発散するという.

 例 8.5 で見たように広義積分 $\int_0^\infty \dfrac{1}{1+x^2}\,dx = \dfrac{\pi}{2}$ は収束している.

例 9.1 $1 + \dfrac{1}{2} + \cdots + \dfrac{1}{n} + \cdots$ や $1 + \dfrac{1}{2^2} + \cdots + \dfrac{1}{n^2} + \cdots$ は図 9.2 のように階段状のグラフの面積を表す. 前者は面積は発散するが, 後者は面積は有限となる[*1].   ◇

 非有界領域で円に閉じ込められる部分はその円より面積は小さいので, 円からはみ出す部分の面積が有限か否か調べることになる. 広義積分では定積分のように積分値を求めることよりも, 積分が収束するか発散するか判定することが課題となることが多い.

[*1] 例 10.4.

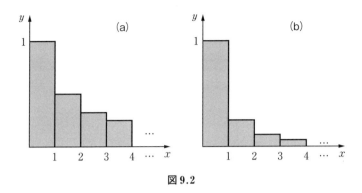

図 9.2

$\dfrac{1}{x^\alpha}$ の $(0,1]$ または $[1,\infty)$ での広義積分

(9.1)では $0 < x \leq 1$ なので，$\alpha > 0$ が大きいほど x^α は小さい，つまり $\dfrac{1}{x^\alpha}$ は α が大きいほど大きい．(9.2)では $x \geq 1$ なので，$\dfrac{1}{x^\alpha}$ は α が大きいほど小さい．$\alpha = \dfrac{1}{2}, 1, 2$ を例に考える．図1.1をもう一度見てみよう．区間 $(0,1)$ では $\dfrac{1}{\sqrt{x}} < \dfrac{1}{x} < \dfrac{1}{x^2}$ であるから，$0 < {}^{\forall}\varepsilon < 1$ に対して，

$$\int_\varepsilon^1 \frac{1}{\sqrt{x}}\,dx < \int_\varepsilon^1 \frac{1}{x}\,dx < \int_\varepsilon^1 \frac{1}{x^2}\,dx$$

であるので，(9.3)より

$$\int_0^1 \frac{1}{\sqrt{x}}\,dx < \int_0^1 \frac{1}{x}\,dx < \int_0^1 \frac{1}{x^2}\,dx \tag{9.5}$$

反対に $(1,\infty)$ では

$$\int_1^\infty \frac{1}{\sqrt{x}}\,dx > \int_1^\infty \frac{1}{x}\,dx > \int_1^\infty \frac{1}{x^2}\,dx \tag{9.6}$$

原始関数が

$$\int \frac{1}{x^\alpha}\,dx = \begin{cases} \log x, & \alpha = 1 \\ \dfrac{x^{1-\alpha}}{1-\alpha}, & \alpha \neq 1 \end{cases} \tag{9.7}$$

となることより，(9.3)によって

192 第9章 広義積分

$$\int_0^1 \frac{1}{x} dx = \lim_{\varepsilon \to +0} (\log 1 - \log \varepsilon) = \infty$$

(9.5)と同様に, $0 < \beta < 1 < \alpha$ に対して,

$$\int_0^1 \frac{1}{x^\beta} dx < \int_0^1 \frac{1}{x} dx < \int_0^1 \frac{1}{x^\alpha} dx$$

となるので,

$$\int_0^1 \frac{1}{x^\alpha} dx = \infty, \quad \alpha \geq 1$$

$0 < \alpha < 1$ では, $1 - \alpha > 0$ に注意して,

$$\begin{aligned}
\int_0^1 \frac{1}{x^\alpha} dx &= \lim_{\varepsilon \to +0} \left[\frac{x^{1-\alpha}}{1-\alpha} \right]_\varepsilon^1 \\
&= \frac{1}{1-\alpha} \lim_{\varepsilon \to +0} (1 - \varepsilon^{1-\alpha}) \qquad (9.8) \\
&= \frac{1}{1-\alpha}
\end{aligned}$$

(9.8)では, $0 < \alpha < 1$ で α が大きくなるほど $\dfrac{1}{1-\alpha}$ は大きくなっていき, $\alpha \to 1$ で $\dfrac{1}{1-\alpha} \to \infty$ となっている.

同様に

$$\int_1^\infty \frac{1}{x^\alpha} dx = \begin{cases} \infty, & 0 < \alpha \leq 1 \\ \dfrac{1}{\alpha - 1}, & \alpha > 1 \end{cases}$$

9.2 有限区間での広義積分

命題 9.1 (部分積分) $f(x), g(x) \in C^1((a, b])$ とする. $\displaystyle\lim_{x \to a+0} f(x)g(x)$ が存在し, $\displaystyle\int_a^b f(x)g'(x)dx$ が収束するならば, $\displaystyle\int_a^b f'(x)g(x)dx$ が収束し,

$$\int_a^b f'(x)g(x)dx = (f(b)g(b) - \lim_{x \to a+0} f(x)g(x)) - \int_a^b f(x)g'(x)dx$$

証明 $\displaystyle\int_a^b f'(x)g(x)dx = \lim_{t \to a+0} \int_t^b f'(x)g(x)dx$

$$= \lim_{t \to a+0} \left(\left[f(x)g(x) \right]_t^b - \int_t^b f(x)g'(x)\,dx \right)$$

$$= \lim_{t \to a+0} \left[f(x)g(x) \right]_t^b - \lim_{t \to a+0} \int_t^b f(x)g'(x)\,dx \qquad \blacksquare$$

例 9.2 $\displaystyle\int_0^1 \log x\,dx = -1$

例 6.19 より，$\displaystyle\lim_{x \to +0} x \log x = 0$ であるから，

$$\int_0^1 \log x\,dx = \int_0^1 x' \log x\,dx = \left[x \log x \right]_0^1 - \int_0^1 x \frac{1}{x}\,dx = -1 \qquad \diamondsuit$$

=== **広義積分の収束性判定**

$f(x) \geq 0$ のときは (9.3) で，$\displaystyle\int_{a+\varepsilon}^b f(x)\,dx$ は $\varepsilon > 0$ を単調に $\varepsilon \to +0$ とすると，単調に増加する．よって $\displaystyle\lim_{\varepsilon \to +0} \int_{a+\varepsilon}^b f(x)\,dx$ が収束しなければ，$\displaystyle\int_a^b f(x)\,dx$ $= \infty$ となる．このことから $f(x) \geq 0$ のときは，$\displaystyle\int_a^b f(x)\,dx$ が収束することを $\displaystyle\int_a^b f(x)\,dx < \infty$ と表す．一方，どんなに小さな $\delta > 0$ に対しても，$(a, a+\delta)$ で $f(x)$ が同一符号にならず，かつ $\displaystyle\lim_{\varepsilon \to a+0} |f(x)| = \infty$ となるときは，$\displaystyle\int_{a+\varepsilon}^b f(x)\,dx$ は，有界であっても，$\varepsilon \to +0$ のとき収束するとは限らない．

関数 $f(x)$ が $(a, b]$ で連続で，$\displaystyle\lim_{x \to a+0} f(x) = \infty$ のとき $\displaystyle\int_a^b f(x)\,dx$ が収束するかどうかの判定法を考える．これまで

$$g_1(x) = \frac{1}{(x-a)^\alpha} \quad (0 < \alpha < 1), \quad \text{または} \quad g_1(x) = -\log(x-a)$$

$$g_2(x) = \frac{1}{(x-a)^\alpha} \quad (\alpha \geq 1)$$

に対して，$k > 0$ について，

$$\int_a^b k \cdot g_1(x)\,dx < \infty, \qquad \int_a^b k \cdot g_2(x)\,dx = \infty$$

がわかっている．$f(x)$ を $k \cdot g_1(x)$，$k \cdot g_2(x)$ と比較することで，収束性を判定

194　第9章　広義積分

する.

> **命題 9.2**　関数 $f(x)$ は $(a, b]$ で連続で，$\displaystyle\lim_{x \to a+0} |f(x)| = \infty$ であるとする.
> また $g_1(x), g_2(x)$ は $(a, b]$ で連続で，
> $$g_1(x) \geq 0, \qquad g_2(x) \geq 0$$
> $$\int_a^b g_1(x)\,dx < \infty, \qquad \int_a^b g_2(x)\,dx = \infty$$
> とする. 以下 $\delta > 0$ は $a + \delta \leq b$ とする.
> (1)　$f(x) \geq 0$ のとき.
> (i)　$\exists \delta > 0 \,;\, {}^\forall x \in (a, a+\delta),\ 0 \leq f(x) \leq g_1(x)$
> 　　$\Longrightarrow \displaystyle\int_a^b f(x)\,dx < \infty$
> (ii)　$\exists \delta > 0 \,;\, {}^\forall x \in (a, a+\delta),\ f(x) \geq g_2(x)$
> 　　$\Longrightarrow \displaystyle\int_a^b f(x)\,dx = \infty$
> (2)　$\displaystyle\int_a^b f(x)\,dx$ が収束することと以下は同値である.
> $${}^\forall \varepsilon > 0,\ \exists \delta_0 > 0 \,;$$
> $$a < x < x' < \delta_0 \leq b \Longrightarrow \left| \int_x^{x'} f(t)\,dt \right| < \varepsilon$$
> (3)　$\exists \delta > 0 \,;\, {}^\forall x \in (a, a+\delta),\ |f(x)| \leq g_1(x)$
> 　　$\Longrightarrow \displaystyle\int_a^b f(x)\,dx$ は収束する

証明　(1)　(i)　$0 < \varepsilon < \delta$ に対して，
$$\int_{a+\varepsilon}^{a+\delta} f(x)\,dx \leq \int_{a+\varepsilon}^{a+\delta} g_1(x)\,dx \leq \int_a^b g_1(x)\,dx < \infty$$
より，$\displaystyle\int_a^{a+\delta} f(x)\,dx < \infty$. 定積分 $\displaystyle\int_{a+\delta}^b f(x)\,dx < \infty$ であるから，$\displaystyle\int_a^b f(x)\,dx < \infty$.

(ii)　$0 < \varepsilon < \delta$ に対して，
$$\int_{a+\varepsilon}^{a+\delta} f(x)\,dx \geq \int_{a+\varepsilon}^{a+\delta} g_2(x)\,dx$$
$\displaystyle\int_a^b g_2(x)\,dx = \infty$ であり定積分 $\displaystyle\int_{a+\delta}^a g_2(x)\,dx < \infty$ であるから，$\varepsilon \to +0$ とする

と，上式の右辺が発散することより，左辺も発散する.

(2)　$F(x) = \int_x^b f(t)dt$ に対して，$|F(x) - F(x')| = \left| \int_x^{x'} f(t)dt \right|$ であるから，$F(x)$ に対して定理 4.8 を適用すればよい.

(3)　
$$\left| \int_x^{x'} f(t)dt \right| \leq \int_x^{x'} |f(t)|dt \leq \int_x^{x'} g_1(t)dt$$

となるが，$g_1(x)$ に対して (2) を適用すると，$x, x' \to a + 0$ のとき $\int_x^{x'} g_1(t)dt \to 0$ となる. よって (2) より $\int_a^b f(x)dx$ は収束する. ■

例 9.3　(1)　$0 < \alpha < 1$ について，$\displaystyle\int_0^1 \frac{\sin\dfrac{1}{x}}{x^\alpha}dx$ は収束する. (命題 9.2 (3).)

(2)　$\alpha > 0$ に対して，$\displaystyle\int_0^{\frac{\pi}{2}} \frac{1}{\sin^\alpha x}dx$ の収束性を調べる.

(1.8) より $0 < x \leq \dfrac{\pi}{2}$ で

$$\frac{1}{\left(\dfrac{2}{\pi}x\right)^\alpha} \geq \frac{1}{\sin^\alpha x} \geq \frac{1}{x^\alpha}$$

よって $\alpha \geq 1$ について，$\displaystyle\int_0^{\frac{\pi}{2}} \frac{1}{\sin^\alpha x}dx = \infty$ となり，$0 < \alpha < 1$ について，$\displaystyle\int_0^{\frac{\pi}{2}} \frac{1}{\sin^\alpha x}dx < \infty$ となる. ◇

命題 9.3　$f(x) \geq 0$ は $(a, b]$ で連続とする.

(1)　$0 < {}^\exists \alpha < 1 ; 0 \leq \displaystyle\lim_{x \to a+0} (x-a)^\alpha f(x) < \infty \Longrightarrow \int_a^b f(x)dx < \infty$

(2)　${}^\exists \alpha \geq 1 ; \displaystyle\lim_{x \to a+0} (x-a)^\alpha f(x) > 0 \Longrightarrow \int_a^b f(x)dx = \infty$

証明　$\displaystyle\lim_{x \to a+0} (x-a)^\alpha f(x) =: p$ とすると，$f(x) \geq 0$ より $p \geq 0$.

(1)　${}^\forall \varepsilon > 0, \ \exists \delta > 0 ;$
$$0 < x - a < \delta \Longrightarrow 0 \leq (x-a)^\alpha f(x) < p + \varepsilon$$
よって

196   第9章　広義積分

$$\int_a^\delta f(x)dx \leq \int_a^\delta \frac{p+\varepsilon}{(x-a)^\alpha}dx < \infty$$

$[\delta, b]$ で $f(x)$ は有界であるから，$\displaystyle\int_a^b f(x)dx < \infty$.

(2)　　　　　　$0 < {}^\forall \varepsilon < p,\ \exists \delta > 0$；

$$0 < x - a < \delta \Longrightarrow 0 < p - \varepsilon < (x-a)^\alpha f(x)$$

よって

$$\int_a^\delta f(x)dx \geq \int_a^\delta \frac{p-\varepsilon}{(x-a)^\alpha}dx = \infty \qquad\blacksquare$$

例9.4　　　　　　　$$\int_0^{\frac{\pi}{2}} -\log \sin x\, dx < \infty \qquad\qquad (9.9)$$

　例6.19(1)(ii)より，$0 < \alpha < 1$ に対して命題9.3(1)を適用すると，(9.9)が得られる．　◇

━━━━━━━━━━━ **積分区間の内点で非有界となる関数の広義積分**[*2]

定義9.2　$f(x)$ が $[a,c) \cup (c,b]$ で連続であり，$\displaystyle\lim_{x \to c-0} f(x) = \pm\infty$，$\displaystyle\lim_{x \to c+0} f(x) = \pm\infty$ であるとき，$f(x)$ の $[a,b]$ での広義積分を

$$\int_a^b f(x)dx = \lim_{\varepsilon \to +0} \int_a^{c-\varepsilon} f(x)dx + \lim_{\varepsilon' \to +0} \int_{c+\varepsilon'}^b f(x)dx \qquad (9.10)$$

で定義する（図9.3）.

　$[a, b]$ で連続な $f(x)$ に対して

$$\int_a^b \frac{1}{f(x)}dx$$

を考えるときは，$[a, b]$ の中に $f(x_0) = 0$ となる点 x_0 があるかどうか調べる.

　$[a, b]$ で $f(x) \geq 0$ であり，$f(x_0) = 0$ となる唯一の点 $x_0 \in (a, b)$ があるとし

─────────────────

[*2]　$a < c < b$ となる c を $[a, b]$ の内点という.

9.2 有限区間での広義積分   197

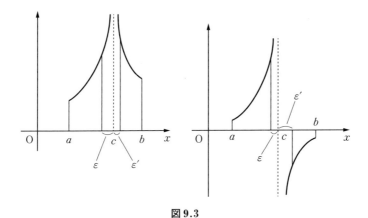

図 9.3

て考える．$\lim_{x \to x_0+0} \dfrac{1}{f(x)} = \lim_{x \to x_0-0} \dfrac{1}{f(x)} = \infty$ となるので，$a < x_0 < b$ のときは

$$\int_a^b \frac{1}{f(x)}\,dx = \int_a^{x_0} \frac{1}{f(x)}\,dx + \int_{x_0}^b \frac{1}{f(x)}\,dx$$

$$= \lim_{\varepsilon \to +0} \int_a^{x_0-\varepsilon} \frac{1}{f(x)}\,dx + \lim_{\varepsilon' \to +0} \int_{x_0+\varepsilon'}^b \frac{1}{f(x)}\,dx$$

となる．

例 9.5 $\displaystyle\int_0^2 \frac{1}{x^2 - 2x + 1}\,dx$

$f(x) = x^2 - 2x + 1 = (x-1)^2$ より

$$\int_0^2 \frac{1}{x^2 - 2x + 1}\,dx$$

$$= \lim_{\varepsilon \to +0} \int_0^{1-\varepsilon} \frac{1}{(1-x)^2}\,dx + \lim_{\varepsilon' \to +0} \int_{1+\varepsilon'}^2 \frac{1}{(x-1)^2}\,dx < \infty \quad{}^{*3} \quad \diamondsuit$$

[*3] なお第 2 項のような $\displaystyle\int_a^{a+1} \frac{1}{(x-a)^\alpha}\,dx$ は $\dfrac{1}{x^\alpha}$ のグラフを a だけ x 方向に平行移動した積分，第 1 項を 1 だけ x 方向に平行移動した積分 $\displaystyle\int_{-1}^0 \frac{1}{(-x)^\alpha}\,dx$ は $\dfrac{1}{x^\alpha}$ のグラフを y 軸対称に折り返したときの積分で，置換積分により，$\displaystyle\int_0^1 \frac{1}{x^\alpha}\,dx$ と等しくなる．

例 9.6 （コーシーの主値） $\int_{-1}^{2} \frac{1}{x} dx$

定義 9.2 に従うと

$$\int_{-1}^{2} \frac{1}{x} dx = \lim_{\varepsilon \to +0} \int_{-1}^{-\varepsilon} \frac{1}{x} dx + \lim_{\varepsilon' \to +0} \int_{\varepsilon'}^{2} \frac{1}{x} dx$$
$$= \lim_{\varepsilon \to +0} \log \varepsilon + \lim_{\varepsilon' \to +0} (\log 2 - \log \varepsilon')$$

となり，収束しない．

実は，定義 9.2 以外の定義があって，(9.10) の代わりに

$$(P)\int_{a}^{b} f(x) dx = \lim_{\varepsilon \to +0} \left(\int_{a}^{c-\varepsilon} f(x) dx + \int_{c+\varepsilon}^{b} f(x) dx \right) \quad (9.11)$$

によって積分を考えることがある．(9.11) はコーシーの主値という．

$$(P)\int_{-1}^{2} \frac{1}{x} dx = \lim_{\varepsilon \to +0} \left(\int_{-1}^{-\varepsilon} \frac{1}{x} dx + \int_{\varepsilon}^{2} \frac{1}{x} dx \right) = \log 2$$

となる（図 9.4）．

(9.10) の ε と ε' を $\varepsilon = \varepsilon'$ として，正の面積と負の面積を打ち消しあってから，$\varepsilon \to 0$ とする．◇

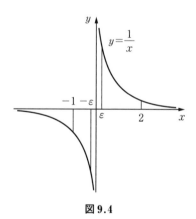

図 9.4

━━━━━ 積分区間の両端で非有界な関数の広義積分

定義 9.3 $f(x)$ が (a, b) で連続であり，$\lim_{x \to a+0} f(x) = \pm\infty$, $\lim_{x \to b-0} f(x) = \pm\infty$ であるとき，$f(x)$ の (a, b) での広義積分を，ある $c \in (a, b)$ に対して，

$$\int_a^b f(x)\,dx = \lim_{\varepsilon \to +0} \int_{a+\varepsilon}^c f(x)\,dx + \lim_{\varepsilon' \to +0} \int_c^{b-\varepsilon'} f(x)\,dx \qquad (9.12)$$

で定義する．(9.12)の積分値は c によらない．

例9.7 $\int_{-\frac{\pi}{2}}^{\frac{\pi}{2}} \tan x\,dx$ は(9.12)に従って計算すると，収束しないことがわか

る．$\int_{-\frac{\pi}{2}}^{\frac{\pi}{2}} \tan x\,dx \neq \lim_{\varepsilon \to +0} \int_{-\frac{\pi}{2}+\varepsilon}^{\frac{\pi}{2}-\varepsilon} \tan x\,dx = \lim_{\varepsilon \to +0} \Big[\log|\cos x| \Big]_{-\left(\frac{\pi}{2}-\varepsilon\right)}^{\frac{\pi}{2}-\varepsilon} = 0$ に注意

する． ◇

例9.8 $p, q > 0$ とする．
$$B(p, q) = \int_0^1 x^{p-1}(1-x)^{q-1}\,dx \qquad (9.13)$$

をベータ関数という．(9.13)は $p, q \geq 1$ のときは定積分で，$0 < p < 1$ または $0 < q < 1$ のとき広義積分となる．

$p, q > 0$ で，$B(p, q) < \infty$ である．たとえば $0 < p, q < 1$ のとき，
$$B(p, q) = \int_0^{\frac{1}{2}} \frac{1}{x^{1-p}} \frac{1}{(1-x)^{1-q}}\,dx + \int_{\frac{1}{2}}^1 \frac{1}{x^{1-p}} \frac{1}{(1-x)^{1-q}}\,dx$$

において，第1項では $\lim_{x \to +0} \dfrac{1}{x^{1-p}} = \infty$，第2項では $\lim_{x \to 1-0} \dfrac{1}{(1-x)^{1-q}} = \infty$ となっていることに注意する．

$$B(p, q) \leq \int_0^{\frac{1}{2}} \frac{1}{x^{1-p}} \frac{1}{\left(\dfrac{1}{2}\right)^{1-q}}\,dx + \int_{\frac{1}{2}}^1 \frac{1}{\left(\dfrac{1}{2}\right)^{1-p}} \frac{1}{(1-x)^{1-q}}\,dx$$
$$< \infty$$

となる． ◇

9.3 半無限区間での広義積分

$[a, \infty)$ で連続な $f(x) \geq 0$ の広義積分

$x > e$ で $\log x > 1$ であるから，$b > e$ に対して
$$\int_e^b \frac{1}{x^\alpha \log x}\,dx < \int_e^b \frac{1}{x^\alpha}\,dx < \int_e^b \frac{1}{x^\alpha} \log x\,dx$$
となる．以下では

200 第9章 広義積分

(i) $\displaystyle\int_e^\infty \frac{1}{x^\alpha \log x}\,dx < \infty$

(ii) $\displaystyle\int_e^\infty \frac{1}{x^\alpha}\log x\,dx < \infty$

となる α の条件を $\displaystyle\int_e^\infty \frac{1}{x^\alpha}\,dx$ の場合と比較する.

まず (i) について, $\displaystyle\int_e^\infty \frac{1}{x}\,dx = \infty$ だが, $\dfrac{1}{x}$ に $\dfrac{1}{x^\varepsilon}$ $(\varepsilon > 0)$ を掛けると, $\varepsilon > 0$ がどんなに小さくても $\displaystyle\int_e^\infty \frac{1}{x}\cdot\frac{1}{x^\varepsilon}\,dx < \infty$ となってしまう. では $\dfrac{1}{x}$ に $\dfrac{1}{\log x}$ を掛けたらどうなるだろうか?

例 9.9 $\displaystyle\int_e^\infty \frac{1}{x\log x}\,dx$ の収束性を調べる.

例 8.9 で $a = e$ とすると $\log\log e = \log 1 = 0$ であり, $b \to \infty$ とすると $\log b \to \infty$ となるので $\log\log b \to \infty$. よって, 発散.

このように $\dfrac{1}{x}$ に $\dfrac{1}{\log x}$ を掛けても, 広義積分は有限にならないことがわかった. このことは例 6.19 と関連付けて考えてみるとよい. ◇

次に (ii) について. $0 < \alpha \leq 1$ に対して, $\displaystyle\int_e^\infty \frac{1}{x^\alpha}\,dx = \infty$ なので, $\dfrac{1}{x^\alpha}$ に $\log x \geq 1$ を掛けると当然, $\displaystyle\int_e^\infty \frac{1}{x^\alpha}\log x\,dx = \infty$. では $\alpha > 1$ に対してはどうか?

例 9.10 $\alpha > 1$ に対して, $\displaystyle\int_e^\infty \frac{1}{x^\alpha}\log x\,dx$ の収束性を調べる.

$$\int_e^\infty \frac{1}{x^\alpha}\log x\,dx = \int_e^\infty \left(\frac{x^{-\alpha+1}}{1-\alpha}\right)' \log x\,dx$$

$$= \frac{1}{1-\alpha}\left(\left[\frac{\log x}{x^{\alpha-1}}\right]_e^\infty - \int_e^\infty \frac{1}{x^{\alpha-1}}\cdot\frac{1}{x}\,dx\right)$$

$$= \frac{1}{\alpha-1}\left(-\lim_{x\to\infty}\frac{\log x}{x^{\alpha-1}} + \frac{1}{e^{\alpha-1}} + \int_e^\infty \frac{1}{x^\alpha}\,dx\right) < \infty$$

(例 6.19 より右辺第 1 項 $\displaystyle\lim_{x\to\infty}\frac{\log x}{x^{\alpha-1}} = 0$.) このように $\dfrac{1}{x^\alpha}$ に増加関数 $\log x$

を掛けても，広義積分が収束するための条件は $\int_e^\infty \dfrac{1}{x^\alpha} dx$ のときと同じである

ことがわかった．◇

なお，ここで，(8.23)において $b \to \infty$ として得られる部分積分を用いた．

命題 9.4（部分積分） $f(x), g(x) \in C^1([a, \infty))$ とする．$\displaystyle\lim_{x \to \infty} f(x)g(x)$ が

存在し，$\displaystyle\int_a^\infty f(x)g'(x)dx$ が収束するならば，$\displaystyle\int_a^\infty f'(x)g(x)dx$ が収束し，

$$\int_a^\infty f'(x)g(x)dx = (\lim_{x \to \infty} f(x)g(x) - f(a)g(a)) - \int_a^\infty f(x)g'(x)dx$$

が成り立つ．

命題 9.3 と同様に次の命題が成り立つ．

命題 9.5 $f(x) \geq 0$ は $[a, \infty)$ $(a \in \mathbb{R})$ で連続とする．

(1) $\exists \alpha > 1 ; 0 \leq \displaystyle\lim_{x \to \infty} x^\alpha f(x) < \infty \Longrightarrow \int_a^\infty f(x)dx < \infty$

(2) $0 < \exists \alpha \leq 1 ; \displaystyle\lim_{x \to \infty} x^\alpha f(x) > 0 \Longrightarrow \int_a^\infty f(x)dx = \infty$

━━━━━━━━━━━ (a, ∞) で連続な $f(x) \geq 0$ の広義積分

$\displaystyle\int_0^1 \dfrac{1}{x^\alpha} dx < \infty$ となる α は $0 < \alpha < 1$ であり，$\displaystyle\int_1^\infty \dfrac{1}{x^\alpha} dx < \infty$ となる

α は $\alpha > 1$ であるから，$\displaystyle\int_0^\infty \dfrac{1}{x^\alpha} dx < \infty$ となる $\alpha > 0$ は存在しない．以下

では

$$f(x) \geq 0, \quad \lim_{x \to +0} f(x) = \infty, \quad \lim_{x \to \infty} f(x) = 0,$$

$$\int_0^\infty f(x)dx < \infty$$

(9.14)

をみたすような $f(x)$ の例を考える．

$\displaystyle\int_0^\infty f(x)dx$ の収束発散は，ある $a > 0$ に対して，

202　第 9 章　広義積分

$$\int_0^\infty f(x)\,dx = \int_0^a f(x)\,dx + \int_a^\infty f(x)\,dx$$

として，右辺の 2 つの広義積分の収束発散を調べる．(収束発散は a によらない．)

命題 9.2 (1) の考え方はここでも適用される．

例 9.11　$\displaystyle\int_0^\infty \frac{1}{x^\alpha}\frac{1}{x+1}\,dx\ (0 < \alpha < 1)$ の収束発散を調べる．

$$\frac{1}{x+1} \le \begin{cases} 1, & 0 < x \le 1 \\ \dfrac{1}{x}, & x \ge 1 \end{cases}$$

に注意すると，

$$\int_0^\infty \frac{1}{x^\alpha}\frac{1}{x+1}\,dx \le \int_0^1 \frac{1}{x^\alpha}\,dx + \int_1^\infty \frac{1}{x^{\alpha+1}} < \infty$$

この例は，$0 < p < 1,\ q > 1$ に対して，

$$0 \le f(x) \le \begin{cases} \dfrac{1}{x^p}, & 0 < x \le 1 \\ \dfrac{1}{x^q}, & x \ge 1 \end{cases}$$

という形をしている．◇

例 9.12　$f(x) = \dfrac{|\log x|}{(1+x)^2}$ は (9.14) をみたすか．

$\displaystyle\lim_{x\to +0}\frac{|\log x|}{(1+x)^2} = \infty$ であり，例 6.19 より $\displaystyle\lim_{x\to\infty}\frac{|\log x|}{(1+x)^2} = \lim_{x\to\infty}\frac{\log x}{x^2} \cdot$
$\displaystyle\lim_{x\to\infty}\frac{x^2}{(1+x)^2} = 0.$

$$\int_0^\infty \frac{|\log x|}{(1+x)^2}\,dx = \int_0^1 \frac{-\log x}{(1+x)^2}\,dx + \int_1^\infty \frac{\log x}{(1+x)^2}\,dx =: A + B$$

とおく．まず A を調べる．$\dfrac{1}{(1+x)^2} \le 1$ であるから，例 9.2，命題 9.2 より

$$0 \le \int_0^1 -\frac{\log x}{(1+x)^2}\,dx \le \int_0^1 -\log x\,dx = 1$$

次に B を調べる．例 9.10 より，

$$\int_1^\infty \frac{\log x}{(1+x)^2} dx < \int_1^\infty \frac{\log x}{x^2} dx < \infty$$

よって $f(x) = \dfrac{|\log x|}{(1+x)^2}$ は (9.14) をみたす．◇

例 9.13 (ガンマ関数)

$$\Gamma(s) = \int_0^\infty e^{-x} x^{s-1} dx \qquad (s > 0)$$

をガンマ関数という．以下 $0 < \Gamma(s) < \infty$ であることを示す．

まず $g(x) := e^{-x} x^{s-1}$ のグラフは図 9.5 のようになることを確かめたい．そのために $y = e^{-x}$ と $y = x^{s-1}$ との積のグラフがどうなるか考える．$s = 1$ のときは明らか．$g'(x) = e^{-x} x^{s-2}(-x + s - 1)$ より，$0 < s < 1$ のとき $g(x)$ は単調減少で，$\lim_{x \to +0} e^{-x} = 1$, $\lim_{x \to +0} x^{s-1} = \infty$, $\lim_{x \to \infty} e^{-x} = \lim_{x \to \infty} x^{s-1} = 0$. $s > 1$ のときは，$g(0) = 0$ であり，$\lim_{x \to \infty} \dfrac{x^{s-1}}{e^x}$ は不定形だが，ロピタルの定理を用いて $\lim_{x \to \infty} \dfrac{x^{s-1}}{e^x} = 0$ となる．(より詳しく図 9.5 を確かめるには増減表を調べることになる．)

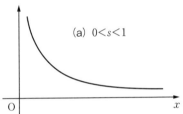
(a) $0 < s < 1$

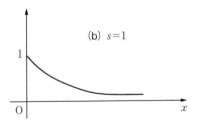
(b) $s = 1$

$$\Gamma(s) = \int_0^1 \frac{x^{s-1}}{e^x} dx + \int_1^\infty \frac{x^{s-1}}{e^x} dx$$
$$=: A + B$$

と書くことにする．

(i) $s = 1$ のとき．

$$\Gamma(1) = \int_0^\infty e^{-x} dx = 1$$

(ii) $0 < s < 1$ のとき．$x \geq 0$ で $e^x \geq 1$ だから

$$A = \int_0^1 \frac{x^{s-1}}{e^x} dx \leq \int_0^1 \frac{1}{x^{1-s}} dx < \infty$$

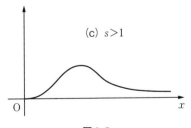
(c) $s > 1$

図 9.5

204　第9章　広義積分

$x \geq 1$ で $\dfrac{1}{x^{1-s}} \leq 1$ だから

$$B = \int_1^\infty \frac{x^{s-1}}{e^x}\,dx \leq \int_1^\infty \frac{1}{e^x}\,dx = \frac{1}{e}$$

よって $\Gamma(s) < \infty$.

(iii)　$s > 1$ のとき．グラフを見ると A は定積分とわかるが，$0 < e^{-x} \leq 1$ と $0 \leq x^{s-1} \leq 1$ より，$A \leq 1$.

　$x \geq 1$ のときを考える．ロピタルの定理より，$\displaystyle\lim_{x \to \infty} \frac{x^{s+1}}{e^x} = 0$ となるので，ある $M > 0$ に対して定まる $\delta > 1$ に対して，

$$B = \int_1^\infty \frac{\dfrac{x^{s+1}}{e^x}}{x^2}\,dx \leq \int_1^\delta \frac{\dfrac{x^{s+1}}{e^x}}{x^2}\,dx + \int_\delta^\infty \frac{M}{x^2}\,dx < \infty$$

となる*4. ◇

=== 変格積分

　命題7.5において，$a = 0,\ b \to \infty$ とすると，

$$\left| \int_0^\infty f(x)\,dx \right| \leq \int_0^\infty |f|(x)\,dx \tag{9.15}$$

となる．以下では，$\displaystyle\int_0^\infty |f|(x)\,dx$ は発散するが，$\left| \displaystyle\int_0^\infty f(x)\,dx \right| < \infty$ となる例を考える．$\displaystyle\int_0^\infty |f|(x)\,dx < \infty$ となるとき，$f(x)$ の $(0, \infty)$ での広義積分は絶対収束するといい，広義積分は収束するが絶対収束しない積分を変格積分という．

　定理4.8(2)によって，命題9.2(2), (3)と同様の命題が得られる．

---

*4　ここの計算は次のようにしてもよい．$s - 1 \leq m$ となる $m \in \mathbb{N}$ が見つかるので，例11.2より

$$B \leq \int_1^\infty \frac{x^m}{e^x}\,dx \leq \int_1^\infty \frac{(m+2)!}{x^2}\,dx < \infty$$

9.3 半無限区間での広義積分　205

命題 9.6　関数 $f(x)$ は $[a, \infty)$ で連続とする.

(1)　$\displaystyle\int_a^\infty f(x)dx$ が収束することと以下は同値である.

$$^\forall \varepsilon > 0, \ \exists M > a ;$$
$$M < x < x' \Longrightarrow \left| \int_x^{x'} f(t)dt \right| < \varepsilon$$

(2)　$g_1(x) \geq 0$ は $[a, \infty)$ で連続で, $\displaystyle\int_a^\infty g_1(x)dx < \infty$ とする. このとき,

$$\exists M > a ; \ ^\forall x > M, \ |f(x)| \leq g_1(x)$$
$$\Longrightarrow \int_a^\infty f(x)dx \text{ は収束する}$$

特に, $g_1(x) = |f(x)|$ として, 広義積分は絶対収束すれば, 収束する. すなわち,

$$\int_a^\infty |f(x)|dx < \infty \Longrightarrow \int_a^\infty f(x)dx \text{ は収束する}$$

例 9.14　$\displaystyle\int_0^\infty \frac{\sin x}{x}dx$ の収束発散を調べる.

(i)　例 6.20 で $\displaystyle\lim_{x \to \infty} \frac{\sin x}{x} = 0$ を確かめた. $0 < x < x'$ に対して, 部分積分

$$\int_x^{x'} \frac{\sin t}{t}dt = \left[-\frac{\cos t}{t} \right]_x^{x'} - \int_x^{x'} \frac{\cos t}{t^2}dt$$

によって, $|\cos t| \leq 1$ に注意すると,

$$\left| \int_x^{x'} \frac{\sin t}{t}dt \right| \leq \frac{1}{x} + \frac{1}{x'} + \int_x^{x'} \frac{1}{t^2}dt \leq \frac{2}{x}$$

よって $^\forall \varepsilon > 0$ に対して, $x > \dfrac{2}{\varepsilon}$ とすれば, $\left| \displaystyle\int_x^{x'} \frac{\sin t}{t}dt \right| < \varepsilon$. よって命題 9.6 より, $\displaystyle\int_0^\infty \frac{\sin x}{x}dx$ は収束する.

(ii)　(7.37)のように

$$\frac{\sin x}{x} = \left(\frac{\sin x}{x} \right)^+ - \left(\frac{\sin x}{x} \right)^-$$

と書けるが,

$$\int_0^\infty \frac{\sin x}{x}dx \neq \int_0^\infty \left(\frac{\sin x}{x} \right)^+ dx - \int_0^\infty \left(\frac{\sin x}{x} \right)^- dx \tag{9.16}$$

206   第9章 広義積分

であることを示す．つまり(9.16)は

$$\int_0^\infty (f(x) + g(x))\,dx = \int_0^\infty f(x)\,dx + \int_0^\infty g(x)\,dx \qquad (9.17)$$

が成り立たない例になっている．

$$\int_0^\infty \left(\frac{\sin x}{x}\right)^+ dx = \sum_{n=0}^\infty \int_{2n\pi}^{(2n+1)\pi} \frac{\sin x}{x}\,dx$$

$$\geq \sum_{n=0}^\infty \int_{2n\pi}^{(2n+1)\pi} \frac{\sin x}{(2n+1)\pi}\,dx$$

$$= \sum_{n=0}^\infty \frac{2}{(2n+1)\pi} = \infty$$

$$\int_0^\infty \left(\frac{\sin x}{x}\right)^- dx = \sum_{n=0}^\infty \int_{(2n+1)\pi}^{(2n+2)\pi} -\frac{\sin x}{x}\,dx$$

$$\geq \sum_{n=0}^\infty \frac{2}{(2n+2)\pi} = \infty$$

となっており，(9.16)の右辺は$\infty - \infty$の不定形で，収束しない[*5]．
$\int_0^\infty \left|\frac{\sin x}{x}\right|\,dx \geq \int_0^\infty \left(\frac{\sin x}{x}\right)^+ dx = \infty$ なので，$\int_0^\infty \frac{\sin x}{x}\,dx$ は収束するが，
$\int_0^\infty \left|\frac{\sin x}{x}\right|\,dx$ は発散する．

(iii) ここで，$\int_0^\infty \frac{\sin x}{x}\,dx$ が収束することより，

$$\int_0^\infty \frac{\sin x}{x}\,dx = \lim_{n\to\infty} \int_0^{2n\pi} \frac{\sin x}{x}\,dx = \lim_{n\to\infty} \sum_{k=0}^{n-1} (a_{2k} - a_{2k+1})$$

$$a_k = \int_{k\pi}^{(k+1)\pi} \frac{|\sin x|}{x}\,dx > 0 \qquad (9.18)$$

であるから，(9.16)は

$$(a_0 - a_1) + (a_2 - a_3) + \cdots \neq (a_0 + a_2 + \cdots) - (a_1 + a_3 + \cdots)$$

となっている．このように足し算の順序を変えると，和が異なることがある[*6]．このことは次章で学ぶ．

　なお

$$\int_x^{x'} (f(t) + g(t))\,dt = \int_x^{x'} f(t)\,dt + \int_x^{x'} g(t)\,dt$$

[*5] $\sum_{n=0}^\infty a_n$ の定義は次章で行う．

であることより,

$$\int_0^b (f(x) + g(x))\,dx = \int_0^b f(x)\,dx + \int_0^b g(x)\,dx$$

において, $b \to \infty$ とするとき, 右辺の 2 項とも収束するとき, 左辺も収束し, (9.17) が成り立つ.

(iv) $\alpha > 1$ に対して, $\displaystyle\int_1^\infty \left| \frac{\sin x}{x^\alpha} \right| dx < \infty$ となることより, $\displaystyle\int_1^\infty \frac{\sin x}{x^\alpha}\,dx$ は収束する. ◇

━━━━━━━━━━━━━━━━━━━━━━━━━━━━ **広義積分可能**

これまで連続関数に対して広義積分を考えてきたが, $[0, \infty)$ で

$$f(x) = \begin{cases} \dfrac{1}{x^2 + 1}, & x \notin \mathbb{N} \\ 0, & x \in \mathbb{N} \end{cases}$$

の積分を考える. $^\forall a \geq 1$ に対して, $[0, a]$ で有限個の点を除き, $f(x) = \dfrac{1}{x^2 + 1}$ となるので, 命題 7.1 (3) より, $f(x)$ は $[0, a]$ で積分可能で,

$$\int_0^\infty f(x)\,dx := \lim_{a \to \infty} \int_0^a f(x)\,dx = \lim_{a \to \infty} \int_0^a \frac{1}{x^2 + 1}\,dx$$

とできる.

このように $[0, \infty)$ で有界な関数 $f(x)$ が $^\forall a > 0$ に対して, $[0, a]$ で積分可能であるとき, $f(x)$ の $[0, \infty)$ での広義積分は

$$\int_0^\infty f(x)\,dx := \lim_{a \to \infty} \int_0^a f(x)\,dx$$

で定義され, 広義積分が収束するとき, $f(x)$ は $[0, \infty)$ で広義積分可能であるという.

有界な $f(x)$ が $[0, \infty)$ で広義積分可能であるとき, (9.15) が成り立つが,

───────────────

*6 連続関数 $f(x)$ に対する広義積分 $\displaystyle\int_0^\infty f(x)\,dx$ では $x = 0$ から x が大きくなる方向に $f(x)$ を足していくことを意味する. 広義積分では $f(x)$ を足す順序を入れ替えたりしない. たとえば $f(x) > 0$ となる x の区間と $f(x) < 0$ となる x の区間を入れ替えて積分を考えたりしない.

208 第9章 広義積分

例 9.14 のように $|f|(x)$ が広義積分可能とは限らない. また $|f|(x)$ が広義積分可能であっても, $f(x)$ が広義積分可能とは限らない. 反例は

$$f(x) = \begin{cases} \dfrac{1}{x^2+1}, & x \notin \mathbb{Q} \\ -\dfrac{1}{x^2+1}, & x \in \mathbb{Q} \end{cases}$$

$\mathbb{R}$ での広義積分

$\mathbb{R}$ で有界な関数 $f(x)$ が任意の有界閉区間で定積分可能であるとき, $\mathbb{R}$ での広義積分を

$$\int_{-\infty}^{\infty} f(x)\,dx := \int_{-\infty}^{a} f(x)\,dx + \int_{a}^{\infty} f(x)\,dx$$

で定義する. 右辺は $a \in \mathbb{R}$ によらない. なお,

$$\int_{-\infty}^{\infty} f(x)\,dx \neq \lim_{a \to \infty} \int_{-a}^{a} f(x)\,dx$$

だが, 右辺もしばしば用いられる.

第10章

級　　数

　　ここでは数列のすべての項の足し算である級数について考察する．無限個の数の足し算では有限個の数の足し算では起こりえないことが生じる．またすべての項が非負である級数が有限の値に収束するための条件について考察する．

10.1　級数の収束性

数列 $\{a_n\}$ に対して

$$a_1 + a_2 + a_3 + \cdots$$

を級数という．これを $\sum_{n=1}^{\infty} a_n$ と書く．$\sum_{n=1}^{\infty} a_n$ で，個々の a_n を項といい，

$$S_m = a_1 + a_2 + \cdots + a_m = \sum_{n=1}^{m} a_n$$

を m 部分和という．

$$S_{m+1} = S_m + a_{m+1} \tag{10.1}$$

である．

定義 10.1
$$\sum_{n=1}^{\infty} a_n := \lim_{m \to \infty} (a_1 + a_2 + \cdots + a_m)$$
$$= \lim_{m \to \infty} S_m$$

つまり数列 $\{a_n\}$ に対して，その m 部分和も数列 $\{S_m\}$ になり，$\{S_m\}$ の極限が

210   第10章 級 数

級数 $\sum\limits_{n=1}^{\infty} a_n$ である.S_m が収束するとき,級数 $\sum\limits_{n=1}^{\infty} a_n$ が収束するといい,収束

しないとき,発散するという.$\sum\limits_{n=1}^{\infty} a_n$ が収束するか,$\sum\limits_{n=1}^{\infty} a_n = \infty$,

$\sum\limits_{n=1}^{\infty} a_n = -\infty$ となるとき,和が確定するという.また,すべての n について

$a_n \geq 0$ のとき $\sum\limits_{n=1}^{\infty} a_n$ を正項級数という.

有限個の和ではありえないことも無限個の和では起こりうる.$a_n = (-1)^n$
とすると,

$$\sum\limits_{n=1}^{\infty} a_n = -1 + (-1)^2 + (-1)^3 + \cdots$$
$$= -1 + 1 + (-1) + \cdots$$

となり収束しない.このとき,定義 10.1 により,

$$a_1 + a_2 + a_3 + \cdots \neq (a_1 + a_2) + (a_3 + a_4) + \cdots$$
$$= (-1 + 1) + (-1 + 1) + \cdots$$
$$= 0 + 0 + \cdots$$

一般に

$$(a + b) + c = a + (b + c)$$

なので有限個の和は

$$(a_1 + a_2) + (a_3 + a_4) + \cdots + (a_{n-1} + a_n)$$
$$= a_1 + (a_2 + a_3) + (a_4 + a_5) + \cdots + a_n$$

とできる.しかし,

$$(-1 + 1) + (-1 + 1) + \cdots \neq -1 + (1 - 1) + (1 - 1) + \cdots$$

となることからもわかるように,無限個の足し算は注意が必要で,$\sum\limits_{n=1}^{\infty} a_n$ が収

束すれば,

$$\sum\limits_{n=1}^{\infty} a_n = a_1 + (a_2 + a_3) + (a_4 + a_5 + a_6) + \cdots$$

のようなことが可能となる.これは右辺の部分和が $\sum\limits_{n=1}^{\infty} a_n$ の部分和 S_m の部分

列になっていて,部分和 S_m が収束すれば,S_m の部分列もまた収束するから.

10.1 級数の収束性 **211**

== **級数の収束条件**

例 10.1 $1 + x + x^2 + \cdots + x^n + \cdots$

$$S_m = 1 + x + \cdots + x^{m-1} = \begin{cases} \dfrac{1 - x^m}{1 - x}, & x \neq 1 \\ m, & x = 1 \end{cases}$$

$x = 1$ のとき.

$$\sum_{n=1}^{\infty} x^n = \lim_{m \to \infty} S_m = \lim_{m \to \infty} m = \infty$$

$x \neq 1$ のとき. $\displaystyle\lim_{m \to \infty} x^m$ が収束するとき

$$\lim_{m \to \infty} S_m = \lim_{m \to \infty} \frac{1 - x^m}{1 - x} = \frac{1 - \displaystyle\lim_{m \to \infty} x^m}{1 - x}$$

$\displaystyle\lim_{m \to \infty} x^m$ が収束するのは $|x| < 1$ のときなので $\displaystyle\sum_{n=1}^{\infty} x^n$ が収束するのは $|x| < 1$ のときのみである. このとき

$$1 + x + x^2 + \cdots = \sum_{n=0}^{\infty} x^n = \frac{1 - \displaystyle\lim_{n \to \infty} x^n}{1 - x} = \frac{1}{1 - x}$$

(10.2)

しかし, (10.2)は $|x| \geq 1$ では成り立たない. ($x = -1$ や $x = 2$ を代入してみるとよい.) 左辺は $x \neq 1$ であれば, 値が定まるが, 右辺は $|x| \geq 1$ で収束しない. ここで極限の定義である(3.2)をみたすためには, 任意の $\varepsilon > 0$ に対して, $\left| \dfrac{1}{1 - x} - \dfrac{1 - x^m}{1 - x} \right| < \varepsilon$ すなわち m は

$$\frac{|x|^m}{|1 - x|} < \varepsilon$$

(10.3)

をみたさなければならない. (10.3)をみたす m は x によって異なり, $|x|$ が 1 に近いほど m は大きくとらなければならない. ◇

定理 10.1 $\displaystyle\sum_{n=1}^{\infty} a_n$ が収束すれば $\displaystyle\lim_{n \to \infty} a_n = 0$.

証明 $a_n = S_n - S_{n-1}$ なので, (10.1)より,

212 第10章 級　数

$$\lim_{n\to\infty} a_n = \lim_{n\to\infty}(S_n - S_{n-1}) = \lim_{n\to\infty} S_n - \lim_{n\to\infty} S_{n-1}$$
$$= \sum_{n=1}^{\infty} a_n - \sum_{n=1}^{\infty} a_n = 0 \qquad (10.4)$$

■

注意　(10.4)の中のどこで定理の仮定「$\sum_{n=1}^{\infty} a_n$ が収束すれば」は使われているだろうか？　もしこの仮定がなくても(10.4)が成り立つものならば，どんな数列 a_n に対しても，$\lim_{n\to\infty} a_n = 0$ となってしまうこととなる．$\sum_{n=1}^{\infty} a_n$ が収束しなければ，$\lim_{n\to\infty}(S_n - S_{n-1}) = \lim_{n\to\infty} S_n - \lim_{n\to\infty} S_{n-1}$ とはできない．

この命題の対偶は，

$$\lim_{n\to\infty} a_n \neq 0 \Longrightarrow \sum_{n=1}^{\infty} a_n \text{ は発散する}$$

これは，無限に足していく項 a_n が 0 に近づいていかないと，部分和 S_m を一定の値に近づけていくことができないということを意味する．

定理 4.4，定理 4.7 より，

命題 10.1　$\sum_{n=1}^{\infty} a_n$ が収束するための必要十分条件は，

(1)　$\sum_{n=1}^{\infty} a_n$ が正項級数のとき，数列 $S_m = \sum_{n=1}^{m} a_n$ が上に有界

(2)　$\sum_{n=1}^{\infty} a_n$ の部分和 S_m がコーシー列であること，すなわち $n > m$ に対して $m, n \to \infty$ のとき
$$|S_n - S_m| = |a_{m+1} + \cdots + a_n| \to 0$$
となることである[*1].

$\sum_{n=1}^{\infty} a_n$ が正項級数のとき，数列 $S_m = \sum_{n=1}^{m} a_n$ は単調増加なので，$\sum_{n=1}^{\infty} a_n$ が収束することを，$\sum_{n=1}^{\infty} a_n < \infty$ と表す．

────────────

[*1]　(2)は命題 9.6(1)と同様の性質の命題である．($f(x)$ が区分的に一定値をとる関数に対応する．)

10.1 級数の収束性　　213

==================== 級数の並べ替え

　正項級数ではない級数は並べ替えると，和が変わることがありうる．たとえば $1 - 1 + 1 - 1 \cdots$ を並べ替えて，$1 + 1 - 1 + 1 + 1 + 1 - 1 + 1 + 1 + 1 + 1 - 1 \cdots$ を作ることができる．(1 も -1 も無限にあり，尽きてしまうということがないので，このようなことができる．)

定理 10.2　正項級数は項の順序を並べ替えても，級数の和は変わらない．

証明　$a_n \geq 0$ とする．$\{a_n\}$ を並べ替えて作られた数列を $\{b_n\}$ とする．$\sum\limits_{n=1}^{\infty} a_n = A$, $\sum\limits_{n=1}^{\infty} b_n = B$ とおく．$A = B$ を示す．$\{b_n\}$ は $\{a_n\}$ の並べ替えなので，$\{b_n\}_{n=1,2,\cdots,m} \subset \{a_n\}_{n=1,2,\cdots}$ である．$a_n \geq 0$ なので，$\sum\limits_{n=1}^{m} b_n \leq \sum\limits_{n=1}^{\infty} a_n = A$. $m \to \infty$ とすると $B \leq A$ となる．a_n と b_n をとりかえると $A \leq B$ となるので $A = B$. ∎

==================== 絶対収束と条件収束

　(7.36) と同様の考えで，数列 $\{a_n{}^+\}, \{a_n{}^-\}$ を，

$$a_n{}^+ = \begin{cases} a_n, & a_n \geq 0 \text{ のとき} \\ 0, & a_n < 0 \text{ のとき} \end{cases}, \qquad a_n{}^- = \begin{cases} 0, & a_n \geq 0 \text{ のとき} \\ |a_n|, & a_n < 0 \text{ のとき} \end{cases}$$

とする．このとき，

$$0 \leq a_n{}^+ \leq |a_n|, \quad 0 \leq a_n{}^- \leq |a_n|$$
$$a_n = a_n{}^+ - a_n{}^-, \quad |a_n| = a_n{}^+ + a_n{}^- \tag{10.5}$$

となり，定義 10.1 と定理 3.1(1) より

$$\sum_{n=1}^{\infty} a_n{}^+ < \infty, \ \sum_{n=1}^{\infty} a_n{}^- < \infty \Longrightarrow \sum_{n=1}^{\infty} a_n = \sum_{n=1}^{\infty} a_n{}^+ - \sum_{n=1}^{\infty} a_n{}^- \tag{10.6}$$

定義 10.2　$\sum\limits_{n=1}^{\infty} |a_n| < \infty$ となるとき，$\sum\limits_{n=1}^{\infty} a_n$ は絶対収束するという．

定理 10.3　級数は絶対収束すれば，収束する．

214　第10章　級　数

証明
$$\sum_{n=1}^{\infty} |a_n| = \sum_{n=1}^{\infty} a_n{}^+ + \sum_{n=1}^{\infty} a_n{}^- < \infty \tag{10.7}$$

と (10.6) より，$\left| \sum_{n=1}^{\infty} a_n{}^+ - \sum_{n=1}^{\infty} a_n{}^- \right| < \infty$. ∎

▌**定理 10.4**　絶対収束級数は項を並べ替えても，和は一定のままである．

証明 $\sum_{n=1}^{\infty} |a_n| < \infty$ とする．$\{b_n\}$ を $\{a_n\}$ の並べ替えとする．$\{|b_n|\}$ は $\{|a_n|\}$ の

並べ替えであるので正項級数の並べ替え $\sum_{n=1}^{\infty} |b_n| = \sum_{n=1}^{\infty} |a_n| < \infty$ となる．

(10.6), (10.7) より，

$$\sum_{n=1}^{\infty} a_n = \sum_{n=1}^{\infty} a_n{}^+ - \sum_{n=1}^{\infty} a_n{}^-, \qquad \sum_{n=1}^{\infty} b_n = \sum_{n=1}^{\infty} b_n{}^+ - \sum_{n=1}^{\infty} b_n{}^-$$

となるが，$\{b_n{}^+\}$ は $\{a_n{}^+\}$ の並べ替えであり，$\{b_n{}^-\}$ は $\{a_n{}^-\}$ の並べ替えである
ことより正項級数の並べ替え

$$\sum_{n=1}^{\infty} b_n{}^+ = \sum_{n=1}^{\infty} a_n{}^+, \qquad \sum_{n=1}^{\infty} b_n{}^- = \sum_{n=1}^{\infty} a_n{}^-$$

よって，$\sum_{n=1}^{\infty} a_n = \sum_{n=1}^{\infty} b_n$. ∎

交代級数

となり合う項の符号が交互に入れ替わる級数を交代級数という．

▌**定理 10.5**（ライプニッツの定理）　$\{a_n\}$ は，$a_n \geq 0$ で，単調減少で，$a_n \to 0$
▌とする．このとき交代級数 $\sum_{n=1}^{\infty} (-1)^{n-1} a_n$ は収束する．

証明 $S_m = \sum_{n=1}^{m} (-1)^{n-1} a_n = a_1 - a_2 + a_3 - a_4 + \cdots + (-1)^{m-1} a_m$ より
$$S_{2n} = a_1 - a_2 + \cdots - a_{2n-2} + a_{2n-1} - a_{2n}$$
$$= S_{2n-2} + (a_{2n-1} - a_{2n}) \geq S_{2n-2}$$
より $\{S_{2n}\}$ は単調増加，一方
$$S_{2n} = a_1 - (a_2 - a_3) - \cdots - (a_{2n-2} - a_{2n-1}) - a_{2n} \leq a_1$$
よって S_{2n} は上に有界．よって $\{S_{2n}\}$ は収束する．$\lim_{n \to \infty} S_{2n} = S$ とおくと，

$$\lim_{n\to\infty} S_{2n+1} = \lim_{n\to\infty}(S_{2n} + a_{2n+1}) = S + 0 = S.$$

よって, $S_n \to S$. ■

定義 10.3 収束するが絶対収束しない級数を条件収束級数という.

例 10.2 $1 - \dfrac{1}{2} + \dfrac{1}{3} - \dfrac{1}{4} + \cdots$ はライプニッツの定理より条件収束する. ◇

例 10.3 (9.18)の a_k に対して, $\displaystyle\sum_{k=1}^{\infty}(-1)^{k-1}a_k$ は条件収束する.

$|\sin x|$ が周期 π の周期関数で, $\dfrac{1}{x}$ が単調減少であることより, $a_k \geq 0$ は単調減少で, $a_k \leq \displaystyle\int_{k\pi}^{(k+1)\pi}\dfrac{1}{k\pi}\,dx = \dfrac{1}{k} \to 0$. よって, ライプニッツの定理より a_k は条件収束する. ◇

10.2 正項級数の収束判定

═══════════════════════════════════**積分判定法**

$f(x) = \dfrac{1}{x}$ とする. $a_n = \dfrac{1}{n}$ とすると, $a_n = f(n)$ となる. $a_1 + a_2 + a_3 + \cdots = 1\cdot f(1) + 1\cdot f(2) + 1\cdot f(3) + \cdots$ に注意すると,

$$a_2 + a_3 + \cdots + a_m \leq \int_1^m f(x)\,dx$$

であり, 図10.1の棒グラフを右に1だけ平行移動すると

$$a_1 + a_2 + \cdots + a_{m-1} \geq \int_1^m f(x)\,dx$$

ここで $m \to \infty$ とすると

$$\sum_{n=1}^{\infty} a_n - a_1 \leq \int_1^{\infty} f(x)\,dx \leq \sum_{n=1}^{\infty} a_n$$

よって

$$\int_1^{\infty} f(x)\,dx = \infty \Longleftrightarrow \sum_{n=1}^{\infty} a_n = \infty$$

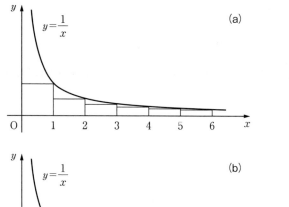

図 10.1

この考えを $a_n = \dfrac{1}{n}$ 以外にも適用しよう．

定理 10.6（積分判定法） a_n が $a_n \geq 0$ であり，かつ単調減少とする．さらに $[1, \infty)$ 上の関数 $f(x) \geq 0$ が，$f(n) = a_n$ $(n \geq 1)$ をみたし，単調減少であるとする．このとき，

$$\sum_{n=1}^{\infty} a_n < \infty \iff \int_1^{\infty} f(x)dx < \infty$$

証明 $\qquad a_{n+1} = f(n+1) \leq \displaystyle\int_n^{n+1} f(x)dx \leq f(n) = a_n$

であるから，$n = 1, 2, \cdots, m-1$ での和をとることにより，

$$a_2 + a_3 + \cdots + a_m \leq \int_1^m f(x)dx \leq a_1 + a_2 + \cdots + a_{m-1}$$

$m \to \infty$ とすると上述と同様となる．■

例 10.4 $\displaystyle\sum_{n=1}^{\infty} \dfrac{1}{n^p}$ に対し，$f(x) = \dfrac{1}{x^p}$ とおくことにより，

$$\sum_{n=1}^{\infty} \dfrac{1}{n^p} < \infty \iff \int_1^{\infty} \dfrac{1}{x^p}dx < \infty \iff p > 1 \qquad \diamond$$

10.2 正項級数の収束判定　　217

例 10.5 $\displaystyle\sum_{n=2}^{\infty}\frac{1}{n\log n}$ に対して，$f(x)=\dfrac{1}{x\log x}$ $(x>1)$ とおく．x, $\log x$ ともに，xについて増加関数．よってfは減少関数．例 9.9 より，$\displaystyle\int_{e}^{\infty}\frac{1}{x\log x}\,dx=\infty$．よって級数は発散する．　◇

━━━━━━━━━━━━━━━━━━━━━━━━━ **比較判定法**

広義積分のときと同様に，収束発散がわかっている級数と大小を比較する．

定理 10.7（比較判定法 I）　$a_n \geq 0$, $b_n \geq 0$ $(n=1,2,3,\cdots)$ に対し，

(1)　$a_n \leq b_n \wedge \displaystyle\sum_{n=1}^{\infty} b_n < \infty \Longrightarrow \sum_{n=1}^{\infty} a_n < \infty$

(2)　$a_n \geq b_n \wedge \displaystyle\sum_{n=1}^{\infty} b_n = \infty \Longrightarrow \sum_{n=1}^{\infty} a_n = \infty$

証明　(1)　$A_m = \displaystyle\sum_{n=1}^{m} a_n$, $B_m = \sum_{n=1}^{m} b_n$ とおく．$^{\forall}n$ について，$a_n \leq b_n$ なので $A_m \leq B_m$ である．$\displaystyle\sum_{n=1}^{\infty} b_n < \infty$ より，$A_m \leq B_m \leq B_{m+1} \leq \cdots \to {}^{\exists}B$．よって，$A_m$ は上に有界なので，$\displaystyle\lim_{m\to\infty} A_m$ は存在する．

(2)　$\displaystyle\sum_{n=1}^{\infty} b_n = \infty$ より，$B_m \to \infty$．つまりB_mは上に有界とならない．$B_m \leq A_m$ となるので，A_m も上に有界とならない．　■

例 10.6 $\{a_n\}$は$0 \leq a_n \leq 9$である整数とする．このとき，小数 $a_0.a_1a_2\cdots = \displaystyle\sum_{n=0}^{\infty}\frac{a_n}{10^n}$ の収束発散を考える．

$$0 \leq \frac{a_n}{10^n} < \frac{10}{10^n} = \left(\frac{1}{10}\right)^{n-1}$$

であり，$\displaystyle\sum_{n=1}^{\infty} x^n$ は $|x|<1$ で収束するので $\displaystyle\sum_{n=1}^{\infty}\frac{1}{10^n}$ は収束する．よって $\displaystyle\sum_{n=1}^{\infty}\frac{a_n}{10^n}$ も収束し，小数 $a_0.a_1a_2\cdots = \displaystyle\sum_{n=0}^{\infty}\frac{a_n}{10^n}$ は収束する[*2]．　◇

────────────
[*2] 区間縮小法（定理 4.6）でも証明できる．

218 第10章 級 数

例10.7 $\displaystyle\sum_{n=2}^{\infty} \frac{1}{(\log n)^{\log n}}$

積分判定法は大変そうだ．比較判定法を考えてみよう．どんな級数と比較すればよいだろうか．これまでに収束発散がわかっている代表的な級数は，というと

$$\sum_{n=1}^{\infty} x^n, \qquad \sum_{n=1}^{\infty} \frac{1}{n^p}$$

なので，ためしに $(\log n)^{\log n} = n^p$ となる p を求めてみよう．両辺の $\log$ をとると

$$\log n \log(\log n) = p \log n$$

よって $p = \log\log n$ より，$\displaystyle\frac{1}{(\log n)^{\log n}} = \frac{1}{n^{\log\log n}}$．ここで $n \to \infty$ を考えるので，たとえば $n \geq 3^{3^3} > e^{e^e}$ のとき，

$$p = \log\log n \geq \log\log e^{e^e} = \log(e^e \log e) = \log e^e = e > 2$$

となることより

$$\frac{1}{(\log n)^{\log n}} = \frac{1}{n^{\log\log n}} < \frac{1}{n^2}$$

よって，

$$\sum_{n=2}^{\infty} \frac{1}{(\log n)^{\log n}} = \sum_{2 \leq n < 3^{3^3}} \frac{1}{(\log n)^{\log n}} + \sum_{n \geq 3^{3^3}} \frac{1}{(\log n)^{\log n}} < \infty \qquad \diamond$$

命題10.2（比較判定法 II）　$a_n, b_n \geq 0$ とする．

$$\lim_{n\to\infty} \frac{a_n}{b_n} = c, \qquad 0 < c < \infty$$

となるとき，$\displaystyle\sum_{n=1}^{\infty} a_n$ と $\displaystyle\sum_{n=1}^{\infty} b_n$ は同時に，収束，発散する．

証明　$n \to \infty$ のとき，$\dfrac{a_n}{b_n} \to c$ となることより，ある大きな n_0 について，$n \geq n_0$ となるすべての n に対して

$$c - \frac{c}{10} < \frac{a_n}{b_n} < c + \frac{c}{10}$$

ここで，$0 < c < \infty$ なので，$b_n > 0$.（$b_n \neq 0$ ということ．）　よって $\dfrac{9}{10} c b_n <$

10.2 正項級数の収束判定　　219

$a_n < \dfrac{11}{10} c b_n$. あとは比較判定法 I. ∎

例 10.8 $\displaystyle\sum_{n=1}^{\infty} \dfrac{n+7}{\sqrt{n^5 + 2n + 1}}$

$a_n = \dfrac{n+7}{\sqrt{n^5 + 2n + 1}}$ とし, $b_n = \dfrac{n}{\sqrt{n^5}}$ とする*3.

$\dfrac{a_n}{b_n} = \dfrac{n+7}{\sqrt{n^5 + 2n + 1}} \cdot \dfrac{\sqrt{n^5}}{n} = \left(1 + \dfrac{7}{n}\right) \cdot \dfrac{1}{\sqrt{1 + \dfrac{2}{n^4} + \dfrac{1}{n^5}}} \to 1 = c$

$b_n = \dfrac{n}{\sqrt{n^5}} = \dfrac{1}{n^{\frac{3}{2}}}$ より $\displaystyle\sum_{n=1}^{\infty} b_n = \sum_{n=1}^{\infty} \dfrac{1}{n^{\frac{3}{2}}} < \infty$ よって $\displaystyle\sum_{n=1}^{\infty} a_n < \infty$.　◇

=========== **コーシー判定法，ダランベール判定法**

定理 10.8（コーシー判定法）　$a_n \geq 0$ に対して

(1)　$\displaystyle\lim_{n \to \infty} \sqrt[n]{a_n} < 1 \Longrightarrow \sum_{n=1}^{\infty} a_n < \infty$

(2)　$\displaystyle\lim_{n \to \infty} \sqrt[n]{a_n} > 1 \Longrightarrow \sum_{n=1}^{\infty} a_n = \infty$

証明　$\displaystyle\lim_{n \to \infty} \sqrt[n]{a_n} = \alpha$ とする.

(1)　$\alpha < 1$ のとき, $\varepsilon = \dfrac{1-\alpha}{2} > 0$ として ε-δ 論法を用いると, $n \geq {}^{\exists}n_0$ に対して,

$$\sqrt[n]{a_n} \leq \alpha + \dfrac{1-\alpha}{2} = \dfrac{1+\alpha}{2} < 1$$

とできる. よって ${}^{\exists}n_0 \in \mathbb{N}$ に対して, $\displaystyle\sum_{n=n_0}^{\infty} a_n \leq \sum_{n=n_0}^{\infty} \left(\dfrac{1+\alpha}{2}\right)^n < \infty$.

(2)　$\alpha > 1$ のとき. (1) と同様に $\sqrt[n]{a_n} \geq \alpha - \dfrac{1-\alpha}{2} = \dfrac{3\alpha - 1}{2} > 1$. $a_n \geq$

---

*3　b_n はどのように見つければよいだろうか. a_n の分子 $n+7$ と n を比べてみると, $n = 10^{100}$ のように n が極めて大きいとき, $n+7$ はほぼ n と思ってよいし, $n^5 + 2n + 1$ はほぼ n^5 と思ってよい. このように b_n は a_n の分子, 分母の主要項だけにしたものにする.

220　第10章　級　数

$\left(\dfrac{3\alpha-1}{2}\right)^n$ より，$\lim\limits_{n\to\infty} a_n \neq 0$. よって $\sum\limits_{n=1}^{\infty} a_n = \infty$. ■

定理 10.9（ダランベール判定法）　$a_n > 0$ について

(1) $\lim\limits_{n\to\infty} \dfrac{a_{n+1}}{a_n} < 1 \Longrightarrow \sum\limits_{n=1}^{\infty} a_n < \infty$

(2) $\lim\limits_{n\to\infty} \dfrac{a_{n+1}}{a_n} > 1 \Longrightarrow \sum\limits_{n=1}^{\infty} a_n = \infty$

証明　(1)　命題 4.13 より，$\lim\limits_{n\to\infty} \dfrac{a_{n+1}}{a_n} < 1$ なら $\lim\limits_{n\to\infty} \sqrt[n]{a_n} < 1$. よってコーシー判定法より $\sum\limits_{n=1}^{\infty} a_n < \infty$.

(2)　$n \geq {}^{\exists}n_0$ で，$a_{n+1} \geq a_n > 0$（増加列）より $\lim\limits_{n\to\infty} a_n \neq 0$. よって $\sum\limits_{n=1}^{\infty} a_n = \infty$.

■

例 10.9　$x \geq 0$ に対して，$\sum\limits_{n=1}^{\infty} \dfrac{x^n}{n^p}$ の収束性を調べよう.

これまで $\sum\limits_{n=1}^{\infty} \dfrac{1}{n^p}$，$\sum\limits_{n=1}^{\infty} x^n$ を調べてきた. それでは $\sum\limits_{n=1}^{\infty} \dfrac{1}{n^p} x^n$ ではどうだろうか.

$a_n = \dfrac{x^n}{n^p} \geq 0$ とおくと，

$$\dfrac{a_{n+1}}{a_n} = \dfrac{n^p x^{n+1}}{(n+1)^p x^n} = \left(\dfrac{n}{n+1}\right)^p x \to x \qquad (n \to \infty)$$

よって $p > 0$ でも $p < 0$ でも p に無関係に

$$0 \leq x < 1 \Longrightarrow \sum\limits_{n=1}^{\infty} \dfrac{x^n}{n^p} < \infty, \quad x > 1 \Longrightarrow \sum\limits_{n=1}^{\infty} \dfrac{x^n}{n^p} = \infty$$

$x = 1$ のとき $\sum\limits_{n=1}^{\infty} \dfrac{x^n}{n^p} = \sum\limits_{n=1}^{\infty} \dfrac{1}{n^p}$ より $p > 1$ で収束.　◇

注意　コーシー判定法は $\lim\limits_{n\to\infty} \sqrt[n]{a_n} = 1$ のとき，ダランベール判定法は $\lim\limits_{n\to\infty} \dfrac{a_{n+1}}{a_n} = 1$ のとき，一般に使えない.

第11章

テーラー展開

命題 1.1 では多項式 $f(x)$ が (1.5) と書けることを見た. ここでは $x = 0$ を含む開区間 I で定義された関数 $f(x)$ が $C^\infty(I)$ であるとき,

$$f(x) = \sum_{n=0}^{\infty} \frac{f^{(n)}(0)}{n!} x^n$$

と書けるか, ということを考察する.

11.1 テーラーの定理

(10.2) では $|x| < 1$ のとき, 数列 $a_n = \dfrac{1 - x^n}{1 - x}$ は $\alpha = \dfrac{1}{1 - x}$ に収束することを見たが, ここでは $\alpha(x) = \dfrac{1}{1 - x}$ を $|x| < 1$ で定義された関数とし,

$$\frac{1}{1 - x} = 1 + x + x^2 + \cdots = \sum_{n=0}^{\infty} x^n \tag{11.1}$$

を $|x| < 1$ で考える. 多項式 $f(x)$ は (1.5) と書けた. $\alpha(x) = \dfrac{1}{1 - x}$ は多項式ではないが, $x \neq 1$ で何度でも微分でき, 例 6.14 で見たように $\left(\dfrac{1}{1 - x} \right)^{(n)}$ $= \dfrac{n!}{(1 - x)^{n+1}}$ であるから, $\alpha^{(n)}(0) = n!$. すると (11.1) は

$$\alpha(x) = \sum_{n=0}^{\infty} \frac{\alpha^{(n)}(0)}{n!} x^n \tag{11.2}$$

222 第11章 テーラー展開

と書けることを意味している. ここで

$$a_n(x) = 1 + x + x^2 + \cdots + x^n = \frac{1 - x^n}{1 - x}$$

に対して, (11.2)は $|x| < 1$ において, 任意の $\varepsilon > 0$ に対して,

$$\exists n_0 \in \mathbb{N} \; ; \; {}^\forall n \geq n_0, \; |\alpha(x) - a_n(x)| < \varepsilon \qquad (11.3)$$

を意味する. (11.3)をみたす n_0 は(10.3)で見たように x で異なる. (11.3)は
グラフ $y = \alpha(x)$ の x 軸からの高さと多項式のグラフ $y = a_n(x)$ の x 軸からの
高さの差を小さくできることを示している.

さて一般に $x = 0$ を含む開区間 I で定義された関数 $f(x)$ が C^∞ であっても,

$$f(x) = \sum_{n=0}^{\infty} \frac{f^{(n)}(0)}{n!} x^n$$

と書けるとは限らない*1. そもそも, ある数列 $\{a_n\}$ に対して, $f(x) =$
$\sum_{n=0}^{\infty} a_n x^n$ と書けるとは限らないし, 書けるとしても(1.5)を導いたようにはい
かない. というのは, $a_0 = f(0)$ を導いた後,

$$
\begin{aligned}
f'(x) &= (a_0 + a_1 x + a_2 x^2 + a_3 x^3 + \cdots + a_n x^n + \cdots)' \\
&= a_0' + (a_1 x)' + (a_2 x^2)' + (a_3 x^3)' + \cdots + (a_n x^n)' + \cdots \\
&= a_1 + 2a_2 x + 3a_3 x^2 + 4a_4 x^3 + \cdots + n a_n x^{n-1} + \cdots
\end{aligned}
$$

としたいところだが, 一般に有限個の微分可能な関数 $f_1(x), f_2(x), \cdots, f_n(x)$
に対して,

$$(f_1(x) + f_2(x) + \cdots + f_n(x))' = f_1'(x) + f_2'(x) + \cdots + f_n'(x)$$

は成り立っても,

$$(f_1(x) + f_2(x) + \cdots + f_n(x) + \cdots)' = f_1'(x) + f_2'(x) + \cdots + f_n'(x) + \cdots$$
$$(11.4)$$

は成り立つとは限らない*2. そこで

$$f(x) = a_0 + a_1 x + a_2 x^2 + \cdots + a_{n-1} x^{n-1} + O(x^n)$$

と書くことを考える.

---

*1 (11.26).

*2 (11.4)が成り立つための $f_n(x)$ の条件は, 関数項級数に関する項別微分定理 ([12]など)
で与えられる.

11.1 テーラーの定理　223

命題 11.1　$n \in \mathbb{N}$ に対して, 関数 $f(x)$ は $x = 0$ を含む開区間 I で $f \in C^n(I)$ とする. このとき,

$$f(x) = a_0 + a_1 x + a_2 x^2 + \cdots + a_{n-1} x^{n-1} + R_n(x)$$

$$a_k = \frac{f^{(k)}(0)}{k!} \qquad (k = 0, 1, 2, \cdots, n - 1) \tag{11.5}$$

$$|R_n(x)| \le A_n |x|^n \qquad (^\exists A_n > 0)$$

と書くことができる.

証明　以下, $x \in I$ とする.

ステップ 1　定理 8.5 より,

$$\int_0^x f'(t)\,dt = f(x) - f(0)$$

より,

$$f(x) = f(0) + R_1(x), \qquad R_1(x) = \int_0^x f'(t)\,dt \tag{11.6}$$

(11.6) は (11.5) 第 1 式で $n = 1$ の形になっている.

ステップ 2

$$R_1(x) = \int_0^x f'(t)\,dt = f'(0)x + R_2(x)$$
$$R_2(x) = \int_0^x (x - t) f''(t)\,dt \tag{11.7}$$

を示す. $F_1(t) = (x - t) f'(t)$ とおくと, 微積分の基本定理より

$$\int_0^x F_1{}'(t)\,dt = F_1(x) - F_1(0) = -x f'(0) \tag{11.8}$$

となるが, 左辺は積の微分法により,

$$\int_0^x F_1{}'(t)\,dt = \int_0^x \{(x - t) f'(t)\}'\,dt$$
$$= \int_0^x (x - t)' f'(t)\,dt + \int_0^x (x - t) f''(t)\,dt \tag{11.9}$$
$$= -R_1(x) + R_2(x)$$

ここで, (11.9) の積分の中の微分は t についての微分であって, x についての微分ではないことに注意する. (11.8), (11.9) より, (11.7) が成り立つ. よって (11.6) に (11.7) を代入すると,

$$f(x) = f(0) + f'(0)x + R_2(x) \tag{11.10}$$

224　第 11 章　テーラー展開

(11.10)は(11.5)第 1 式で $n = 2$ のときの形になっている.

ステップ 3

$$R_2(x) = \int_0^x (x - t) f''(t) dt = \frac{f''(0)}{2!} x^2 + R_3(x)$$

$$R_3(x) = \int_0^x \frac{(x - t)^2}{2!} f'''(t) dt \tag{11.11}$$

を示す. $F_2(t) = \dfrac{(x - t)^2}{2!} f''(t)$ とおくと, $x - t = -\left(\dfrac{(x - t)^2}{2}\right)'$ より

$$-R_2(x) + R_3(x) = \int_0^x \left(\frac{(x - t)^2}{2}\right)' f''(t) dt + \int_0^x \frac{(x - t)^2}{2!} f'''(t) dt$$

$$= \int_0^x F_2{}'(t) dt$$

$$= F_2(x) - F_2(0) = -\frac{x^2}{2!} f''(0)$$

(11.11)を(11.10)に代入して

$$f(x) = f(0) + f'(0)x + \frac{f''(0)}{2!} x^2 + R_3(x)$$

これは(11.5)第 1 式で $n = 3$ のときの形になっている.

ステップ 4

$$R_k(x) = \int_0^x \frac{(x - t)^{k-1}}{(k - 1)!} f^{(k)}(t) dt$$

に対して,

$$R_k(x) = \frac{f^{(k)}(0)}{k!} x^k + R_{k+1}(x) \tag{11.12}$$

となることは, $F_k(t) = \dfrac{(x - t)^k}{k!} f^{(k)}(t)$ に対して,

$$-R_k(x) + R_{k+1}(x) = \int_0^x F_k{}'(t) dt = -F_k(0) = -\frac{x^k}{k!} f^{(k)}(0) \tag{11.13}$$

によって与えられる. $k = 1, 2, \cdots, n - 1$ まで行うと,

$$f(x) = f(0) + f'(0)x + \frac{f''(0)}{2!} x^2 + \cdots + \frac{f^{(n-1)}(0)}{(n - 1)!} x^{n-1} + R_n(x)$$

$$R_n(x) = \int_0^x \frac{(x - t)^{n-1}}{(n - 1)!} f^{(n)}(t) dt \tag{11.14}$$

となる.

ステップ5 ここで $|x - t| \leq |x|$ であるから,

$$|R_n(x)| \leq \frac{|x|^{n-1}}{(n-1)!} \left| \int_0^x |f^{(n)}(t)| \, dt \right| \leq \frac{\sup_{x \in I} |f^{(n)}(x)|}{(n-1)!} |x|^n$$

これによって,(11.5)が示された.($f \in C^n(I)$ であるから,$f^{(n)}(x)$ は I で連続で,積分可能であることに注意しよう.) ∎

================================= **剰余項の表示**

$x = 0$ の代わりに $x = a$ のときは,I を $x = a$ を含む開区間とするとき,${}^\forall x \in I$ に対して,

$$f(x) = f(a) + f'(a)(x - a) + \frac{f''(a)}{2!}(x - a)^2 + \cdots$$
$$+ \frac{f^{(n-1)}(a)}{(n-1)!}(x - a)^{n-1} + R_n(x) \tag{11.15}$$

$$R_n(x) := \frac{1}{(n-1)!} \int_a^x (x - t)^{n-1} f^{(n)}(t) \, dt \tag{11.16}$$

$R_n(x)$ をベルヌーイの剰余項という.剰余項 R_n を次のように書きかえることができる.定理 8.1(積分の平均値定理)により,ある c $(a < {}^\exists c < x$ または $x < {}^\exists c < a)$ に対して,

$$\int_a^x (x - t)^{n-1} f^{(n)}(t) \, dt = (x - c)^{n-1} f^{(n)}(c)(x - a)$$

となり,(11.16)の $R_n(x)$ は

$$R_n = \frac{(x - c)^{n-1}}{(n-1)!} f^{(n)}(c)(x - a) \tag{11.17}$$

と書くことができる.これをコーシーの剰余項という.また,定理 8.6(コーシーの平均値定理(積分形))を使うと,ある c $(a < {}^\exists c < x$ または $x < {}^\exists c < a)$ に対して,

$$\int_a^x (x - t)^{n-1} f^{(n)}(t) \, dt = f^{(n)}(c) \int_a^x (x - t)^{n-1} dt = \frac{f^{(n)}(c)}{n}(x - a)^n$$

によって,ラグランジェの剰余項

$$R_n(x) = \frac{f^{(n)}(c)}{n!}(x - a)^n \tag{11.18}$$

226 第 11 章 テーラー展開

を得る.

> **定理 11.1**(テーラーの定理) I を $x = a$ を含む開区間とする.$f(x)$ は I
> で n 回連続微分可能とする.このとき
> $$f(x) = f(a) + f'(a)(x - a) + \cdots$$
> $$+ \frac{f^{(n-1)}(a)}{(n-1)!}(x - a)^{n-1} + \frac{f^{(n)}(c)}{n!}(x - a)^n \quad (11.19)$$
> と書くことができる.ここで定数 c は $a < {}^\exists c < x$ または $x < {}^\exists c < a$ であ
> る.

注意 (11.18) が (11.16) から導かれたことからわかるように,(11.19) の c は
x によって異なる.つまり (11.19) の右辺は一見,多項式のように見えるが,
左辺の $f(x)$ が多項式でなければ,多項式ではない.
$$c = a + \theta(x - a), \quad 0 < \theta < 1$$
と書くことが多い.

$n = 1$ のとき (11.19) は
$$f(x) = f(a) + f'(c)(x - a)$$
となる.これは平均値の定理である.

11.2 テーラー展開

$x = a$ を含む開区間 I で $f(x) \in C^\infty(I)$ とする.以下 $a = 0$ で説明する.
$$a_0 + a_1 x + \cdots + a_{n-1} x^{n-1} = \sum_{n=0}^{n-1} a_k x^k = P_{n-1}(x)$$
と書くと,
$$f(x) = P_{n-1}(x) + R_n(x) \quad (11.20)$$
と書ける.$x \in I$ を固定するとき,剰余項 $R_n(x)$ が $R_n(x) \to 0 \ (n \to \infty)$ な
らば,(11.20) により
$$\lim_{n \to \infty} P_{n-1}(x) = \lim_{n \to \infty} (f(x) - R_n(x))$$
$$= f(x) - \lim_{n \to \infty} R_n(x) \quad (11.21)$$
$$= f(x)$$

すなわち,

$$f(x) = \lim_{n \to \infty} P_{n-1}(x)$$

と書くことができる.

定義 11.1 $f(x)$ が $x = a$ のまわりでテーラー展開可能である, または $f(x)$ は $x = a$ で解析的であるとは, $x = a$ を含む開区間 I が存在して, $f \in C^\infty(I)$ であり, $\forall x \in I$ に対して, $\lim_{n \to \infty} R_n(x) = 0$ となることをいう.

このとき, $\forall x \in I$ に対して,

$$f(x) = a_0 + a_1(x - a) + \cdots + a_n(x - a)^n + \cdots, \qquad a_n = \frac{f^{(n)}(a)}{n!}$$

のように表すことができる.

(6.4) より,

$$f(a + \Delta x) \fallingdotseq f(a) + f'(a)\Delta x$$

となるが, $f(x)$ が $x = a$ でテーラー展開可能ならば,

$$f(a + \Delta x) = f(a) + f'(a)\Delta x + \frac{f''(a)}{2}(\Delta x)^2 + \cdots + \frac{f^{(n)}(a)}{n!}(\Delta x)^n + \cdots$$

と表すことができる. このように(6.5)の $o(\Delta x)$ を表すことができる.

━━━━━━━━━━━━━━━━━ **テーラー展開可能条件**

$\forall x \in I,\ \lim_{n \to \infty} R_n(x) = 0$ となる条件を調べる.

$$f(x) = \sum_{k=0}^{n-1} a_k(x - a)^k + R_n, \qquad a_k = \frac{f^{(k)}(a)}{k!} \tag{11.22}$$

において, ラグランジェの剰余項(11.18)により

$$|R_n(x)| \le \frac{|a - x|^n}{n!} M_f(n)$$

$$M_f(n) := \sup_{(a \le t \le x) \vee (x \le t \le a)} |f^{(n)}(t)| \tag{11.23}$$

が成り立つ. ここで例4.9より, $\forall \alpha > 0$ に対して $n_0 \le \alpha < n_0 + 1$ となる n_0 があるので

$$\frac{\alpha^n}{n!} = \frac{\alpha^{n_0}}{1 \cdot 2 \cdots n_0} \cdot \frac{\alpha^{n - n_0}}{(n_0 + 1) \cdots n} \to 0 \qquad (n \to \infty)$$

よって x を固定するごとに

$$\frac{|a-x|^n}{n!} \to 0 \quad (n \to \infty)$$

よって数列 $M_f(n)$ を調べることになる．

命題 11.2 (11.23) の数列 $M_f(n)$ が有界であるならば，すなわち n によらない $C > 0$ に対して $\forall n \in \mathbb{N}$, $M_f(n) \leq C$ となれば，$|R_n(x)| \to 0$ となり，$f(x)$ は $x = a$ でテーラー展開可能となる．

例 11.1 $f(x) = e^x$

$f^{(n)}(x) = e^x$ なので (11.22), (11.23) において，

$$a_k = \frac{f^{(k)}(a)}{k!} = \frac{e^a}{k!}$$

$$M_f(n) = \max\{e^a, e^x\}$$

より，$M_f(n)$ は x を固定すると決まる数で，n に無関係．よって $\forall x \in \mathbb{R}$ について $|R_n(x)| \to 0$ となり，

$$e^x = \sum_{k=0}^{\infty} \frac{e^a}{k!}(x-a)^k = e^a + e^a(x-a) + \cdots + \frac{e^a}{n!}(x-a)^n + \cdots$$

とくに $a = 0$ のとき

$$e^x = \sum_{k=0}^{\infty} \frac{1}{k!}x^k = 1 + x + \frac{1}{2!}x^2 + \cdots + \frac{1}{n!}x^n + \cdots \quad (11.24)$$

命題 11.3 $m \in \mathbb{N}$ とする．$x > 0$ のとき，任意の $k \in \mathbb{N}$ に対して，

$$\frac{x^m}{e^x} \leq \frac{(m+k)!}{x^k} \quad (11.25)$$

が成り立つ．

証明 $x > 0$ のとき，(11.24) の各項は正なので，

$$e^x = 1 + x + \frac{x^2}{2} + \cdots + \frac{x^m}{m!} + \cdots + \frac{x^{m+k}}{(m+k)!} + \cdots$$

$$> \frac{x^{m+k}}{(m+k)!}$$

より (11.25) が得られる．■

11.2 テーラー展開 **229**

このことにより，e^x はどんな多項式より速く無限大になっていくことがわかる．

例 11.2 $m \in \mathbb{N}$ に対して，

$$\int_1^\infty \frac{x^m}{e^x}\,dx \leq \int_1^\infty \frac{(m+2)!}{x^2}\,dx < \infty \qquad \diamondsuit$$

$f(x)$ の $x = 0$ でのテーラー展開を $f(x)$ のマクローリン展開という．

例 11.3 $y = \sin x$ や $y = \cos x$ のマクローリン展開

例 6.6 より，$(\sin x)^{(n)} = \sin\left(x + \dfrac{n\pi}{2}\right)$ なので，

$$\sin x = \sum_{k=0}^{n-1} a_k x^k + R_n(x), \qquad a_k = \frac{(\sin x)^{(k)}\big|_{x=0}}{k!} = \frac{\sin \dfrac{k\pi}{2}}{k!}$$

$M_f(n) \leq \max_{t \in \mathbb{R}} \left| \sin\left(t + \dfrac{n\pi}{2}\right) \right| \leq 1$ より，$^\forall x \in \mathbb{R}$, $R_n(x) \to 0$. よって

$$\sin x = \sum_{k=0}^\infty \frac{\sin \dfrac{k\pi}{2}}{k!}\, x^k$$

$$\sin \frac{k\pi}{2} = \begin{cases} 0, & k = 2m \\ (-1)^m, & k = 2m+1 \end{cases}$$

よって

$$\sin x = x - \frac{1}{3!}x^3 + \frac{1}{5!}x^5 - \frac{1}{7!}x^7 + \cdots$$

$\cos x$ も $\sin x$ と同様に

$$\cos x = \sum_{k=0}^\infty \frac{\cos \dfrac{k\pi}{2}}{k!}\, x^k$$

$$\cos \frac{k\pi}{2} = \begin{cases} (-1)^m, & k = 2m \\ 0, & k = 2m+1 \end{cases}$$

より

$$\cos x = \sum_{m=0}^\infty \frac{(-1)^m}{(2m)!}\, x^{2m} = 1 - \frac{1}{2!}x^2 + \frac{1}{4!}x^4 - \frac{1}{6!}x^6 + \cdots \qquad \diamondsuit$$

230　第11章　テーラー展開

================= $M_f(n)$ が非有界となる場合

例 11.4　$\dfrac{1}{1-x}$ のマクローリン展開

(11.2)は関数 $\dfrac{1}{1-x}$ のマクローリン展開を与えている．$R_n(x) \to 0$ を確か

めよう．$\left(\dfrac{1}{1-x}\right)^{(n)} = \dfrac{n!}{(1-x)^{n+1}}$ であるから $M_f(n) = \max\limits_{t \le |x|}\left|\dfrac{n!}{(1-t)^{n+1}}\right| \to$

∞ $(n \to \infty)$ となり，命題 11.2 が使えないようになっている．$R_n(x)$ を計算
し直す必要がある．ベルヌーイの剰余項(11.16)により，

$$R_n(x) = n\int_0^x \frac{(x-t)^{n-1}}{(1-t)^{n+1}}\,dt$$

となる．$|x| < 1$ ならば $\lim\limits_{n \to \infty} R_n(x) = 0$ となることを示そう．

(i)　$-1 < x \le 0$ のとき．$R_n(x)$ において，$x \le t \le 0$ であるから $(1-t)^{n+1}$
≥ 1 となり，

$$|R_n(x)| \le n\left|\int_0^x (x-t)^{n-1}dt\right| = (-x)^n$$

よって，$-1 < x \le 0$ のとき，$|R_n(x)| \to 0$ となる．

(ii)　$0 < x < 1$ のとき，

$$R_n(x) = n\int_0^x \left(\frac{x-t}{1-t}\right)^{n-1}\frac{1}{(1-t)^2}\,dt$$

として，$0 \le t \le x < 1$ に対して，$0 < \dfrac{x-t}{1-t} < x$ であるので，

$$|R_n(x)| \le nx^{n-1}\int_0^x \frac{1}{(1-t)^2}\,dt = nx^n\,\frac{1}{1-x}$$

となり，ここで $|x| < 1$ であるから，例 3.2 より $\lim\limits_{n \to \infty} nx^n = 0$．よって

$|R_n(x)| \to 0$ となる．以上より $\dfrac{1}{1-x}$ は $|x| < 1$ で $x = 0$ のまわりでテーラ
ー展開可能となる．　◇

例 11.5　$\log(1-x)$ $(-1 \le x < 1)$ のマクローリン展開

例 6.14 より

$$\log(1-x) = \sum_{k=0}^{n-1} a_k x^k + R_n(x)$$

$$a_0 = \log 1 = 0, \quad a_1 = \left.\frac{-1}{1-x}\right|_{x=0} = -1$$

$$a_k = \frac{(\log(1-x))^{(k)}\Big|_{x=0}}{k!} = \frac{1}{k!}(-1)\left.\frac{(k-1)!}{(1-x)^k}\right|_{x=0} = -\frac{1}{k}$$

よって

$$\log(1-x) = -\sum_{k=1}^{n-1}\frac{1}{k}x^k + R_n(x)$$

$$R_n(x) = -\int_0^x \frac{(x-t)^{n-1}}{(1-t)^n}\,dt$$

例 11.4 と同様に計算できて，$-1 \leq x \leq 0$ のときは

$$|R_n(x)| \leq \left|\int_0^x (x-t)^{n-1}\,dt\right| = \frac{(-x)^n}{n} \to 0$$

$0 < x < 1$ のときは

$$|R_n(x)| \leq \left|\int_0^x \left(\frac{x-t}{1-t}\right)^{n-1}\frac{1}{1-t}\,dt\right|$$

$$\leq x^{n-1}\left|\int_0^x \frac{1}{1-t}\,dt\right|$$

$$\leq x^{n-1}\,|\log(1-x)| \to 0$$

すなわち $-1 \leq x < 1$ のとき，$R_n(x) \to 0$ となり，

$$\log(1-x) = -\sum_{k=1}^{\infty}\frac{1}{k}x^k = -\left(x + \frac{1}{2}x^2 + \frac{1}{3}x^3 + \cdots\right)$$

特に $x = -1$ のとき

$$\log 2 = -\left(-1 + \frac{1}{2} - \frac{1}{3} + \cdots\right) = 1 - \frac{1}{2} + \frac{1}{3} - \cdots$$

となることより，$\log 2$ を交代級数で表すことができる．(例 10.2 参照.) ◇

無限回連続微分可能だが，テーラー展開できない関数

$f(x)$ が $x = 0$ で無限回連続微分可能ならば，任意の $n = 0, 1, 2, \cdots$ に対して，$f^{(n)}(0)$ は定められる．しかし $x \in \mathbb{R}$ に対して，$f(x) = \sum_{n=0}^{\infty}\frac{f^{(n)}(0)}{n!}x^n$ となるとは限らない．

232　第 11 章　テーラー展開

以下,

$$g(x) = \begin{cases} e^{-\frac{1}{x}}, & x > 0 \\ 0, & x \leq 0 \end{cases} \tag{11.26}$$

で定義される $g(x)$ は $g \in C^\infty(\mathbb{R})$ だが,$x = 0$ でテーラー展開可能ではないことを示す.

ステップ 1　$f(x) = e^{-\frac{1}{x}}$ $(x > 0)$ について $\lim\limits_{x \to +0} f^{(n)}(x) = 0$ $(n = 0, 1, 2, \cdots)$ となる.

まず $\lim\limits_{x \to +0} e^{-\frac{1}{x}}$ を考える.$\lim\limits_{x \to +0}\left(-\dfrac{1}{x}\right) = -\infty$ であるから,$\lim\limits_{x \to +0} e^{-\frac{1}{x}} = \lim\limits_{y \to -\infty} e^y = 0.$

$f'(x) = x^{-2} e^{-\frac{1}{x}}$, $\quad f''(x) = (-2x^{-3} + x^{-4}) e^{-\frac{1}{x}}$, $\quad f'''(x) = (6x^{-4} - 6x^{-5} + x^{-6}) e^{-\frac{1}{x}}.$

これらのことより,$f^{(n)}(x)$ は $\dfrac{e^{-\frac{1}{x}}}{x^m}$ $(^\exists m \in \mathbb{N})$ の有限個の和で書けることがわかる.ロピタルの定理より $\lim\limits_{y \to \infty} \dfrac{y^m}{e^y} = 0.$ $y = \dfrac{1}{x}$ とすると $\lim\limits_{x \to +0}\left(\dfrac{1}{x}\right)^m \dfrac{1}{e^{\frac{1}{x}}} = 0.$ よって,$\lim\limits_{x \to +0} f^{(n)}(x) = 0$ $(n = 0, 1, 2, \cdots).$

ステップ 2　(11.26) で定義される $g(x)$ は $g \in C^\infty(\mathbb{R})$ であり,

$$^\forall n = 0, 1, 2, \cdots, \quad g^{(n)}(0) = 0 \tag{11.27}$$

ステップ 1 より $g \in C^\infty((0, \infty)).$ 当然 $g \in C^\infty((-\infty, 0)).$ 以下,$g(x)$ は $x = 0$ で無限回連続微分可能であることを示す.

$g_-^{(n)}(0) = 0$ は明らか.$g_+^{(n)}(0) = 0$ を帰納法で示す.$g_+{}'(0) = \lim\limits_{x \to +0} \dfrac{g(x) - g(0)}{x} = \lim\limits_{x \to +0} \dfrac{e^{-\frac{1}{x}}}{x} = 0,$ よって命題 6.2 より,$g(x)$ は $x = 0$ で微分可能で,$g'(0) = 0.$ $g_+^{(n)}(0) = 0$ を仮定すると,$g_+^{(n+1)}(0) = \lim\limits_{x \to +0} \dfrac{g^{(n)}(x) - g^{(n)}(0)}{x} = \lim\limits_{x \to +0} \dfrac{g^{(n)}(x)}{x}$ において,ステップ 1 と同様に $\lim\limits_{x \to +0} \dfrac{g^{(n)}(x)}{x} = 0$ が示されるので,$g_+^{(n+1)}(0) = 0.$ よって $g \in C^\infty(\mathbb{R}).$

ステップ 3 (11.26)で定義される $g(x)$ は $g \in C^\infty(\mathbb{R})$ だが，$x = 0$ でテーラー展開可能ではない．なぜなら，(11.27)により

$$g(x) = \sum_{k=0}^{n-1} \frac{g^{(k)}(0)}{k!} x^k + R_n(x) = R_n(x)$$

$$R_n(x) = \frac{g^{(n)}(c)}{n!} x^n, \quad -|x| < c < |x|$$

(11.28)

ここで $x = 0$ でテーラー展開可能ならば，(11.28)において，$x = 0$ のある近傍 I の中の x について，$\lim_{n \to \infty} R_n(x) = 0$ であり，$^\forall x \in I,\ g(x) = 0$ となる．このことは，$x > 0$ で $g(x) = e^{-\frac{1}{x}} > 0$ であることに矛盾する．

参考文献

　以下に，本書の執筆にあたって参考にしたおもな書籍を刊行の古いものから順にあげる．

[1]　三村征雄編，『大学演習　微分積分学』，裳華房，1955．

[2]　高木貞治，『解析概論（改訂第 3 版)』，岩波書店，1961．

[3]　吉田洋一，『ルベグ積分入門』，培風館，1965．

[4]　W. Rudin，『現代解析学』（近藤基吉・柳原二郎訳)，共立出版，1971．

[5]　杉浦光夫，『解析入門 I 』，東京大学出版会，1980．

[6]　石黒一男・上見練太郎・小林一章・勝股脩，『基礎課程　微分積分学』，共立出版，1981．

[7]　И. С. Градштейн, И. М. Рыжик，『数学大公式集』（大槻義彦訳)，丸善，1983．

[8]　野本久夫・岸正倫，『解析演習』，サイエンス社，1984．

[9]　藤田宏・吉田耕作，『現代解析入門』，岩波書店，1991．

[10]　佐野理，『キーポイント　微分方程式』，岩波書店，1993．

[11]　藤田宏・今野礼二，『基礎解析 I 』，岩波書店，1994．

[12]　井上純治・勝股脩・林実樹廣，『級数』，共立出版，1998．

[13]　長瀬道弘・芦野隆一，『微分積分概説』，サイエンス社，1999．

[14]　加藤久子，『概説　微分積分』，サイエンス社，1999．

[15]　中内伸光，『数学の基礎体力をつけるためのろんりの練習帳』，共立出版，2002．

[16]　黒田成俊，『微分積分』，共立出版，2002．

[17]　宮島静雄，『微分積分学 I 』，共立出版，2003．

[18]　藤田宏，『大学での微分積分 I － 理解から応用へ －』，岩波書店，2003．

236 参考文献

[19] 鈴木武・山田義雄・柴田良弘・田中和永,『理工系のための微分積分 I』,内田老鶴圃,2007.

[20] 小池茂昭,『微分積分』,数学書房,2010.

[21] 中島匠一,『集合・写像・論理 = Set・Map・Logic ー 数学の基本を学ぶ ー』,共立出版,2012.

[22] 赤攝也,『実数論講義』,日本評論社,2014.

あとがき

　本書は教育数学としての微積分入門のあるべき姿の一例を示そうとするものです[*1]. 数学は極力，一般性を保つように，論理的に記述されるものであるため，それをイメージすることが困難になっています．高度に一般化された理論の完成形のもつ意味を伝えるために，そこに至るまでの過程の中の核心を提示することを目指しました．論理表現とイメージの間の大きな隔たりをいかに接続していくか，そこに数学を伝える技術の本質があると考え，本書を執筆しました．数学はイメージとは独立に論理的に存在します．この意味で本書は数学的ではない特性を有しています．

　このような試みはこれまで前例がなかったように思われます．数学は論理表現で成立するために，自然科学者，理工系学生の方々からの，数学者による数学書は難解であるというご指摘が見受けられます．微分積分学は本来，数学的側面と物理的側面を有しています．物理的考察とは，図を見ながら直観的イメージを数式で表現していくことです．数学的の考察とは，物事を定義と論理に従って導いていくことです．微積分を図で説明することは，数学的であることに反することなのかもしれません．しかしながら本書では，物理的側面からのアプローチによって，数学的理解を助ける，という手法を用いました．一方，とりわけ連続関数やリーマン積分において，理論の簡素化によって，かえって理論構造がわかりにくくなっているように思われます．本書では大きな定理をいくつかの命題に分解することによって，定理の構造的理解を助けました．

　血のにじむような思いで，数学と格闘している人々が，日本中，世界中に少なからずいらっしゃるものと確信しています．高校時代，数学に情熱をもって

[*1]　ここでいう教育数学 educational mathematics とは，既存の教科書を元に教育現場で説明するための技術としての数学教育 mathematical education ではなく，数学が教育的であるためには，どのように構成されるべきかを考察するもののことです.

238   あとがき

いたのにも関わらず，大学で数学をあきらめてしまいそうな人が，本書によってあきらめないで済めば，本望です．思考力を身につけるということは，思考技術を獲得するということです．頭脳を開発するというのは至難の業ですが，数学はそのための極めて有効な技術であると確信しています．

索　引

あ

アークコサイン　93
アークサイン　92
アークタンジェント　93
アルキメデスの原理　58

い

一様連続　85
ε-δ論法　20

か

解析的　227
下界　54
下極限　72
下限　53
下積分　152
下リーマン和　148
カントール関数　43
ガンマ関数　203

き

逆　13
逆関数　89
逆三角関数　92
逆正弦関数　92
逆正接関数　93
逆像　40
逆余弦関数　92
狭義単調減少　89
狭義単調増加　89
極限値　20, 23, 34

極小値　130
極小点　130
極大値　130
極大点　130
極値　130
近傍　9

く

区間縮小法　65

け

原始関数　178
原像　40

こ

高位の無限小　4
広義積分　190
広義積分可能　207
合成関数　77
交代級数　214
コーシーの主値　198
コーシーの剰余項　225
コーシーの平均値定理（積分形）　172
コーシーの平均値の定理　123
コーシー判定法　219
コーシー列　67

さ

最小数　51
最小値　81

最大数　51
最大値　81

し

実数の連続性の公理　55
十分条件　13
縮小写像　70
上界　54
上極限　71
上限　52
条件収束級数　215
上積分　152
上リーマン和　148
振動量　154, 165

す

スモール・オー　4

せ

正項級数　210
積分の平均値定理　170
積分判定法　216
接線ベクトル　119
絶対収束　204, 213

そ

像　81

た

対偶　14
ダランベール判定法　220
ダルブーの定理　152

240　索　引

単調減少　61, 89
単調増加　61, 89

ち

置換積分　187
中間値の定理　81
稠密　59

て

定積分　143
テーラー展開可能　227
テーラーの定理　226

と

同位の無限小　10, 35
導関数　101
同値　13

に

2項展開　32, 62

ね

ネピアの数　62

は

背理法　14
はさみうちの定理　30
パスカルの三角形　32
パラメータ　118

ひ

比較判定法　217, 218
微積分の基本定理　179

左微係数　107
左連続　76
必要十分条件　13
必要条件　13
否定　12
微分　101
微分可能　99
微分係数　100

ふ

不定形　4
不動点　70
部分積分　186
部分列　64
部分和　209

へ

平均値の定理　121
ベータ関数　199
ベルヌーイの剰余項　225
変格積分　204
変動量　163

ほ

ボルツァノ・ワイヤシュト
　ラスの定理　64

ま

マクローリン展開　229

み

右微係数　107
右連続　76

む

無限小　10

ゆ

有界　54
有界変動　163
優棒グラフ　136
有理関数　5
優リーマン和　148

ら

ライプニッツの定理　109,
　214
ラグランジェの剰余項
　225
ラージ・オー　10

り

リプシッツ連続　85
リーマン積分可能　143
リーマン和　142

れ

劣棒グラフ　136
劣リーマン和　148
連続　37
連続関数　77
連続微分可能　108

ろ

ロピタルの定理　7, 125
ロルの定理　120

著者略歴

髙橋　秀慈（たかはし　しゅうじ）
1962年青森県に生まれる．1987年北海道大学理学部数学科卒業，1992年東京電機大学理工学部助手．現在，東京電機大学理工学部講師．博士（理学）．著書に『非線形問題の解法』（東京電機大学出版局，2008，共著）がある．

微分積分リアル入門 ─イメージから理論へ─

2017年 9 月 25 日　第 1 版 1 刷発行

検印省略

定価はカバーに表示してあります．

著作者　髙　橋　秀　慈
発行者　吉　野　和　浩
発行所　東京都千代田区四番町 8-1
　　　　電　話 03-3262-9166（代）
　　　　郵便番号 102-0081
　　　　株式会社　裳　華　房
印刷所　中央印刷株式会社
製本所　牧製本印刷株式会社

社団法人
自然科学書協会会員

JCOPY 〈(社)出版者著作権管理機構 委託出版物〉
本書の無断複写は著作権法上での例外を除き禁じられています．複写される場合は，そのつど事前に，(社)出版者著作権管理機構（電話03-3513-6969，FAX 03-3513-6979，e-mail: info@jcopy.or.jp）の許諾を得てください．

ISBN 978-4-7853-1572-6

Ⓒ 髙橋秀慈，2017　　Printed in Japan

数学シリーズ 微分積分学

難波　誠 著　Ａ５判／334頁／定価（本体2800円＋税）

　本書は，「正攻法で微分積分学の教科書を書きたい」と考えていた筆者によって執筆された．
　高校で微分積分の初歩を既に学んできた読者を対象に，大学１年で学ぶ平均的内容をまとめたが，数学系学科に進まれる読者も意識し，$\varepsilon\text{-}\delta$論法を正面から扱った．しかし，理論だけに偏することなく「理論」「計算法」「実例と応用」のバランスに配慮し，微分積分学の特徴である"巧みな"計算法，"面白い"実例，"役に立つ"応用の代表的なものはほぼ収めて解説．問題に対する解答もかなり丁寧に記した．
【主要目次】1. 極限と連続関数　2. 微分　3. 積分　4. 偏微分　5. 重積分　6. 級数と一様収束

数学シリーズ 多変数の微分積分 [POD版]

大森英樹 著　Ａ５判／236頁／定価（本体3200円＋税）

　理工系の多くの読者は基礎課程で１変数と２変数の場合を中心に学び，多変数の場合をそれらの類推で解釈することが多い．本書は，初めから多変数を使って微積分学を解説したものであり，採り上げた題材は陰関数定理とガウス・ストークスの定理までを目標に選んである．
【主要目次】1. 基礎知識　2. 論理の練習　3. 重積分　4. 多変数関数の微分　5. 陰関数，写像の微分　6. 表面積分　7. 空間の概念

※オンデマンド出版書籍（POD版；オンデマンド版）は出版物をデジタルデータ化して，１冊から印刷・製本・販売を行う書籍です．

微分積分読本 −１変数−

小林昭七 著　Ａ５判／234頁／定価（本体2300円＋税）

　微積分は大学の１年で学ぶ科目であるが決して易しい内容ではない．もし，ここで手を抜いてしまったら，続いて学ぶ多くの科目をきちんと理解することはできない．この悩みや不安を解消してくれるのが本書である．
　微積分をすでに一通り学んだ読者を含めて，基本的定理をきちんと理解する必要がでてきた人や，数学的には厳密な本で学んでいるが理解に苦しんでいる人を対象に「微積分を厳密にしかも読みやすく」解説した．
【主要目次】1. 実数と収束　2. 関数　3. 微分　4. 積分

続 微分積分読本 −多変数−

小林昭七 著　Ａ５判／226頁／定価（本体2300円＋税）

　姉妹書『微分積分読本 −１変数−』と同じ執筆方針をとって，自習書として使えるように，証明はできるだけ丁寧に説明した．教育的な立場と物理への応用を考慮して，n変数による一般論を避け，２変数と３変数の場合で解説した．
【主要目次】1. 偏微分　2. 重積分　3. 曲面　4. 線積分，面積分，体積分の関係

裳華房ホームページ　http://www.shokabo.co.jp/